渤海陆源入海污染源在线监测系统建设

尹维翰　张蒙蒙　宋文鹏　姜锡仁 等　编著

海洋出版社

2018年·北京

图书在版编目（CIP）数据

渤海陆源入海污染源在线监测系统建设/尹维翰等编著．—北京：海洋出版社，2017.12
ISBN 978-7-5027-9991-5

Ⅰ.①渤…　Ⅱ.①尹…　Ⅲ.①渤海-海洋污染监测-在线监测系统　Ⅳ.①X834.03

中国版本图书馆 CIP 数据核字（2017）第 308965 号

责任编辑：张　荣
责任印制：赵麟苏
海洋出版社　出版发行
http：//www.oceanpress.com.cn
北京市海淀区大慧寺路 8 号　邮编：100081
北京朝阳印刷厂有限责任公司印刷　　新华书店发行所经销
2018 年 2 月第 1 版　2018 年 2 月北京第 1 次印刷
开本：787mm×1092mm　1/16　印张：18.75
字数：430 千字　定价：98.00 元
发行部：62132549　邮购部：68038093　总编室：62114335

生于斯长于斯的这方水土，系着我的牵挂。亿万斯年里，渤海像母亲一样，养育着这里的生命，庇护着这方土地的文明。愿她永远是碧海银沙，渔帆点点，渔歌声声。

——宋文鹏　尹维翰

《渤海陆源入海污染源在线监测系统建设》编委会

前　言

渤海是我国唯一的半封闭型内海，海域面积约 $7.8\times10^4\ km^2$，近年来，渤海为支撑沿岸经济社会发展付出了较大的资源环境代价，目前，渤海生态环境整体形势不容乐观。国家海洋局按照党中央、国务院的决策部署，在国家发改委、环保部的指导协调下，从自身职责出发，会同环渤海三省一市人民政府和有关部委开展了系列海洋生态环境保护相关工作。

近几年，国家海洋局印发《国家海洋局关于建立渤海海洋生态红线制度的若干意见》，要求三省一市建立海洋生态红线制度，将重要滨海湿地、重要河口等八类重要、敏感和脆弱生态区域划定为红线区；先后在环渤海地区开展63个整治修复项目；严格执行国家宏观调控政策和环境治理要求，把好海洋工程环评报告核准关，未审批落后产能和过剩产能项目；构建渤海入海污染源、污染物时空变化、水交换和污染物质交换过程监测网。

多年来，我国海洋环境监测主要采用人工采样、实验室分析的模式获取监测数据；对经年积累的各种监测数据综合分析，找出海洋环境现状和变化规律。20世纪70年代初，一些发达国家和地区相继建立起常年连续工作的水环境在线自动监测网，我国环保部门在20世纪末开始建立水环境在线自动监测网，使得水环境监测工作的自动化进程加快。与经典的实验室仪器分析相比，在线自动分析具有速度快、操作简单、自动化程度高、时间代表性强等优点。2016年，国家海洋局以服务“海洋强国”建设为目标，构建国家海洋环境实时在线监控系统，逐步形成全球海洋立体观（监）测系统。

本书以此为契机，围绕渤海入海污染源在线监测系统建设，系统梳理了渤海生态环境状况，甄别了主要陆源入海污染源（第1章），指出了入海污染源在线监测的必要性和发展方向，并对相关的法律、法规、文件进行了梳理和解读（第2章），分析了国内外水质在线监测现状（第3章），规划、设计了渤海入海污染源在线监测系统建设思路（第4章），详细介绍了在线监测站的选址与建设（第5、第6章），对常规监测指标、毒性指标、微生物指标等的自动化工作原理、技术性能进行了充分论述与比较（第7章），阐述了由多个自动化监测指标构成的在线监测站的控制、数据处理和传输自动化（第8章），对信息化平台进行了设计和构建（第9章），并对在线监测系统的运行维护进行了介绍和论述（第10章）。

本书在编著过程中，得到了国家海洋局北海海洋环境监测中心和山东省海洋生态环境与防灾减灾重点实验室的大力支持，主要编著人员尹维翰、张蒙蒙、于庆云和赵玉慧等均来自国家海洋局北海环境监测中心，齐平和郭莉莉分别来自国家海洋局天津中心站和国家海洋局北海标准计量中心。感谢国家海洋局生态环境保护司和国家海洋局北海分局相关领导的指导和帮助，感谢国家海洋局东海分局、国家海洋局南海分局、国家海洋环境监测中心、国家海洋技术中心、国家海洋局海洋咨询中心等单位专家提出的宝贵意见，感谢宁波理工环境能源科技股份有限公司、聚光科技股份有限公司和上海臻丰环保科技有限公司提供的宝贵经验与技术成果。本书中提到的商业产品、商标或者服务并不表明通过了相关部门的审批或者认可，不构成任何推荐意见。

谨以此书献给参与国家海洋环境实时在线监控系统建设的各位同仁，希望能对大家的工作有所帮助。

在线监测进程将会一直在路上，限于编者的学识水平，书中疏漏和不当之处在所难免，恳请读者指正。

编者

2016年12月

于国家海洋局北海环境监测中心

目　录

第1章　渤海生态环境状况

渤海是我国唯一的半封闭型内海，海域面积约 7.8×10^4 km²，大陆海岸线长 2 796 km，平均水深 18 m，最大水深 85 m，20 m 以下的海域面积占一半以上。渤海上承黄河、辽河、海河三大流域，下接黄海、东海，其生态环境状况关系我国北方生态安全总体水平，影响环渤海三省一市经济社会发展和人民生产生活。近年来，渤海为支撑沿岸经济社会发展付出了较大的资源环境代价，目前渤海生态环境整体形势不容乐观。

1.1　海洋生态环境

1.1.1　海水环境

依据《海水水质标准》（GB 3097—1997）2001—2015 年，渤海未达到第一类海水水质标准的海域面积由 1.9×10^4 km² 增加至 2.9×10^4 km²，其中劣四类海域面积由1 370 km² 增加至 4 060 km²,[①] 第四类和劣四类水质海域面积达到 8 810 km²，占渤海总面积约 11%，是 2006 年同期的 1.9 倍，是 2001 年同期的 4.2 倍（见图 1-1）。

21 世纪初，渤海的劣四类水质海域还仅仅局限在辽东湾、渤海湾近岸局部海域，但到 2015 年，已经扩展到大部分近岸海域，并向三大海湾中部扩展。近年来，持续严重污染的海域主要集中在双台子河口—辽河口、天津滨海新区、莱州湾等近岸海域，此外，葫芦岛绥中近岸海域水质近年来也明显变差（见图 1-2）。

1.1.2　海洋生态系统

自 2004 年以来，渤海 6 个海洋生态监控区的河口、海湾等重点海域生态系统均处于亚健康或不健康状态（见图 1-3）。其中，双台子河口、滦河口—北戴河口、黄河口渤海三大河口区生态系统主要为亚健康状态，锦州湾和莱州湾生态系统主要为不健康状态，渤

① 2015 年为夏季评价数据。

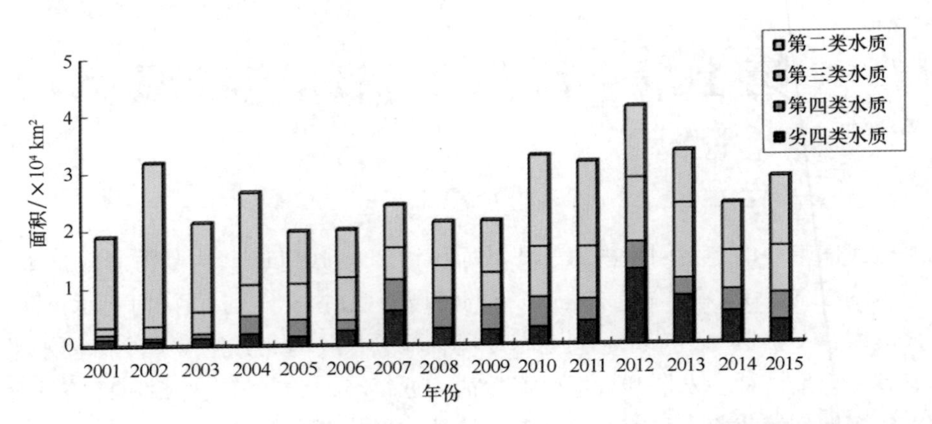

图 1-1　2001—2015 年夏季渤海未达到第一类海水水质标准的各类海域面积

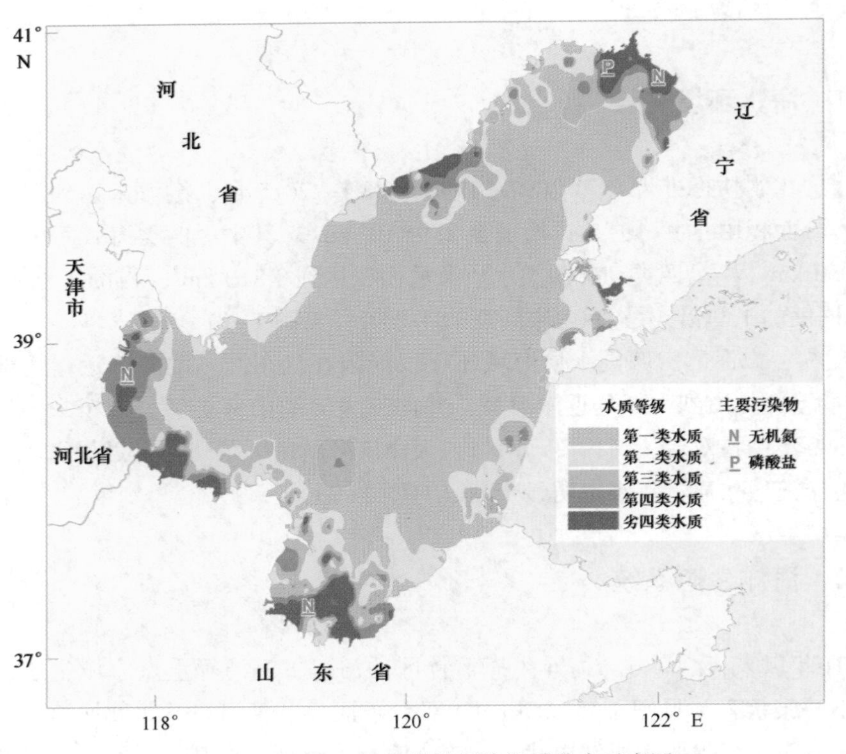

图 1-2　2001—2015 年渤海污染海域分布示意图

海湾以亚健康状态为主。环渤海区域自然岸线年均丧失 40 km 余，2011 年自然岸线保有率已萎缩至 26.7%，天津市已无自然岸线。受过度捕捞、“三场一通道”（产卵场、索饵场、越冬场和洄游通道）破坏退化等影响，渤海渔业资源衰退严重，重要经济渔业资源从 70 余种锐减至 10 余种，鱼类群落结构趋于简单，个体小型化明显。

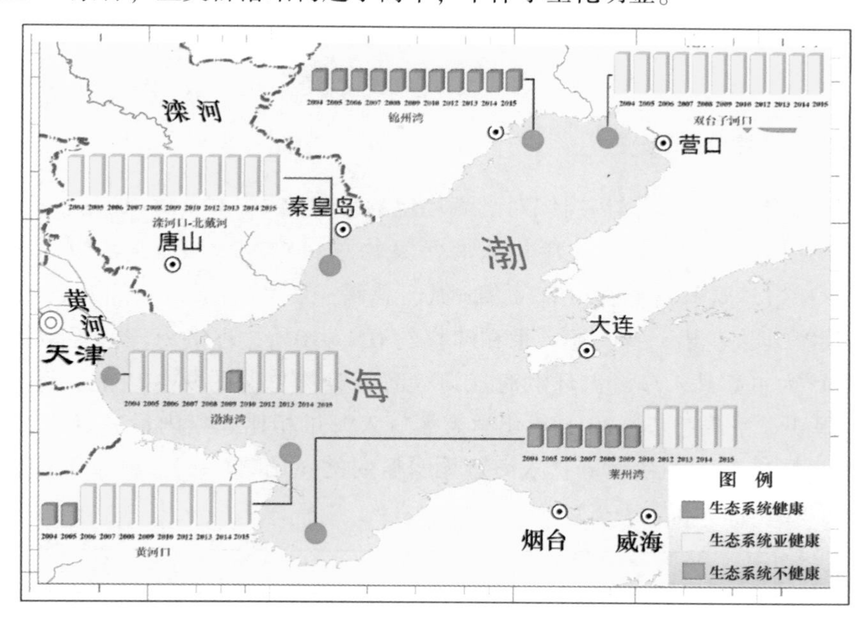

图 1-3　2004—2015 年渤海河口和海湾海洋生态系统健康状况

1.1.3　海洋灾害

2006 年至今，渤海共发现 132 起不同规模的溢油事件，其中蓬莱 19-3 油田溢油等重大溢油事件更是对渤海生态环境造成了严重影响。渤海近岸海域富营养化严重，赤潮灾害频繁发生，2010—2015 年期间，年均发现赤潮 9.8 次，年均累计发生面积达 2 021 km^2。渤海海冰灾害也不容忽视，2008—2013 年共造成直接经济损失 76.95 亿元。此外，渤海滨海平原地区还是我国海水入侵、土壤盐渍化、海岸侵蚀等灾害高发区，2012 年莱州湾海水入侵高风险区面积为 1 422 km^2，辽东湾北部地区、河北沧州和山东黄河口地区和莱州湾地区土壤盐渍化比较严重，盐渍化范围一般距岸 10~30 km，辽东湾东部熊岳附近砂质海岸、辽东湾西部绥中砂质海岸、秦皇岛砂质海岸、黄河三角洲海岸侵蚀严重，2009—2012 年受侵蚀岸线长度为 81.7 km，其中滦河口—北戴河口岸段年均侵蚀速度达到 11 m。

1.2 陆源入海污染源

1.2.1 入海江河

1.2.1.1 污染物入海量

2011—2015 年，国家海洋局组织对渤海径流量较大的 19 条入海河流进行了监测（图 1-4）。监测结果表明，19 条河流年均入海污染物总量约 85×10^4 t，其中，化学需氧量（COD_{Cr}）82×10^4 t，氮磷营养盐（以氨氮-氮、总磷-磷计）约 2×10^4 t，石油类约 0.5×10^4 t，重金属类（铜、铅、锌、镉、汞和砷）约 0.1×10^4 t。环渤海江河径流携带入海的污染物以 COD 为主，其入海量占环渤海江河入海污染物总量的 95%以上。近 5 年，江河 COD 入海量呈明显下降趋势，2015 年化学需氧量入海量相比 5 年内最高点（2012 年）降低约 50%（见图 1-5）；氮磷营养盐入海量无明显变化（见图 1-6），石油类和重金属类均有降低趋势（见图 1-7 和图 1-8）。

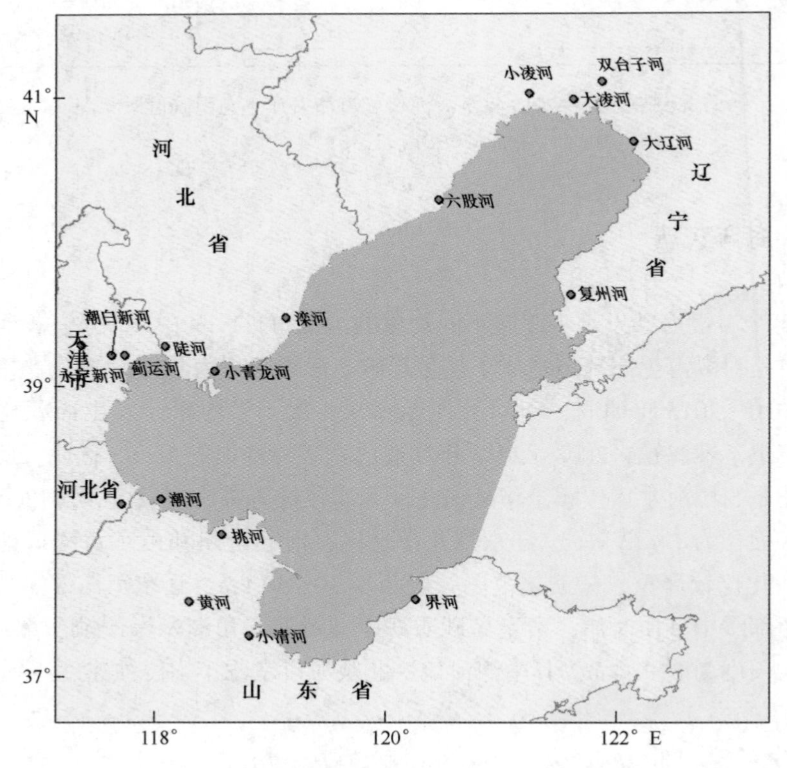

图 1-4　2011—2015 年环渤海实施监测的主要入海江河监测点分布图

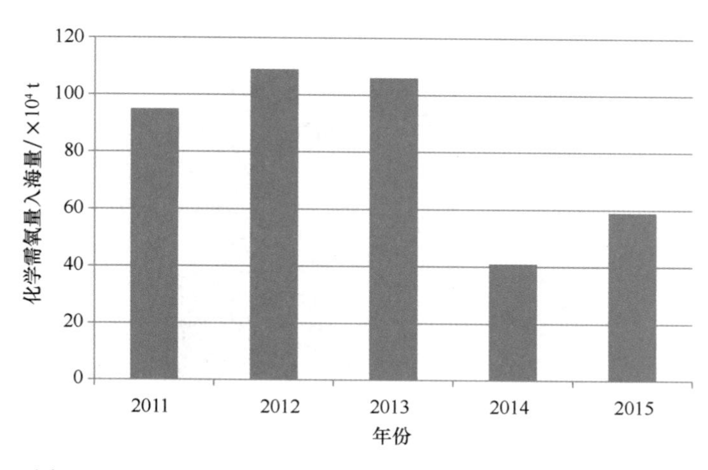

图 1-5　2011—2015 年环渤海江河径流携带化学需氧量入海量

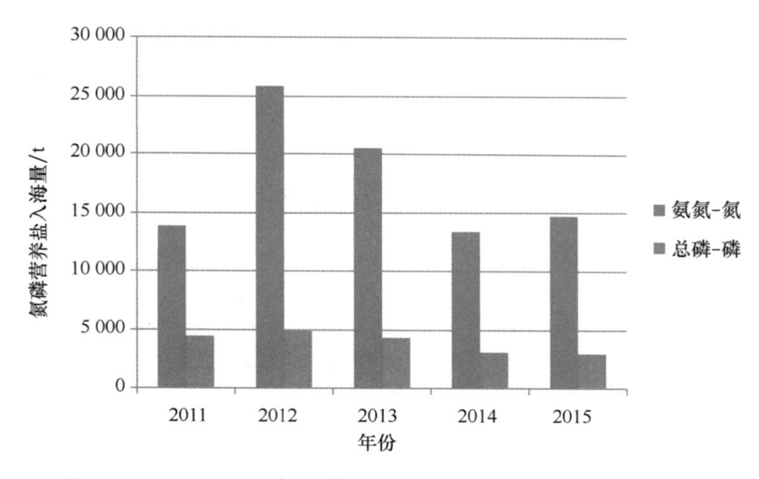

图 1-6　2011—2015 年环渤海江河径流携带氮磷营养盐入海量

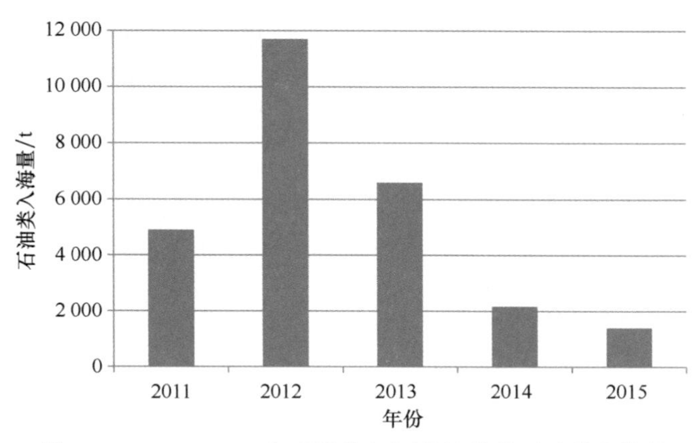

图 1-7　2011—2015 年环渤海江河径流携带石油类入海量

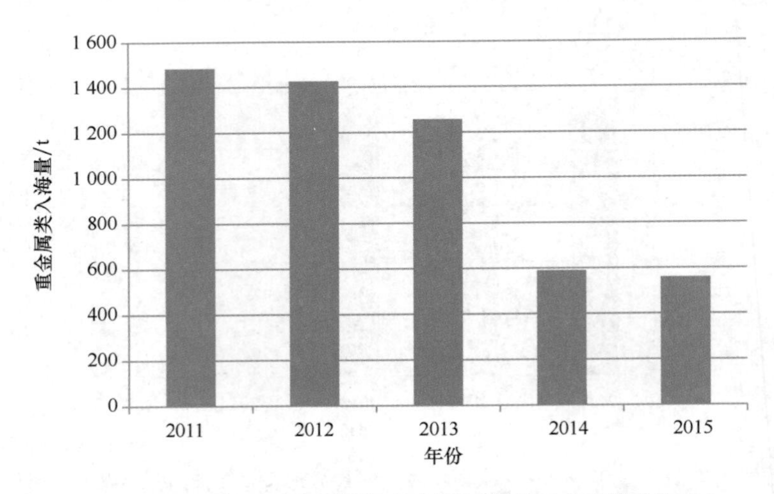

图 1-8　2011—2015 年环渤海江河径流携带重金属类入海量

黄河是环渤海地区径流量最大的入海河流，年均入海污染物总量约 29×10^4 t，占监测河流入海污染物总量的 35%；其次为小清河，年均入海污染物总量约 17×10^4 t，占 20%；大辽河、双台子河和滦河由于径流量较大，年均入海污染物量也较大，各自的年均污染物入海量约 7×10^4 t。其他河流携带入海的污染物总量占 20%左右。

1.2.1.2　监测断面水质状况

近 5 年，环渤海 19 条河流入海河段未出现Ⅰ类水质。枯水期 80%以上的河流入海河段为劣Ⅴ类水质，丰水期和平水期均有 60%以上的河流入海河段为劣Ⅴ类水质。导致水质为劣Ⅴ类的主要污染指标为总氮和化学需氧量；此外，石油类污染也较重，70%的河流入海河段石油类以劣Ⅳ类水质为主；重金属和砷污染状况相对较轻。

其中，黄河、大辽河等径流量较大的河流入海河段水质状况较为稳定，主要污染指标为总氮，多次监测基本为劣Ⅴ类水质，其他指标以Ⅰ～Ⅲ类水质为主。小清河入海河段水质较差，总氮和化学需氧量长期为劣Ⅴ类水质，总磷和石油类基本为劣Ⅲ类水质，重金属指标保持相对良好状况，以Ⅰ类水质为主，近 5 年，小清河入海河段水质污染状况逐渐缓解，入海污染物总量持续下降（见图 1-9）。

1.2.2　入海排污口

1.2.2.1　入海排污口排污状况

2011—2015 年，渤海沿岸实施监测的陆源入海排污口（河）共 80～88 个，基本保持稳定。其中以辽宁省最多（见表 1-1）。排污口的位置分布及环境状况见图 1-10（以 2015 年为例）。

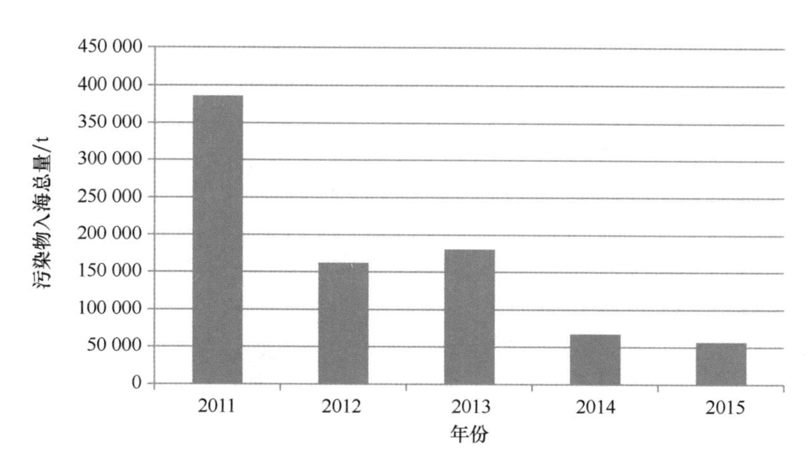

图 1-9　2011—2015 年小清河入海污染物总量变化趋势

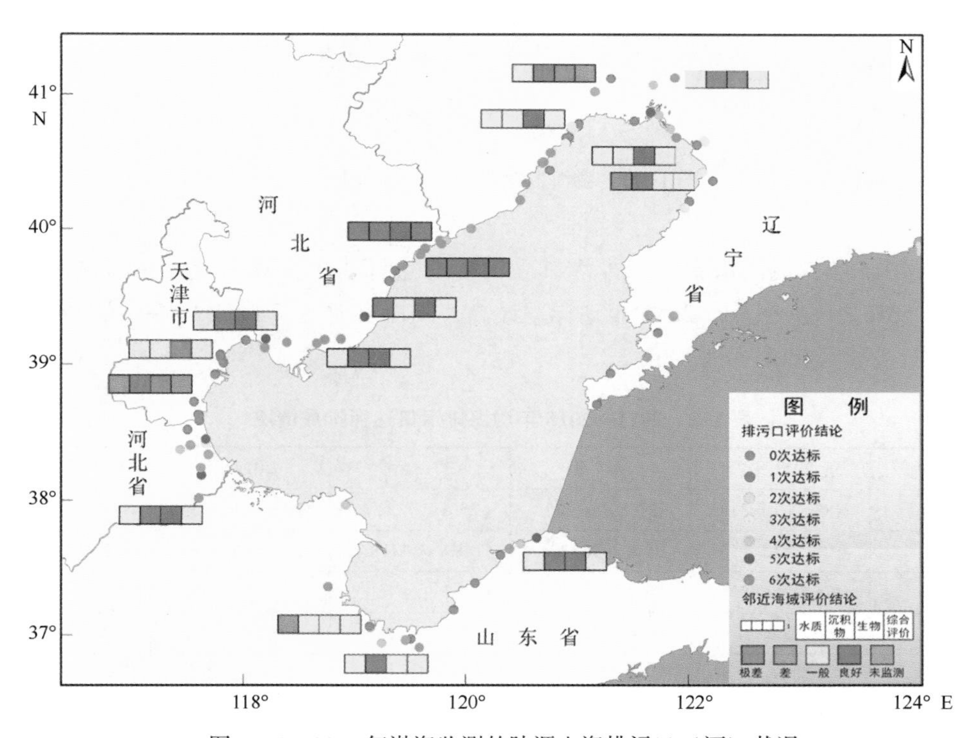

图 1-10　2015 年渤海监测的陆源入海排污口（河）状况

表 1-1　2011—2015 年环渤海各省（市）监测排污口数量

监测排污口（河）个数	2011 年	2012 年	2013 年	2014 年	2015 年
辽宁省	26	26	28	24	40
河北省	25	25	25	25	25
天津市	15	14	14	14	9
山东省	17	17	17	17	14
合计	83	82	84	80	88

渤海监测的排污口类型分为工业排污口、市政排污口、排污河和其他排污口。每年监测的排污口总数及各类型数量如图 1-11。

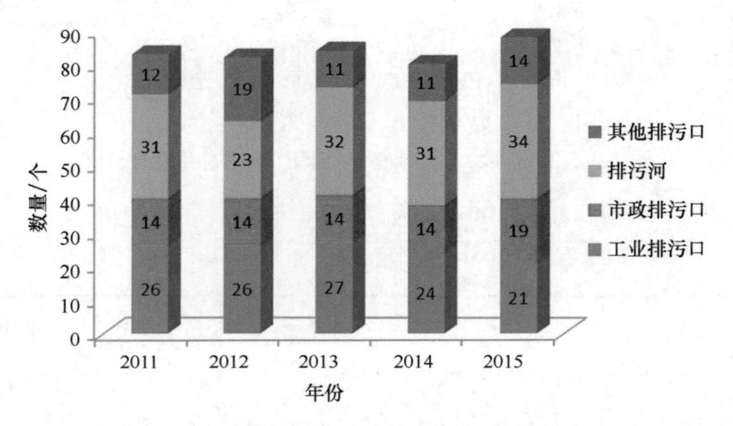

图 1-11　渤海监测排污口数量和类型

2011—2015 年，渤海沿岸入海排污口（河）总达标排放次数占全年总监测次数的比例在 34%~53%之间，其中，2011 年达标率最高，2014 年达标率最低。各地市达标情况见表 1-2。①

表 1-2　2011—2015 年渤海排污口达标排放情况

地市	2011 年	2012 年	2013 年	2014 年	2015 年
大连市	48%（10/21）	27%（6/22）	23%（7/31）	29%（10/35）	26%（10/39）
营口市	80%（12/15）	80%（16/20）	78%（14/18）	61%（11/18）	25%（9/36）
盘锦市	75%（6/8）	56%（9/16）	50%（8/16）	33%（8/24）	56%（27/48）
锦州市	29%（6/21）	59%（16/27）	25%（7/28）	13%（6/48）	24%（8/34）
葫芦岛市	0%（0/8）	14%（2/14）	25%（4/16）	0%（0/18）	54%（34/63）
秦皇岛市	49%（17/35）	53%（19/36）	56%（20/36）	61%（33/54）	59%（32/54）
唐山市	75%（21/28）	56%（15/27）	64%（18/28）	69%（29/42）	95%（36/38）

① 2011—2013 年，每个排污口每年开展 4 次监测，2014 年之后每个排污口每年开展 6 次监测。

续表

地市	2011 年	2012 年	2013 年	2014 年	2015 年
天津市	54%（30/56）	14%（8/56）	20%（11/56）	9%（7/82）	0%（0/54）
沧州市	86%（31/36）	81%（29/36）	69%（25/36）	39%（20/51）	61%（33/54）
滨州市	25%（2/8）	0%（0/8）	13%（1/8）	8%（1/12）	0%（0/0）
东营市	88%（7/8）	100%（8/8）	50%（4/8）	33%（4/12）	67%（8/12）
潍坊市	22%（4/18）	29%（7/24）	38%（9/24）	44%（16/36）	42%（15/36）
烟台市	25%（7/28）	39%（9/23）	46%（13/28）	33%（14/42）	29%（10/34）
渤海	53%（153/290）	45%（144/317）	42%（141/333）	34%（159/474）	44%（222/502）

注：表中数字 48%（10/21）表示全年开展了 21 次监测，达标 10 次，达标率 48%。

2011—2015 年，渤海沿岸入海排污口主要超标物质为化学需氧量（COD_{Cr}）、生化需氧量（BOD）、悬浮物、总磷和氨氮。其中氨氮的达标情况最好，5 年均为 88%以上；化学需氧量的达标比例较低，2014 年仅为 58%（表 1-3）。各省（市）主要超标污染物达标排放比例见表 1-4 所示。

表 1-3　2011—2015 年渤海排污口主要超标污染物排放情况

监测项目	年份	监测次数	超标次数	达标百分比
COD_{Cr}	2011 年	290	86	70%
	2012 年	317	93	71%
	2013 年	329	110	67%
	2014 年	474	198	58%
	2015 年	501	161	68%
氨氮	2011 年	290	21	93%
	2012 年	317	18	94%
	2013 年	333	19	94%
	2014 年	474	47	90%
	2015 年	502	60	88%
总磷	2011 年	247	49	80%
	2012 年	281	57	80%
	2013 年	321	68	79%
	2014 年	474	112	76%
	2015 年	500	103	79%
BOD	2011 年	72	11	85%
	2012 年	75	15	80%
	2013 年	78	19	76%
	2014 年	114	34	70%
	2015 年	347	66	81%

续表

监测项目	年份	监测次数	超标次数	达标百分比
悬浮物	2011 年	260	39	85%
	2012 年	279	56	80%
	2013 年	292	61	79%
	2014 年	432	80	81%
	2015 年	484	88	82%

表 1-4　2011—2015 年各省（市）主要超标污染物达标排放比例

省（市）	年份	COD	氨氮	总磷	BOD	悬浮物
辽宁省	2011 年	66%	86%	80%	80%	74%
	2012 年	80%	90%	73%	79%	79%
	2013 年	66%	88%	70%	69%	71%
	2014 年	55%	79%	62%	56%	70%
	2015 年	75%	79%	74%	66%	66%
天津市	2011 年	66%	100%	88%	87%	80%
	2012 年	20%	100%	95%	38%	93%
	2013 年	31%	100%	86%	63%	73%
	2014 年	9%	100%	93%	50%	89%
	2015 年	4%	100%	89%	59%	94%
河北省	2011 年	86%	99%	87%	75%	92%
	2012 年	91%	99%	87%	78%	71%
	2013 年	83%	99%	92%	67%	86%
	2014 年	91%	99%	85%	67%	85%
	2015 年	86%	100%	90%	88%	91%
山东省	2011 年	55%	84%	63%	100%	88%
	2012 年	70%	89%	62%	100%	82%
	2013 年	71%	93%	66%	100%	87%
	2014 年	55%	85%	71%	100%	85%
	2015 年	60%	84%	70%	99%	99%

1.2.2.2　入海排污口邻近海域环境

2011—2015 年，对渤海 18 个①重点排污口邻近海域的水质、沉积物质量、生物质量进行了综合监测（见表 1-5）。结果表明，除个别排污口外，重点排污口邻近海域环境质量均不能满足周边海洋功能区环境质量要求。44%的重点排污口对其邻近海域环境质量造成较重或严重影响。整体来看，各排污口邻近海域环境状况基本保持稳定，2015 年略有好转。

① 2011 年和 2012 年为 18 个重点排污口，2013 年和 2014 年为 17 个，2015 年为 16 个。

表 1-5　2011—2015 年渤海排污口邻近海域环境状况

排污口名称	海水质量					沉积物质量					生物质量					综合环境质量等级				
	2015	2014	2013	2012	2011	2015	2014	2013	2012	2011	2015	2014	2013	2012	2011	2015	2014	2013	2012	2011
葫芦岛锌厂排污口	一般	/	/	良好	差	一般	/	/	良好	良好	/	/	/	/	/	一般	/	/	良好	一般
五里河入海口	一般	一般	一般	差	一般	一般	良好	极差	极差	差	/	/	/	/	/	一般	一般	差	极差	一般
金城造纸公司排污口	一般	极差	差	极差	极差	良好	良好	良好	极差	差	极差	极差	极差	差	/	一般	极差	极差	极差	极差
百股桥排污口	一般	极差	极差	极差	极差	良好	一般	一般	极差	良好	极差	极差	极差	/	/	差	极差	极差	极差	极差
营口市污水处理厂排污口	差	极差	极差	极差	极差	良好	良好	良好	良好	良好	一般	/	/	/		一般	极差	极差	极差	差
北塘入海口	一般	一般	一般	一般	差	一般	良好	良好	良好	良好	极差	/	/	/	/	一般	一般	一般	一般	一般
大沽河	差	一般	一般	一般	差	良好	良好	良好	良好	良好	极差	/	/	/	/	差	一般	一般	一般	一般
大蒲河入海口	良好	良好	良好	差	一般	一般	良好	良好	良好	一般	/	/	/	/	/	一般	良好	良好	一般	一般
人造河入海口	良好	良好	良好	一般	良好	良好	良好	良好	良好	良好	/	/	/	/	/	良好	良好	良好	一般	良好
洋河入海口	良好	良好	一般	一般	一般	良好	良好	良好	良好	一般	/	/	/	/	/	良好	良好	一般	一般	一般
溯河入海口	一般	一般	一般	一般	良好	良好	良好	良好	良好	良好	/	/	/	/	/	一般	一般	一般	一般	良好
三友化工碱渣液排污口	一般	一般	一般	差	一般	良好	良好	良好	良好	良好	/	/	/	/	/	一般	一般	一般	一般	一般
漳卫新河入海口	一般	一般	一般	差	一般	良好	良好	良好	良好	良好	/	/	/	/	/	一般	一般	一般	一般	一般
沙头河入海口	/	一般	一般	一般	一般	/	良好	良好	良好	良好	/	/	/	良好	良好	/	一般	一般	一般	一般
套尔河入海口	/	差	一般	差	一般	/	良好	良好	良好	良好	/	/	/	良好	良好	/	一般	一般	一般	一般
虞河入海口	一般	差	差	极差	极差	良好	差	良好	良好	/	一般	一般	极差	极差	/	一般	差	差	差	极差
弥河入海口	差	极差	极差	极差	极差	一般	一般	良好	良好	良好	一般	一般	极差	极差	/	一般	差	极差	极差	差
龙口玉龙纸业排污口	一般	一般	差	一般	一般	良好	良好	一般	一般	一般	良好	极差	一般	差	一般	一般	差	差	一般	一般

第 2 章　在线监测形式与需求

党中央、国务院历来高度重视环境监管能力建设，国务院颁布实施的《水污染防治行动计划》《生态环境监测网络建设方案》等均对环境在线监测系统建设提出要求。《国民经济和社会发展第十三个五年规划纲要》不仅对“建立全国统一、全面覆盖的实时在线环境监测监控系统”做出战略部署，更进一步明确要求推进国家海洋环境实时在线监控系统建设，并纳入国家海洋观（监）测网的总体布局。

2.1　国家规划要求

2.1.1　“十一五”规划

《中华人民共和国国民经济和社会发展第十一个五年规划纲要》要求“十一五”期间主要污染物化学需氧量和二氧化硫排放总量减少 10%，并明确规定主要污染物减排指标作为经济社会发展的约束性指标。

为实现“十一五”规划纲要的污染物减排目标，国家提出了加快污染物减排、监测和考核体系的建设，在国控重点污染源自动监控、污染源监督性监测、环境监察执法、基层环境统计等方面提高能力，并得到了财政部和发改委的大力支持。国控重点污染源自动监控是指：在占全国主要污染物工业排放负荷 65%以上的企业以及城市污水处理厂均要实现在线自动监测和数据实时上传。属于上述范围的总共约有 7 000 家企业，在 2008 年年底前完成。

2.1.2　“十二五”规划

2011 年新颁布的《中华人民共和国国民经济和社会发展第十二个五年规划纲要》提出：“加大环境保护力度。以解决饮用水不安全和空气、土壤污染等损害群众健康的突出环境问题为重点，加强综合治理，明显改善环境质量。落实减排目标责任制，强化污染物减排和治理，增加主要污染物总量控制种类，加快城镇污水、垃圾处理设施建设，加大重点流域水污染防治力度，有效控制城市大气、噪声污染，加强重金属、危险废物、土壤污染治理，强化核与辐射监管能力。严格污染物排放标准和环境影响评价，强化执法监督，健全重大环境事件和污染事故责任追究制度。完善环境保护科技和经济政策，建立健全污染者付费制度，建立多元环保投融资机制，大力发展环保产业。”

预计在“十二五”期间，环境水质在线监测体系的建设会进一步加快，主要污染物总量控制种类将有所增加，监测因子增加带动的监测仪器安装数量将快速增长，推动环境水质在线监测行业进一步发展。

2.1.3　“十三五”规划

《中华人民共和国国民经济和社会发展第十三个五年规划纲要》（2016—2020 年）提出，以提高环境质量为核心，以解决生态环境领域突出问题为重点，加大生态环境保护力度，提高资源利用效率，为人民提供更多优质生态产品，协同推进人民富裕、国家富强、中国美丽。

规划要求加强重点流域、海域综合治理，严格保护良好水体和饮用水水源，加强水质较差湖泊的综合治理与改善。推进水功能区分区管理，主要江河湖泊水功能区水质达标率达到 80%以上。

实施工业污染源全面达标排放计划。完善污染物排放标准体系，加强工业污染源监督性监测，公布未达标企业名单，实施限期整改。城市建成区内污染严重企业实施有序搬迁改造或依法关闭。开展全国第二次污染源普查。改革主要污染物总量控制制度，扩大污染物总量控制范围。在重点区域、重点行业推进挥发性有机物排放总量控制，全国排放总量下降 10%以上。对中小型燃煤设施、城中村和城乡结合区域等实施清洁能源替代工程。沿海和汇入富营养化湖库的河流沿线所有地级及以上城市实施总氮排放总量控制。实施重点行业清洁生产改造。

加快城镇污水处理设施和管网建设改造，推进污泥无害化处理和资源化利用，实现城镇生活污水、垃圾处理设施全覆盖和稳定达标运行，城市、县城污水集中处理率分别达到 95%和 85%。建立全国统一、全面覆盖的实时在线环境监测监控系统，推进环境保护大数据建设。

中国第十三个五年规划纲要规定了未来 5 年中国计划实施的 100 个重大工程及项目，其中第 79 项工程是“逐步形成全球海洋立体观（监）测系统”，明确要求建立海洋在线监测系统。

2.2 国务院重要文件

2.2.1 《关于加快推进生态文明建设的意见》

生态文明建设是中国特色社会主义事业的重要内容，关系人民福祉，关乎民族未来，事关“两个一百年”奋斗目标和中华民族伟大复兴中国梦的实现。党中央、国务院高度重视生态文明建设，先后出台了一系列重大决策部署，推动生态文明建设取得了重大进展和积极成效。

第七条加强海洋资源科学开发和生态环境保护，严格控制陆源污染物排海总量，建立并实施重点海域排污总量控制制度，加强海洋环境治理、海域海岛综合整治、生态保护修复，有效保护重要、敏感和脆弱海洋生态系统。加强船舶港口污染控制，积极治理船舶污染，增强港口码头污染防治能力。控制发展海水养殖，科学养护海洋渔业资源。开展海洋资源和生态环境综合评估。实施严格的围填海总量控制制度、自然岸线控制制度，建立陆海统筹、区域联动的海洋生态环境保护修复机制。

第十五条要求全面推进污染防治。按照以人为本、防治结合、标本兼治、综合施策的原则，建立以保障人体健康为核心、以改善环境质量为目标、以防控环境风险为基线的环境管理体系，健全跨区域污染防治协调机制，加快解决人民群众反映强烈的大气、水、土壤污染等突出环境问题。实施水污染防治行动计划，严格饮用水源保护，全面推进涵养区、源头区等水源地环境整治，加强供水全过程管理，确保饮用水安全；加强重点流域、区域、近岸海域水污染防治和良好湖泊生态环境保护，控制和规范淡水养殖，严格入河（湖、海）排污管理；推进地下水污染防治。加大城乡环境综合整治力度。推进重金属污染治理。开展矿山地质环境恢复和综合治理，推进尾矿安全、环保存放，妥善处理处置矿渣等大宗固体废物。建立健全化学品、持久性有机污染物、危险废物等环境风险防范与应急管理工作机制。切实加强核设施运行监管，确保核安全万无一失。

第二十七条要求加强统计监测，建立生态文明综合评价指标体系。加快推进对能源、矿产资源、水、大气、森林、草原、湿地、海洋和水土流失、沙化土地、土壤环境、地质环境、温室气体等的统计监测核算能力建设，提升信息化水平，提高准确性、及时性，实现信息共享。加快重点用能单位能源消耗在线监测体系建设。建立循环经济统计指标体系、矿产资源合理开发利用评价指标体系。利用卫星遥感等技术手段，对自然资源和生态环境保护状况开展全天候监测，健全覆盖所有资源环境要素的监测网络体系。提高环境风险防控和突发环境事件应急能力，健全环境与健康调查、监测和风险评估制度。定期开展全国生态状况调查和评估。加大各级政府预算内投资等财政性资金对统计监测等基础能力建设的支持力度。

2.2.2 《水污染防治行动计划》

水环境保护事关人民群众切身利益，事关全面建成小康社会，事关实现中华民族伟大复兴中国梦。全面贯彻党的十八大和十八届三中、四中、五中、六中全会精神，大力推进生态文明建设，以改善水环境质量为核心，按照“节水优先、空间均衡、系统治理、两手发力”原则，贯彻“安全、清洁、健康”方针，强化源头控制，水陆统筹、河海兼顾，对江河湖海实施分流域、分区域、分阶段科学治理，系统推进水污染防治、水生态保护和水资源管理。坚持政府市场协同，注重改革创新；坚持全面依法推进，实行最严格的环保制度；坚持落实各方责任，严格考核问责；坚持全民参与，推动节水洁水人人有责，形成“政府统领、企业施治、市场驱动、公众参与”的水污染防治新机制，实现环境效益、经济效益与社会效益多赢，为建设“蓝天常在、青山常在、绿水常在”的美丽中国而奋斗。

计划第十九项提出环境保护部、交通运输部和国家海洋局等部门共同提升监管水平，完善水环境监测网络。完善流域协作机制。健全跨部门、区域、流域、海域水环境保护议事协调机制，发挥环境保护区域督察派出机构和流域水资源保护机构作用，探索建立陆海统筹的生态系统保护修复机制。统一规划设置监测断面（点位）。提升饮用水水源水质全指标监测、水生生物监测、地下水环境监测、化学物质监测及环境风险防控技术支撑能力。2017 年年底前，京津冀、长三角、珠三角等区域、海域建成统一的水环境监测网。

第二十一项和第二十六项要求深化污染物排放总量控制和加强近岸海域环境保护。完善污染物统计监测体系，选择对水环境质量有突出影响的总氮、总磷、重金属等污染物，研究纳入流域、区域污染物排放总量控制约束性指标体系。实施近岸海域污染防治方案。重点整治黄河口、长江口、闽江口、珠江口、辽东湾、渤海湾、胶州湾、杭州湾、北部湾等河口海湾污染。沿海地级及以上城市实施总氮排放总量控制。研究建立重点海域排污总量控制制度。规范入海排污口设置，2017 年年底前全面清理非法或设置不合理的入海排污口。到 2020 年，沿海省（市、区）入海河流基本消除劣于 V 类的水体。提高涉海项目准入门槛。

第三十二项要求严格目标任务考核。国务院与各省（市、区）人民政府签订水污染防治目标责任书，分解落实目标任务，切实落实“一岗双责”。每年分流域、分区域、分海域对行动计划实施情况进行考核，考核结果向社会公布，并作为对领导班子和领导干部综合考核评价的重要依据。对未通过年度考核的，要约谈省级人民政府及其相关部门有关负责人，提出整改意见，予以督促；对有关地区和企业实施建设项目环评限批。对因工作不力、履职缺位等导致未能有效应对水环境污染事件的以及干预、伪造数据和没有完成年度目标任务的，要依法依纪追究有关单位和人员责任。对不顾生态环境盲目决策，导致水环境质量恶化，造成严重后果的领导干部，要记录在案，视情节轻重，给予组织处理或党纪政纪处分，已经离任的也要终身追究责任。

2.2.3 《生态环境监测网络建设方案》

生态环境监测是生态环境保护的基础，是生态文明建设的重要支撑。到2020年，全国生态环境监测网络基本实现环境质量、重点污染源、生态状况监测全覆盖，各级各类监测数据系统互联共享，监测预报预警、信息化能力和保障水平明显提升，监测与监管协同联动，初步建成陆海统筹、天地一体、上下协同、信息共享的生态环境监测网络，使生态环境监测能力与生态文明建设要求相适应。

第二部分“全面设点，完善生态环境监测网络”要求健全重点污染源监测制度。各级环境保护部门确定的重点排污单位必须落实污染物排放自行监测及信息公开的法定责任，严格执行排放标准和相关法律法规的监测要求。国家重点监控排污单位要建设稳定运行的污染物排放在线监测系统。各级环境保护部门要依法开展监督性监测，组织开展面源、移动源等监测与统计工作。

第四部分“自动预警，科学引导环境管理与风险防范”明确规定加强环境质量监测预报预警。提高空气质量预报和污染预警水平，强化污染源追踪与解析。加强重要水体、水源地、源头区、水源涵养区等水质监测与预报预警。加强土壤中持久性、生物富集性和对人体健康危害大的污染物监测。提高辐射自动监测预警能力。严密监控企业污染排放。完善重点排污单位污染排放自动监测与异常报警机制，提高污染物超标排放、在线监测设备运行和重要核设施流出物异常等信息追踪、捕获与报警能力以及企业排污状况智能化监控水平。增强工业园区环境风险预警与处置能力。

第六部分“健全生态环境监测制度与保障体系”指出积极培育生态环境监测市场。开放服务性监测市场，鼓励社会环境监测机构参与排污单位污染源自行监测、污染源自动监测设施运行维护、生态环境损害评估监测、环境影响评价现状监测、清洁生产审核、企事业单位自主调查等环境监测活动。在基础公益性监测领域积极推进政府购买服务，包括环境质量自动监测站运行维护等。

2.2.4 《生态文明体制改革总体方案》

深入贯彻落实习近平总书记系列重要讲话精神，按照党中央、国务院决策部署，坚持节约资源和保护环境基本国策，坚持节约优先、保护优先、自然恢复为主方针，立足我国社会主义初级阶段的基本国情和新的阶段性特征，以建设美丽中国为目标，以正确处理人与自然关系为核心，以解决生态环境领域突出问题为导向，保障国家生态安全，改善环境质量，提高资源利用效率，推动形成人与自然和谐发展的现代化建设新格局。

到2020年，构建起由自然资源资产产权制度、国土空间开发保护制度、空间规划体系、资源总量管理和全面节约制度、资源有偿使用和生态补偿制度、环境治理体系、环境治理和生态保护市场体系、生态文明绩效评价考核和责任追究制度八项制度构成的产权清晰、多元参与、激励约束并重、系统完整的生态文明制度体系，推进生态文明领域国家治理体系和治理能力现代化，努力走向社会主义生态文明新时代。

完善污染物排放许可制。尽快在全国范围建立统一公平、覆盖所有固定污染源的企业排放许可制，依法核发排污许可证，排污者必须持证排污，禁止无证排污或不按许可证规定排污。

建立污染防治区域联动机制。在部分地区开展环境保护管理体制创新试点，统一规划、统一标准、统一环评、统一监测、统一执法。开展按流域设置环境监管和行政执法机构试点，构建各流域内相关省级涉水部门参加、多形式的流域水环境保护协作机制和风险预警防控体系。建立陆海统筹的污染防治机制和重点海域污染物排海总量控制制度。完善突发环境事件应急机制，提高与环境风险程度、污染物种类等相匹配的突发环境事件应急处置能力。

2.2.5 《控制污染物排放许可制实施方案》

控制污染物排放许可制（以下称排污许可制）是依法规范企事业单位排污行为的基础性环境管理制度，紧紧围绕统筹推进“五位一体”总体布局和协调推进“四个全面”战略布局，牢固树立创新、协调、绿色、开放、共享的发展理念，认真落实党中央、国务院决策部署，加大生态文明建设和环境保护力度，将排污许可制建设成为固定污染源环境管理的核心制度，作为企业守法、部门执法、社会监督的依据，为提高环境管理效能和改善环境质量奠定坚实基础。

改变单纯以行政区域为单元分解污染物排放总量指标的方式和总量减排核算考核办法，通过实施排污许可制，落实企事业单位污染物排放总量控制要求，逐步实现由行政区域污染物排放总量控制向企事业单位污染物排放总量控制转变，控制的范围逐渐统一到固定污染源。环境质量不达标地区，要通过提高排放标准或加严许可排放量等措施，对企事业单位实施更为严格的污染物排放总量控制，推动改善环境质量。

企事业单位应依法开展监测，安装或使用监测设备应符合国家有关环境监测、计量认证规定和技术规范，保障数据合法有效，保证设备正常运行，妥善保存原始记录，建立准确完整的环境管理台账，安装在线监测设备的应与环境保护部门联网。企事业单位依法向社会公开污染物排放数据并对数据真实性负责。

2.3 国家海洋局相关部署

2.3.1 《国家海洋局海洋生态文明建设实施方案（2015—2020 年）》

全面贯彻落实党的十八大和十八届三中、四中、五中、六中全会精神，紧紧围绕建设海洋强国和美丽海洋的总目标，坚持问题导向、需求牵引，坚持海陆统筹、区域联动，以海洋生态环境保护和资源节约利用为主线，以海洋生态文明制度体系和能力建设为重点，以重大项目和工程为抓手，将海洋生态文明建设贯穿于海洋事业发展的全过程和各方面，实行基于生态系统的海洋综合管理，推动海洋生态环境质量逐步改善、海洋资源高效利用、开发保护空间合理布局、开发方式切实转变，为建设海洋强国、打造美丽海洋，全面建成小康社会、实现中华民族伟大复兴做出积极贡献。

实施污染物入海总量控制。2015—2017 年，在辽宁、天津、山东、浙江、福建、广东等地开展污染物入海总量控制试点，形成可复制、可推广的总量控制模式。2016—2017 年，组织沿海省（市、区）开展陆源入海污染物调查，摸清陆源污染物入海总量和来源，确定海域水质管理目标、减排指标和减排方案。2018 年，会同有关涉海部门编制《重点海域排污总量控制实施办法》，2019 年报国务院。2020 年，在全国重点河口、海湾逐步推广建立总量控制制度。

开展海洋生态环境在线监测网建设工程。基于浮（潜）标、海上固定平台、岸基雷达等在线监测设备和技术手段，构建在线监测网络。开展重点海湾在线监测系统建设，在 4 个 3 000 km^2 以上海湾、7 个 500 km^2 以上海湾，以及 61 个 30 km^2 以上海湾分类布设 87 套在线监测设备，实现水质和污染状况实时监测。开展陆源入海污染源监测系统建设，对污染物排海量较大的长江、珠江、黄河等 20 条主要河流入海口和 150 个重点排污口布放 190 套水质、水量在线监测浮标，掌握主要污染源入海污染总量。开展海洋环境风险在线监测系统建设，在沿海赤潮（绿潮）灾害高发区域、核电设施邻近海域布设 30 套水质浮标，在海上石油平台（管道）、石化炼化基地与储藏基地等溢油、危化品泄漏风险区域建设 50 套溢油雷达。开展近海重点通道海域监测系统建设，在近海重点洋流通道布放 20 个浮标，建设 3 个海上固定式监视监测平台，监控跨界污染和水动力环境。

2.3.2 《关于推进海洋生态环境监测网络建设的意见》

海洋生态环境监测是海洋生态环境保护和监督管理的基础，是海洋生态文明建设的重要支撑。当前，我国已初步建立覆盖管辖海域的海洋生态环境监测网络，国家和地方四级监测机构承担着海洋环境质量监测、海洋生态监测、海洋环境监督性监测和海洋生态环境风险监测预警等职责。到 2020 年，基本实现全国海洋生态环境监测网络的科学布局，监测预警能力、信息化和保障水平显著提升，监测数据信息互联共享、高效利用，监测与监管协同联动。全面建成协调统一、信息共享、测管协同的全国海洋生态环境监测网络。

依法落实用海企事业单位的监测责任。直接向海排污企事业单位要严格落实污染排放自行监测的主体责任；海洋（海岸）工程建设和运行维护单位承担工程项目对海洋生态环境影响跟踪监测。用海企事业单位所获海洋环境监测信息应及时上报海洋主管部门。

强化海洋环境监督性监测。定期实施陆源入海污染源和海上污染源普查，在主要入海河流及河口区、重点陆源入海排污口及邻近海域同步开展在线监测。构建海洋功能区环境监督性监测体系，加强对农渔业区、滨海旅游休闲区等预警性环境监测，实施海洋倾倒区、海洋石油勘探开发区、海洋工程建设项目用海区等对海洋生态环境影响的全过程跟踪监测。

加强监测与执法联动。各级海洋主管部门要加强入海排污口、海上排污行为监督性监测数据的应用，为海上执法部门掌握排污单位违法排污行为提供技术支撑。建立监测与监管执法联动快速响应机制。定期开展海洋（海岸）工程用海区、海洋倾倒区、海洋生态严重退化区、海洋生态红线管控区等专项执法监测。

加快监测新技术的应用和标准化进程。推进海洋生态环境监测新技术研究、试点应用和业务化转化，促进卫星遥感、无人机、无人船、实时在线等新技术在海洋领域的推广应用，加快高新监测技术、先进分析检测技术、高效海洋生物物种鉴定和生物多样性监测技术等标准化进程。

2.3.3 《海洋环境监测与评价业务体系“十三五”发展规划纲要》

贯彻落实“十三五”海洋生态环境保护总体要求和重大部署，指导和推进全国海洋环境监测评价业务体系发展，完善监测布局，增强业务能力，提升监测评价为海洋生态环境监管决策支持和公共服务效能。全面贯彻落实党的十八大和十八届三中、四中、五中全会精神，以服务“海洋强国”建设为目标，以海洋生态文明建设为指导，以提升监测能力和服务效能为主题，坚持央地结合、共建共享，完善体系运行管理机制，强化监测机构和人才队伍建设，优化监测业务布局，推进高新技术示范应用，健全技术规范和制度体系，深化对海洋生态环境状况和变化规律的科学认知，着力提升管理支撑和公共服务水平，努力开创海洋生态环境监测评价工作新局面。

“十三五”期间基本建成协调高效、布局合理、功能完善、信息共享的海洋生态环境监测网络，监测机构业务能力和专业人员水平全面提升，国家海洋环境实时在线监控系统初步建成，监测评价技术规范和质量管理体系建立健全，监测信息集成共享和大数据平台基本建立，形成国家地方行业一盘棋、监测布局一张网、监测信息一幅图的海洋生态环境监测格局，为加快推进海洋生态文明建设和以生态系统为基础的海洋综合管理提供有力保障。

强化对陆源排污的分类监测监控。对全国沿海陆源入海污染源实施定期统计调查，加强跨部门信息交流共享，建立健全国家—海区—省市地方共建共享的陆源入海污染源台账。进一步加大业务化监测力度，监测河流总入海径流量占全国入海径流量的90%以上，入海排污口监测数量达到50%，监测排污总量监测达到75%以上。实施高频监测和实时在线相结合的重点陆源污染源监督监测，国家和地方建成主要入海河流和重点入海排污口实时在线监控设备，鼓励社会公众参与陆源排污监督，进一步提升说清陆源排污状况及对海洋环境影响的能力。

2.4 行业监管体制

2.4.1 《水污染防治法》

第二十二条明确规定：向水体排放污染物的企业事业单位和个体工商户，应当按照法律、行政法规和国务院环境保护主管部门的规定设置排污口；设置入河排污口，还应当遵守国务院有关行政主管部门的规定。

第二十三条规定：重点排污单位应当安装水污染物排放自动监测设备，与环境保护主管部门的监控设备联网，并保证监测设备正常运行。排放工业废水的企业，应当对其所排放的工业废水进行监测，并保存原始监测记录。具体办法由国务院环境保护主管部门规定。

2.4.2 《排污费征收使用管理条例》

第十条明确规定：排污者使用国家规定强制检定的污染物排放自动监控仪器对污染物排放进行监测的，其监测数据作为核定污染物排放种类、数量的依据。

排污者安装的污染物排放自动监控仪器，应当依法定期进行校验。

2.4.3 《污染源监测管理办法》

第十八条明确规定：国家、省、自治区、直辖市和市环境保护局重点控制的排放污染物单位应安装自动连续监测设备，所安装的监测设备必须经国家环境保护总局质量检测机构的考核认可。

2.4.4 《关于加强自动环境监测仪器管理及认定工作的通知》

通知中明确规定：为了确保环境管理工作科学公正，有效提高环境监测数据的准确度和可靠性，国家环境保护总局将加强对环境监测仪器的管理。为环境执法管理服务和向社会提供环境监测数据的自动环境监测仪器，必须符合国家环境保护总局制定的环境监测规范和环境监测仪器技术要求，经检测合格、通过认定并列入合格产品准入名录后，方可使用。

2.4.5 《淮河和太湖流域排放重点水污染物许可证管理办法（试行）》

办法中明确规定：排污单位必须按照国家环境保护总局和省级环境保护行政主管部门的规定设置规范的排污口，按照下列规定安装经国家环境保护总局认定的污染物排放自动监测设备或者仪器，并使其按规范要求正常运转。

被市（地）级以上环境保护行政主管部门列为重点污染源的排污单位或者处于环境敏感地区的重点排污单位，应当安装 TOC、COD、pH 等主要污染物在线自动监测仪、污水流量计、污染治理设施运行记录仪。

2.4.6 《环境监测技术路线》

文件要求：废水排放量不小于 5 000 t/d 的污染源，安装水质自动在线监测仪，连续自动监测，随时监控。电厂锅炉必须安装连续烟气测试装置，随时监控。监测项目为：烟尘、二氧化硫、氮氧化物、黑度。

2.4.7 《污染源自动监控管理办法》

办法明确规定：本办法适用于重点污染源自动监控系统的监督管理。重点污染源水污染物、大气污染物和噪声排放自动监控系统的建设、管理和运营维护，必须遵守本办法。

自动监控系统经环境保护部门检查合格并正常运行的，其数据作为环境保护部门进行排污申报核定、排污许可证发放、总量控制、环境统计、排污费征收和现场环境执法等环境监督管理的依据，并按照有关规定向社会公开。

2.4.8 《国家监控企业污染源自动监测数据有效性审核办法》

第二条指出：国控企业污染源自动监测数据有效性审核是指环保部门对国控企业污染源自动监测设备定期进行监督考核，确定其自动监测设备正常运行。

国控企业污染源自动监测设备在正常运行状态下所提供的实时监测数据，即为通过有效性审核的污染源自动监测数据。

第十二条明确规定：责任环保部门依据《国家重点监控企业污染源自动监测设备监督考核规程》，对国控企业污染源自动监测设备日常运行每季度考核一次，并将考核结果通知国控企业。

对国控企业污染源新安装验收合格的自动监测设备，运行一个季度后，必须进行监督考核。

2.5 在线监测站建设需求

2.5.1 全过程监督陆源排污影响的必需手段

通过建设主要入海河流和河口区、重点入海排污口及混合区海域的实时在线监控系统，可以实现对陆源排污的监督性监测从“瞬时采样、源汇异步监测”向“全过程、源汇联动式监测”的转变，为实时动态监督主要陆源排污过程及环境影响、科学评估污染减排成效等提供决策依据，特别是对于渤海等污染严重海域的陆源排污影响监控具有现实紧迫性。

2.5.2 精细化动态化监管海域环境变化的要求

通过建设海洋环境实时在线监控系统，实现对重点海域环境质量状况的动态监控，为近岸海域水质考核、海洋环境管理和海洋石油勘探开发活动监管等提供更高时空分辨率、实时的基础数据和决策依据。

2.5.3 预警性监控海洋生态环境风险的关键保障

我国海岸带地区经济发达、人口密集，近岸海域的海洋开发活动密集，受海洋生态环境灾害的影响显著，防灾减灾任务艰巨。通过综合运用实时在线监测、遥感监测、视频监控等高技术手段对海洋生态环境灾害高风险区的关键环境参数开展实时动态监控，可为海洋生态环境风险管控和应急响应提供即时信息服务和预警预报，为公众用海健康和安全提供保障。

第3章　在线监测现状

近年来，在线监测技术在世界范围内快速发展，得益于其相较于传统理化监测方式，拥有检测速度快、成本低、反应灵敏，并能实现连续的在线监测功能①。伴随着经济社会快速发展，社会公众越来越重视环境质量，尤其是与人类关系最为密切的水环境质量。以石油工业为例，石油的开采和运输过程中时常伴随着泄漏和污染，石油污染问题日益严重，已经引起了人们的高度关注。水中油类污染会破坏水体的生态平衡，导致水生物死亡，渔业生产受损，珍稀物种灭绝，危害人类的身体健康，同时也会对政府和公众造成巨大的经济损失。因此，快速实时在线测定水中污染物的含量及来源，对于水环境监测管理及污染物的防治具有重要的意义②。

在线监测技术在国外起步较早，早在20世纪50年代，就开始陆续诞生了基于声学法、光学法、电化学法等传统方法的水质在线监测技术。1981年，Bulich等首次将发光细菌Photobacterium Phosphoreum用于水质在生物毒性监测。③ 这种微生物细胞传感器技术最早被Micmtox公司商业化开发利用，现已广泛应用于水质在线监测领域。美国于1959年对俄亥俄州进行水质在线监测，并在1975年建立了全国性的水质在线监测网。自20世纪70年代以来，美国开始进行海洋生态环境监测浮标的大规模应用，陆续在夏威夷海域投放大量浮标，监测的环境数据实时传送至互联网，将实时监测数据公开发布。英国于1975年建立了泰晤士河流在线监测系统，可监测pH、溶解氧、电导率、氨氮、硝氮和流量等多个参数。日本于1967年开始筹备建设公共水域在线监测系统，并于20世纪90年代初建成了全国性水质在线监测网。

由于污染源在线监测在我国刚刚起步，国家还没有较完善的管理办法与技术规范与之相配套，因此，怎样开展在线监测？采取什么政策？如何对在线监测进行管理？资金问题、设备问题、验收问题如何解决？这一系列需要探讨的难题摆在人们面前。基于这一背景，为了更加稳妥地开展在线监测工作，本书编者组成的在线监测调研团队在对沿海众多省市在线监测进行调研的基础上，为了全面了解全国陆源入海污染源在线监测的现状与水平，学习先进经验，对我国重点城市进行了调研，主要了解了大连、杭州和深圳等城市在推进或试点实验在线监测工作中的办法与经验。国内陆源入海污染源在线监测系统研究起

---

① 李洁，杨敏，李应，等．水源地水质在线生物监测系统的现状和展望［J］．安徽农业科学，2013，（23）：9755-9756，9772.

② 于海波．水中微量油污染在线检测技术与实验研究［D］．天津大学，2013.

③ 曹喆，秦保平，徐立敏，等．我国污染源在线监测现状及建议［J］．中国环境监测，2002，18（2）：1-3.

步较晚，其应用主要集中在观测预报领域。目前国内设置的水质监测断面，基本上分布在水量相对充沛、监管相对严格的内陆地区大江、河流等主干流，可掌握主要干流的水质状况。21 世纪以来，沿海部分省市陆续开展了针对海洋生态环境的在线监测工作，如深圳朗诚实业有限公司的海洋浮标自动监测系统，在深圳、秦皇岛等地已投入运行，但都是各自建设，并未形成统一的集成监测网。

在线水质监测仪的市场潜力很大，美国哈希、德国科泽、意大利西斯迪在内的众多国际知名仪器厂商在国内得到较好的应用，进口仪器设备一次性投资较高，但运行成本及故障率较低，质保期后零部件出现问题时维护成本较高。我国水质在线监测系统经过十几年的发展，从技术引进吸收到拥有自主产权的专利产品，从半自动化发展到信息化，从作坊形式发展为监测专用仪器的支柱产业之一，涌现出一批技术精良、服务周到、规模较大的龙头企业。国产仪器厂商，如理工环科、先河环保、中兴仪器、聚光科技等在仪器研发方面逐步加大投入，仪器性能有了较大提升，尤其是逐渐在技术含量相对较高、研发难度较大的重金属在线监测仪器，以及生物毒性在线监测仪器方面有了较大的技术突破，但相较进口仪器设备仍存有一定差距，运行成本与故障率相对较高。①

目前，国内在线监测系统尚未大面积铺开，一方面和现有仪器设备性能有一定关系；另一方面运营维护困难也是一个重要因素，一旦安装了在线监测设施，若没有健全的售后服务和运营维护服务，将直接影响在线监测站的运行效果。国内在线监测仪器厂商也逐步认识到运营维护的重要性，以理工环科为代表的国内厂商另辟蹊径，通过加大运营维护团队的建设，保证其在运营维护方面的较强优势，理工环科推行的自动在线监测系统第三方运营维护管理，逐步获得国内市场的认可，扩大了其运营维护市场规模。

国内陆源入海污染源在线监测系统建设方面，尚无统一标准，各仪器厂商无健全的标准依据，生产的在线监测仪器设备档次不一、监测指标不一、监测方法不一、性能指标不一、数据标准不一，这给兼容并网及统一维护管理带来较大困难。目前，由国家海洋环境监测中心牵头，国家海洋局北海环境监测中心等单位参与制定的《海洋环境在线监测数据传输与交换技术规范》正在申报中，由国家海洋局北海环境监测中心牵头申报的《入海河流岸基在线自动监测站建设技术规程》和《入海排污口岸基在线自动监测站建设技术规程》也在申报中，为今后仪器厂商在陆源入海污染源在线监测仪器设备研发制造方面提供了建设依据。

为了更好地了解在线监测系统建设现状，2016 年 8—10 月，我们通过对北京尚洋东方环境科技有限公司、上海臻丰环保科技有限公司、理工环科（上市公司 002322）、聚光科技股份有限公司（上市公司 300203）、中电海康集团有限公司（上市公司 002415）、青岛布鲁信公司、山东仪器仪表所、山东深海海洋科技有限公司和深圳朗诚有限公司等公司进行了调研，陆源排污口在线监测系统主要有固定站、小型站、微型站和浮标站 4 类。

① 孙海林，李巨峰，朱媛媛，等．我国水质在线监测系统的发展与展望［J］．中国环保产业，2009，(3)：12-16.

3.1　站房分类

3.1.1　常规固定站房

常规固定站功能齐全，主要适应于大江、大河等主要入海污染源在线监测，且站点常年不变，具有站位代表性、历史延续性等显著特点。面积一般大于 20 m^2，可对常规项目、营养盐类、重金属类、有机类等项目进行在线监测，对于各类在线监测仪表运行环境提供稳定保障，维护方便。但站房基建成本较高，需要供水、供电支持，且运维成本较高。

在线监测固定站建设投资较高，可移动性差，选择好建站地点非常重要，是获取有效数据的首要条件。其选址基本要求有：

（1）按一般民用建筑的有关规定要求设计，结构材料符合监测用房的安全要求（如防火、防腐，需备有灭火器等消防设施），地面采用防滑瓷砖铺设，墙面用白色涂料重新粉刷；

（2）监测用房内应密闭，保证室内清洁，环境温度、相对湿度和大气压等应符合 ZBY 120-83的要求，仪器正视方位不得有阳光直射；

（3）监测用房内有安全合格的配电设备，应能提供足够的电力负荷，不小于 10 kW。考虑到监测系统内的分析仪器需要保证电压稳定，因此站房内应配置稳压电源；

（4）监测用房内应有合格的上、下水设施；

（5）监测用房必须有完善、规范的接地装置和避雷措施，防盗和防止人为破坏的设施；

（6）应建设在江、河、湖等水域岸上不易被水淹没的高程上，尽量不要建筑在滩涂上或防洪堤内河滩上，选择的位置高程应能够抵御 50 年一遇的洪水。原则上站房与水面水平直线距离不宜大于或等于 100 m，应尽量靠近采水系统的取水点，站房附近的水域四季平均水深应当超过 2 m，且水流相对稳定平缓、水中水草较少；

（7）建站地域地质结构稳定，遇软弱地基时应做好地基处理，不易受自然破坏，地势平坦。能够较容易地做到四通一平，即通路、通电、通水、通电话以及平整土地；

（8）在河道、湖泊边及岸上建设永久性建筑（包括采水工程），需要向当地相应的管理部门报批；

（9）选择盐度小于 2 的河流入海断面。

图 3-1 和图 3-2 所示为在线监测固定站系统示意图及岸基站实景。

3.1.2　小型站房

小型站房采用定制的可移动式检测仓，无须建设固定站房，建设周期短，可实现便捷

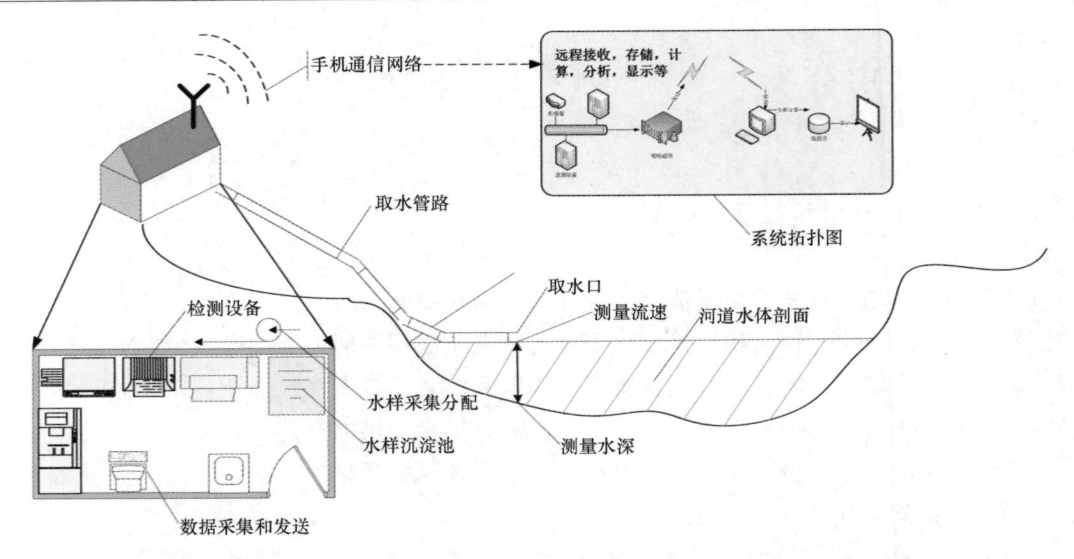

图 3-1　在线监测固定站系统示意图

图 3-2　岸基站实景

搬迁；占地少（4～10 m^2）、易征地，体积小、能耗低，外形美观、与环境协调，建设投资少。可自动在线监测水体中的氨氮、高锰酸盐指数、总磷等水质参数；主要用于大部分入海排污口（河）在线监测，预警、预报重大或流域性水质污染事故，监督污染物入海总量。

小型在线监测站房选址要求有：

（1）监测用房内应密闭，保证室内清洁，环境温度、相对湿度和大气压等应符合要求，仪器正视方位不得有阳光直射；

（2）监测用房内有安全合格的配电设备，应能提供足够的电力负荷，不小于 10 kW。考虑到监测系统内的分析仪器需要保证电压稳定，因此站房内应配置稳压电源；

（3）监测用房内应有合格的上、下水设施；

（4）监测用房必须有完善、规范的接地装置和避雷措施，防盗和防止人为破坏的设施；

（5）采水区域四季水流量相对平缓，水中杂草较少、水深应当满足自动监测仪器采水的最低要求；

（6）建站地域地质结构稳定，遇软弱地基时应做好地基处理，不易受自然破坏，地势平坦。能够较容易地做到四通一平，即通路、通电、通水、通电话以及平整土地（水路不通可自备水箱）；

（7）站房所建位置的地理条件和周围环境，要安全可靠，便于工作人员的工作和对水站的管理；

（8）选择盐度小于 2 的河流入海断面。

图 3-3 所示为杭州滨江在线监测小型站外观与尺寸示意图。

图 3-3　杭州滨江在线监测小型站外观与尺寸示意图

3.1.3 微型站房（岸边站）

微型站房采用占地少（小于 1 m^2）、易征地，体积小、能耗低，方便搬移。可接太阳能，外形美观、与环境协调，建设投资少，适合高密度推广应用。适宜于工业、市政、排污河等各类入海排污口在线监控，以及突发性污染事故的预警。但相对于常规在线仪表而言，准确性稍差，相对误差较大。

为了保证仪器在不同的季节有一个恒定的工作环境，微型站站房应考虑以下方面：

（1）设计应严格遵循国家标准及仪表自控和电气专业的其他各项相关规定。结构、布置、采暖及通风、公用工程等各因素均予以充分考虑；

（2）小屋应采用型钢焊接框架式结构，内外墙及屋顶由冷轧钢板拼装铆接而成；

（3）小屋的材质：外墙和房顶采用 2 mm 厚冷轧钢板，内墙采用 50 mm 厚保温材料填充，表面采用铝塑板封装；

（4）小屋的隔热保温：小屋配机柜式空调，确保夏天室内温度不超过 50℃；

（5）小屋屋顶制作为斜面型，保证雨水不会留存在屋顶；

（6）运输：为方便小屋的吊运，小屋屋顶带有起重用的吊耳。增加小屋的“可移动性”；

（7）防护等级：小屋密闭、防雨、防尘，外壳防护等级为 IP54；

（8）安全性：小屋具有很好的阻燃、隔热性能。

图 3-4 所示为钱塘江岸边站实景。

图 3-4 钱塘江岸边站实景

3.1.4　浮标在线监测系统

鉴于当前核电安全备受关注，山东海阳核电即将装料开始试运行，因此该核电邻近海域海洋生态环境的业务化监测工作一直持续进行。由于实验室分析时间较长、反馈慢，无法满足预警监测任务的时效性，更无法在事故工况下连续在线监测，于是，计划开展海阳核电站邻近海域在线监测系统建设，用于海阳核电邻近海域海洋生态环境在线监测、观测及预警。拟建成一套集大气辐射、海水放射性核素、海洋生物灾害（水母、绿潮）监视系统、水文气象观测为一体的核电邻近海域在线监测监视预警系统。系统分为“浮标锚系主体”及“监测监视配套装置”两部分。

3.2　采水方式

采水系统是在线监测站的重要组成部分，根据取水口工况的不同，如水位的变化幅度、河岸的地质情况等，通常会设计不同的取水方式。常用的采水方式包括浮筒式、浮球式、栈桥式、桥墩管道式和悬臂式等。

3.2.1　浮筒式采水方式

3.2.1.1　浮筒式采水方式应用范围

浮筒式采水方式适用于水体比较开阔、水位变化不是很大、常年水流流速小、岸边坡度较小且便于人为维护的场合。

3.2.1.2　浮筒式采水方式特点

浮筒式采水方式设备简单，安装方便，成本低及浮筒维护方便，同时可以比较方便地在河道中改变位置，适应河道变化，但是抗河流冲击能力较差。

3.2.1.3　不锈钢浮筒采水系统组成

不锈钢浮筒采水系统由以下几部分组成：

（1）不锈钢浮筒：固定水泵，使水泵能随液位波动而上下浮动；

（2）前级过滤：对水泵取水起到粗滤作用；

（3）太阳能航标灯：起警示作用，避免来往船只与之发生碰撞；

（4）固定点：通过钢丝绳实现不锈钢浮筒与固定点之间的连接；

（5）锚：用于固定不锈钢浮筒在监测断面的安装位置。

图 3-5 和图 3-6 所示为不锈钢浮筒结构示意图及现场实例。

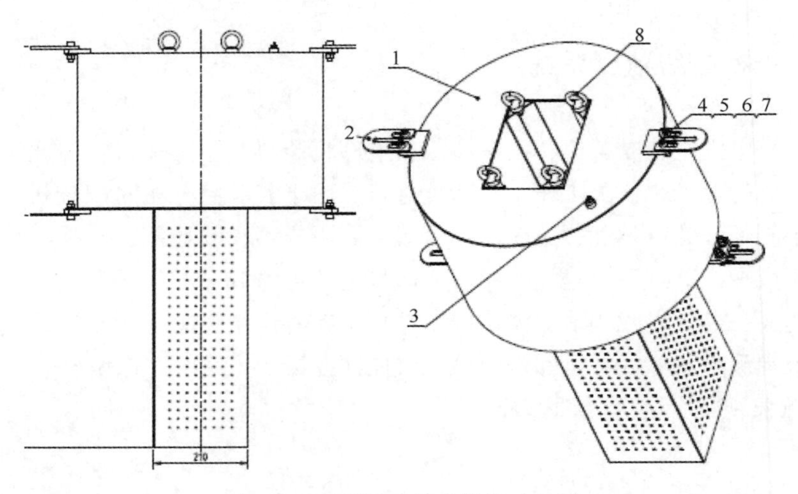

图 3-5　不锈钢浮筒式结构示意图

图 3-6　不锈钢浮筒式采水方式现场实例

3.2.2　浮球式采水方式

3.2.2.1　浮球式采水方式应用范围

浮球式采水方式适用于水体比较开阔、水位变化不是很大、常年水流流速小、岸边坡度较小且便于人为维护的场合（见图 3-7）。

图 3-7　浮球式采水系统现场实例

3.2.2.2　浮球式采水方式特点

浮球式采水方式设备简单，安装方便，成本低及浮球维护方便，同时可以比较方便地在河道中改变位置，适应河道变化，但是抗河流冲击能力较差（图 3-8）。

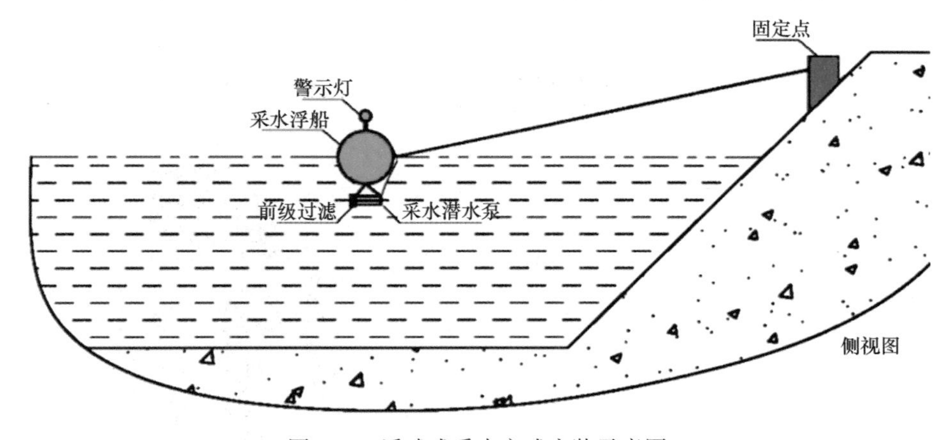

图 3-8　浮球式采水方式安装示意图

3.2.2.3　浮球式采水系统组成

浮球式采水系统由以下几部分组成。

（1）浮球：固定水泵，使水泵能随液位波动而上下浮动；

（2）前级过滤：对水泵取水起到粗滤作用；

（3）采水潜水泵或自吸泵采水头：取水功能；
（4）太阳能警示灯：起警示作用，避免来往船只与之发生碰撞；
（5）固定点：通过钢丝绳实现浮球与固定点之间的连接；
（6）锚：用于固定浮球在监测断面的安装位置。

3.2.3 栈桥式采水方式

3.2.3.1 栈桥式采水方式应用范围

栈桥式采水方式适用于河堤坡度较大，河、湖面较窄，滩涂少，流速较大，杂物多，水位落差不大，近岸边取水，且取水点常年不发生冰冻的情况，地质条件允许。

3.2.3.2 栈桥式采水方式特点

栈桥工程量大。浮筒可使取水口能够随水位变化，保证取水水管的进水孔位于水表面以下0.5~1 m的位置，并与河底保持一定距离，保证采集到具有代表性的符合监测需要的水样，又要保证取样吸头的连续正常使用。浮筒下方外加一圈不锈钢丝网，可以有效地阻挡水体中的垃圾，防止进水口的堵塞（图3-9）。

图3-9 栈桥式采水方式现场实例

3.2.4　桥墩式采水方式

3.2.4.1　桥墩式采水方式应用范围

桥墩式采水方式主要应用于采水点附近有桥梁的场合（图 3-10）。

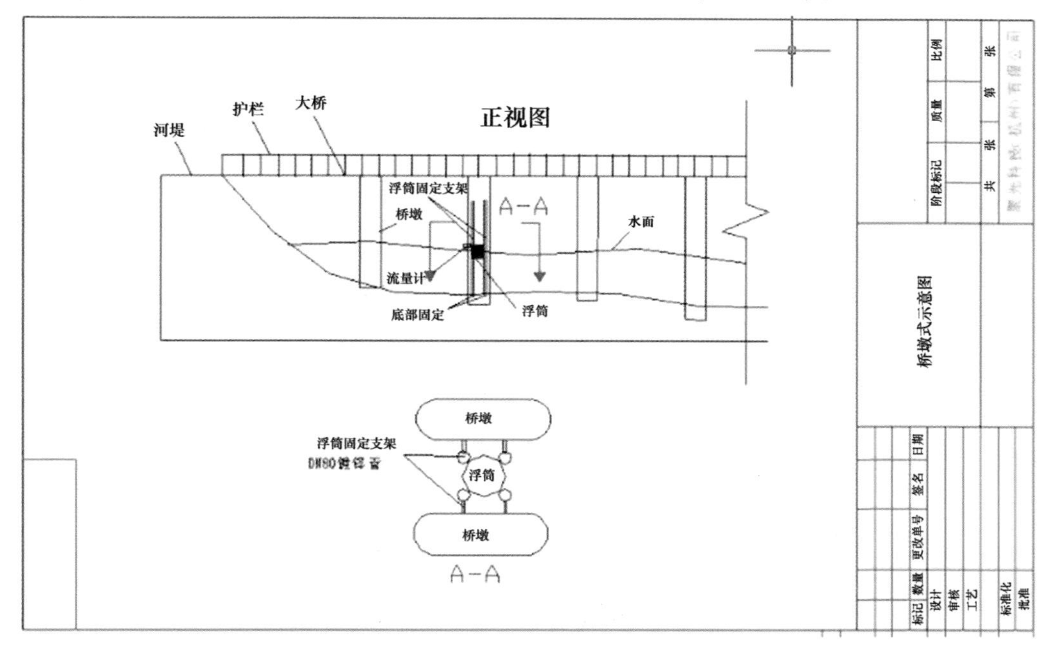

图 3-10　桥墩式采水示意图

3.2.4.2　桥墩式采水方式特点

桥墩式采水以已有的桥梁、桥墩为基础进行建设，建设成本低，且稳定可靠，但是该方法的适用性不广。

3.2.4.3　桥墩式采水系统组成

桥墩式采水系统由以下几部分组成：

（1）桥墩（已有基础建设）；

（2）浮筒固定滑轨及固定件；

（3）浮筒；

（4）采水潜水泵。

3.2.5 管道式采水方式

3.2.5.1 管道式采水方式应用范围

管道式采水适用于取水点为管道的场合。

3.2.5.2 管道式采水方式特点

工程安装方便，且成本很低。

3.2.5.3 管道式采水系统组成

(1) 电动球阀：当管路压力足够时，直接开启该阀即可实现采水功能；
(2) 采水泵：当管路压力不够时，实现管路增压功能；
(3) 稳压阀：实现水泵进水管路的稳压功能。
管道式采水系统示意图如图 3-11 所示。

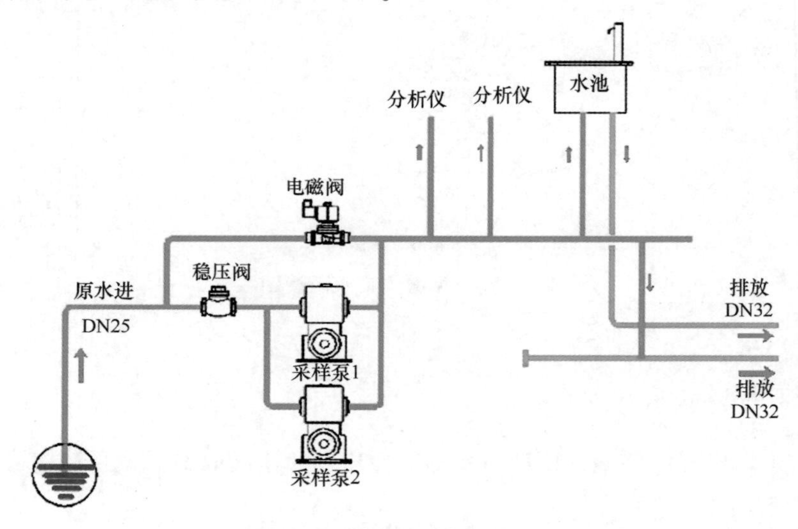

图 3-11 管道采水系统示意图

3.2.6 悬臂式采水方式

3.2.6.1 悬臂式采水方式应用范围

悬臂式采水方式适用于水面较窄、采水点距离岸边较近、滩涂少、水面杂物较多、水流流速不大、常年水位落差不大的监测场合。

3.2.6.2 悬臂式采水方式特点

其特点为安装方便、建设成本低、维护方便等。

3.2.6.3 悬臂式采水系统组成

（1）悬臂：用于吊住采水浮筒和潜水泵或自吸泵采水头、采水管路；

（2）采水浮筒/浮球：用于安装潜水泵或自吸泵采水头，使其随水位变化而上下浮动。自吸泵扬程应尽可能大于实际采样高度的2倍。采用潜水泵采样的系统，应保证潜水泵在取水点液位变化情况下能正常工作；①

（3）钢丝绳：不锈钢材质，用于吊装采水浮筒或采水浮球等；

（4）土建基座：作为悬臂的安装基座及钢丝绳固定座。

图3-12为悬臂式采水系统现场实例。

图3-12 悬臂式采水系统现场实例

3.3 预处理方式

在线监测通常指自动化监测，分为原位监测和自动化采水现场监测。原位监测通过将传感器直接放入水中进行测量；自动采水现场监测通过水样分配系统和传感器相结合的方式进行测量，需对采集的水样进行预处理②。目前预处理系统多采用拦截式过滤装置，水样预处理既能消除干扰仪表分析的因素，又不会失去水样的代表性。系统针对每台仪表设置定制化预处理单元，每台仪表从各自的预处理装置中取样，任何一台仪表预处理和仪表

① 孙海林，李巨峰，朱媛媛，等．我国水质在线监测系统的发展与展望［J］．中国环保产业，2009，(3)：12-16.

② 冯林强，杜军兰，王宁，等．岸基、船基、浮标观测系统在海洋环境在线监测中的应用［C］．//第一届海洋防灾减灾学术交流会论文集．2014：4-5.

故障均不会影响到其他仪表的正常工作。预处理单元能在系统停电恢复并自动启动后按照采集控制器的控制时序自动启动。

3.3.1 预处理设计考虑

针对五参数，由于其需要检测未经处理的水样，故水样未经沉砂、过滤处理直接进入五参数测量池。

针对氨氮分析仪、高锰酸盐分析仪、总磷分析仪、总氮分析仪等对水样均先进行沉砂处理。

沉砂后的水样再经过各分析仪表自带预处理装置进行过滤处理。其中，氨氮分析仪、氰化物分析仪、氯化物分析仪、挥发酚分析仪等由于是测量水样中溶解态物质，相应预处理对水样进行精密过滤处理。

总磷分析仪、总氮分析仪、高锰酸盐分析仪、六价铬分析仪由于是测量水样中相应物质总含量，故采用粗过滤+均质处理措施（图3-13）。

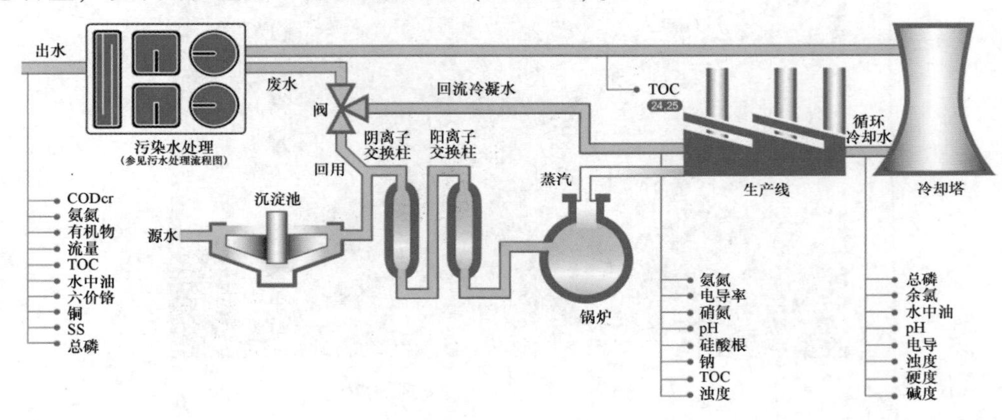

图3-13 预处理设计

3.3.2 产品示例

Filtrax采样预处理系统见图3-14。

1）特性和优点

（1）采用超滤技术，超滤膜能过滤0.15 μm颗粒；

（2）两个蠕动泵交替工作，轮流抽取样品；

（3）独特的空气清洗设计，可以自动清洗其内置的过滤膜，将清洗工作减到最少；

（4）不需昂贵的、经常需要维护的潜水泵；

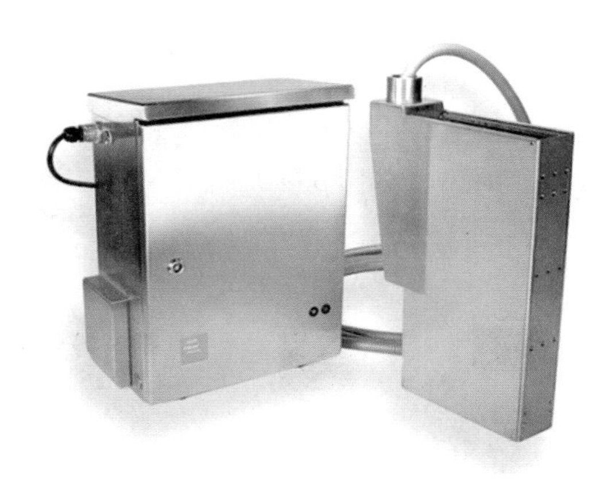

图 3-14　Filtrax 采样预处理系统

（5）采样管可以加热，保证 Filtrax 在任何种天气条件下，可以在户外使用；
（6）系统可以自动监测样品的流速。

2）操作原理

由特殊高分子材料制成的过滤膜 A 和过滤膜 B，被安放在同一个不锈钢容器中，并被直接浸入采样水中。过滤膜 A 和过滤膜 B 由各自的样品吸入传输管，与控制器中的蠕动泵 A 和蠕动泵 B 相连。两个蠕动泵轮流交替工作；在某一蠕动泵工作期间，样品经过相应滤膜的过滤，被抽提到控制器中，进而被传输到后续的水质在线分析仪中。在 Filtrax 样品预处理系统的整个工作过程中，控制器内部的空气压缩机连续不断地工作，产生的压缩空气经过两根空气传输管，被传送到每个滤膜底部的排气孔处；在其中一个蠕动泵停止工作期间，吸附在相应滤膜表面上的悬浮颗粒，从滤膜表面上被清除掉。从而保证 Filtrax 样品预处理系统可以连续不断地工作。

3）技术指标

（1）样品流速：约 900 mL/h；
（2）电源要求：AC 230 V±10%，50～60 Hz；
（3）样品温度：5～40℃；
（4）环境温度：-20～40℃；
（5）机箱等级：IP 55（室外安装）；
（6）仪器尺寸：控制单元：430 mm×530 mm×220 mm；
（7）过滤容器：92 mm×500 mm×340 mm；
（8）重量：41 kg；
（9）样品吸入管长度：5 m（加热）；
（10）可选样品传输管：2 m（不加热）；10 m（加热）；20 m（加热）；30 m（加热）。

3.4 控制系统

在线监测系统远程监视与控制界面如图 3-15 所示：

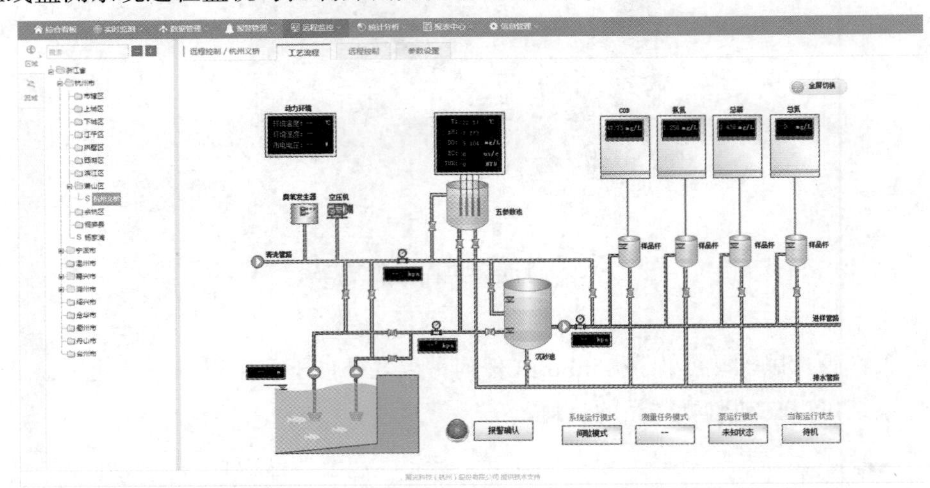

图 3-15 系统远程监视与控制界面图

现场控制单元由工控机、程序逻辑控制单元、总空气开关、各仪器设备的空气开关、接触器、开关电源、继电器和接线端子等部分组成。控制系统按照预先设定的程序负责完成系统采水配水控制，启动测试、标定、超标自动留样，清洗、除藻、反冲洗等一系列的动作。可以监测系统状态，并根据系统状态对系统动作做相应的调整，确保水质自动站自身的稳定运行。

同时可远程设置和远程采集监测站仪器设备的工作状态参数，对采样、反吹、清洗、仪器设备的工作状态、监测站房工作环境和安全控制等工作按前述的要求进行检测及控制。接入海洋突发事件管理系统，保证控制系统软件与现有的远程监控软件完全兼容（图 3-16）。

3.5 数据采集、处理、传输系统

数据采集单元由工控机、数据采集模块、现场总线等组成。数据采集模块以现场监控软件包为核心，配合模拟量和数字量采集模块，串口模块、RS485 模块实现监控功能。其中，工控机采用一体化工作站，数据采集模块采用比利时 PLC 采集模拟量。

该单元的结构图见图 3-17 所示。

污染源在线监测系统，每天产生数以万计的在线监测数据需要进行传输、统计与评价，并通过地理信息的直观表达形式向政府或社会公众发布。因此，建设一套集数据采

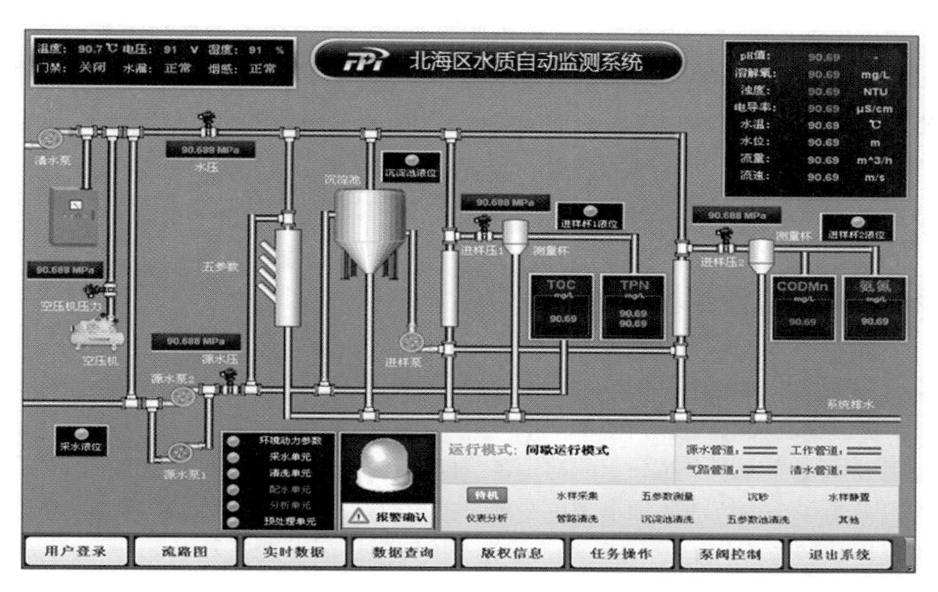

图 3-16　采样泵运行状态监视图

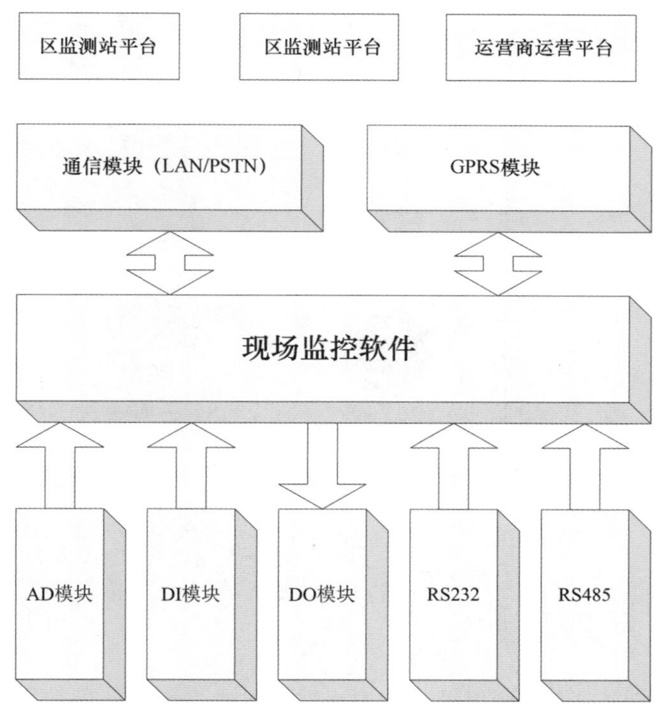

图 3-17　数据采集单元结构图

集、传输、统计与发布为一体的海区级在线监测数据中心平台，作为环境管理决策的技术支持，增强人民群众的环境知情权，就显得非常重要。拟采用电信部门提供的 GPRS（通用无线分组服务）数据通信服务，通过数据采集器或工控机采集各类在线监测数据，实时传送到海区中心服务器数据库进行处理分析，经应用系统和基于地理信息的应用平台进行 Web 发布，供通过专网或因特网的各级环境管理部门或社会使用。数据采集、传输与通信单元完成对水质监测数据、监测仪器工作状态数据、报警数据的采集、显示、处理。①

3.6 视频监控系统

每组视频监视设施包括：1 套固定摄像机、2 套智能云台摄像机、1 套视频传输处理设备、1 套防护设备和工程配套附材。

视频监控主要分为 3 个部分：前端设备、网络传输链路和监控中心视频监控系统。

前端设备为 3 个点位的监控摄像机及硬盘录像机组成，摄像机的视频信号经过硬盘录像机将现场视频图像进行采集、存储和输出，并将模拟的视频信号数字化，其转为 IP 数据包。同时网络视频编码通过光纤专线，与监控中心视频监控系统建立连接，将视频数据包发送到监控中心。视频监控系统实现视频切换、存储、检索回放及云台镜头控制等。远程用户可以通过因特网或 LAN 连接到视频监控系统进行图像浏览（图 3-18）。

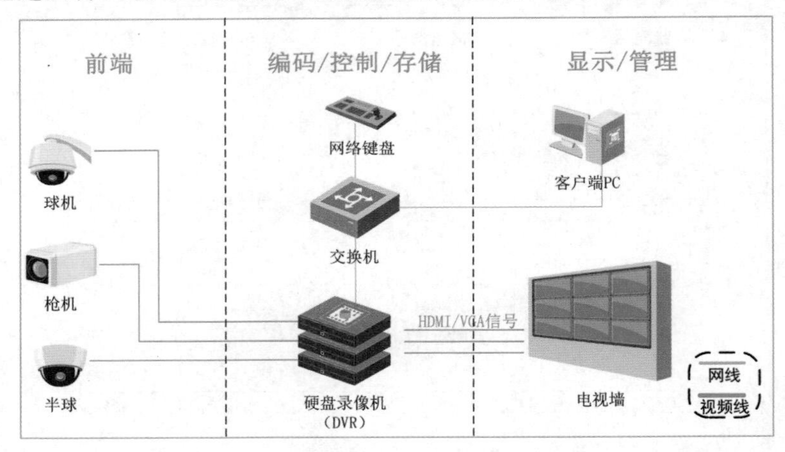

图 3-18　视频监控系统

3.7 在线监测仪器

水质在线监测是实现水环境保护、饮用水安全保障、污水处理和污染物排放控制、水

① 徐光．环境在线监测监控管理与发布系统［J］．中国环境监测，2006，22（4）：10-13.

资源管理等方面的重要基础和有效手段。① 近年来，随着对水质监测实时性和监测频率要求的逐步提高，传统实验室手动分析已很难满足监测需求，从而使得在线监测得到了广泛关注和快速发展，越来越多的在线监测仪表被推广并应用于水质监测的各个领域。目前常用的水质在线监测方法主要有化学法、电极法、分光亮度法、光谱法和生物法等。②

3.7.1　主要监测项目

监测项目包括：流量、气象参数、pH、溶解氧、温度、电导率、浊度、高锰酸盐指数、氨氮、总氮、总磷等项目的实时监测（表 3-1 和表 3-2）。

表 3-1　主要水质参数指标要求

水质参数	高锰酸盐指数	氨氮	总磷
仪器名称	高锰酸盐指数在线分析仪	氨氮在线分析仪	总磷在线分析仪
测量原理	高锰酸钾氧化-亮度滴定法	水杨酸比色法	过硫酸钾氧化-磷钼酸盐分光亮度法
测量范围	0.0~10.0 mg/L 0.0~20.0 mg/L 0.0~50.0 mg/L	0~0.5 mg/L 0~2 mg/L 0~5 mg/L	0~1 mg/L 0~5 mg/L 0~50 mg/L
重复性	≤3%	≤3%	≤3%
分辨率	0.01 mg/L	0.001 mg/L	0.001 mg/L
检出限	0.4 mg/L	0.005 mg/L	0.01 mg/L

表 3-2　常规五参数指标要求

水质参数	pH	电导率	溶解氧	浊度
仪器名称	pH 水质自动分析仪	电导率水质自动分析仪	溶解氧水质自动分析仪	浊度/悬浮物水质自动分析仪
测量原理	电极法	电极法	电化学法	红外散射法
测量范围	-2.00~+16.00	0.000~3.000 μS/cm	0~20 mg/L 0~100%	0~40 NTU 0~400 NTU 0~4 000 NTU
重复性	≤0.1pH	≤2%	≤2%	≤2%
准确度	≤0.1pH	≤±2%	≤±2%	≤±2%
分辨率	0.01	1.000 μS/cm	0.01 ppm; 0.1%/全量程的±2%	0.01 NTU

① 侯迪波，张坚，陈泠，等．基于紫外-可见光光谱的水质分析方法研究进展与应用［J］．光谱学与光谱分析，2013，33（7）：1839-1844.

② Storey M V，van der Gaag B，Bums B P. Water Research，2011，45（2）：741.

3.7.2 主要配备仪器

3.7.2.1 五参数自动分析仪

检测要素包括溶解氧、温度、pH、电导率、浊度。该设备为整体式投放式原位分析仪，无须添加试剂，具有专用流通池，自带清洗装置，可实现免维护运行，性能稳定，运行可靠。具有断电保护和来电自动恢复功能，断电后设定的参数不丢失，用户设置均保存在存储器中（图 3–19）。

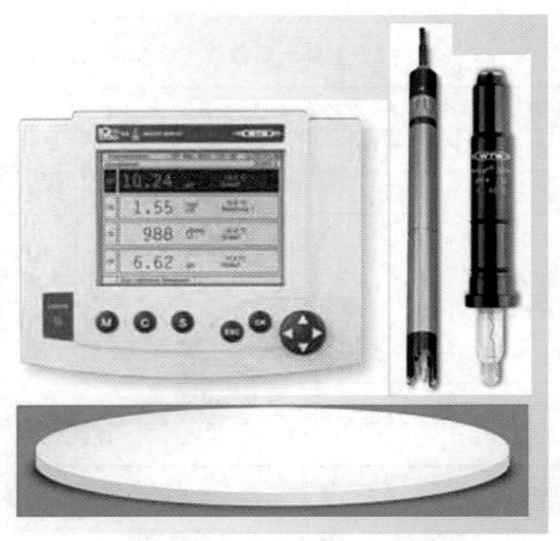

图 3–19 参数自动分析仪

3.7.2.2 高锰酸盐指数在线自动监测仪

选用设备符合 HJ/T 100—2003 国家行业标准和 ISO 8467，采用一体化多功能的反应器设计，药剂用量少，维护方便，性能可靠；采用高精度温控系统，具有可自动恢复温度保护器，确保加热安全；采样计量系统采用高精度蠕动泵，选用进口蠕动泵管，运行高度平稳可靠，工作寿命长等（见图 3–20）。

3.7.2.3 氨氮自动监测仪

氨氮是评价水体污染和自净状况的重要指标。氨氮是指水中以游离氨（NH_3）和铵离子（NH_4^+）形式存在的氮，以 mg/L 计。测量方法有电极法和亮度法等。电极法主要包括氨离子选择性电极法和氨气敏电极电位法，测量原理为电极电位与水样中氨活度的对数呈线性关系，从而对水样中的氨氮进行测量。亮度法包括纳氏试剂比色法和水杨酸分光亮度

图 3-20　高锰酸盐指数分析仪

法等，其主要原理为水样中的氨氮与指示剂反应后显色，水样的吸亮度在特定波长处与氨氮含量成正比，从而对水样中的氨氮进行定量分析。

选用设备符合 HJ/T 101—2003 国家行业标准，采用一体化多功能的反应器设计，药剂用量少，维护方便，性能可靠；采用高精度温控系统，具有可自动恢复温度保护器，确保加热安全；具有自动酸清洗，防止碱性物质累积产生的干扰；试剂无毒，不含汞，废液比较容易处理；采样计量系统采用高精度蠕动泵，选用进口蠕动泵管，运行高度平稳可靠，工作寿命长等特点（见图 3-21）。

3.7.2.4　总磷、总氮在线自动监测仪

系统应采用一体化多功能的反应器设计，药剂用量少，维护方便，性能可靠，高效安全的高温紫外消解体系；具有可自动恢复温度保护器，保证加热安全；采样计量系统采用高精度蠕动泵，选用进口蠕动泵管，运行高度平稳可靠，工作寿命长；流体控制采用长寿命空气泵，具有自动酸清洗，具有异常自动报警、断电数据自动保存；异常复位后仪器能自动排出管路内残留反应物，自动恢复工作状态（见图 3-22）。

图 3-21　氨氮水质监测分析仪

图 3-22　总磷、总氮分析仪

3.8　存在的问题

各省、市开展污染源在线监测有着不同的困难，但归纳起来有几大难点：一是认识问题。包括某些城市政府部门和企业的认识有偏差，表现为对污染源在线监测工作做得不细，导致安装监测设备走形式，造成浪费；二是技术问题。缺乏在线监测仪器和设备方面的专门人才，一旦安装了在线监测设施，若没有健全的售后服务和监测部门的帮助，在线监测系统的运行将面临巨大的困难；三是资金问题。购置在线监测设备需要较大的资金投入，对地方政府是巨大的经济负担；四是管理和技术方面没有形成完善的规范化体系，技术支持滞后于发展，使在线监测处于探索与实施共行阶段。

由于各种困难的存在以及缺乏经验，有些省、市急于求成，走了较大的弯路，主要表现在：软硬件不配套，管理与措施不到位，一些污染源在线监测设施形同虚设，效果较差；没有对仪器设备进行把关，没有完善的验收规范与质量保证体系，造成在线监测设备质量问题严重，甚至造成巨大的浪费。①

① 曹喆，秦保平，徐立敏，等．我国污染源在线监测现状及建议［J］．中国环境监测，2002，18（2）：1-3.

第4章　渤海岸基在线监测建设思路

4.1　总体思路

落实“十三五”国家海洋环境实时在线监控系统建设和“智慧海洋”总体部署，统筹现有工作基础，国家、地方和行业形成合力，推进“海洋环境实时在线监测网、实时数据传输网、实时动态监控信息系统”（两网一系统）的建设（图4-1），综合运用岸基（浮标）、视频、遥感等在线监测技术手段及物联网等高新技术和信息化手段，实现对“主要排海污染源、重点海域环境质量”实时监控，达到“实时监测、实时评价、即时预警、动态管控”。

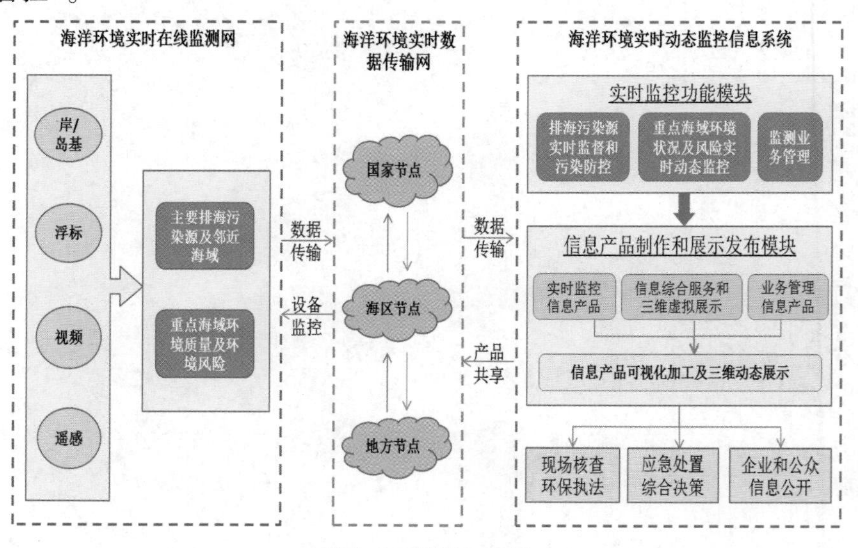

图4-1　两网一系统

4.2　基本原则

1）统筹集约、科学发展

统筹国家和地方海洋部门的任务分工，落实用海企业和向海排污企业等监测责任，科学部署和建设各级各类海洋环境实时在线监控系统，实现“分级建设、集成管理、信息共享”。做好海洋环境实时在线监控系统与海域动态监视监测、海洋观测系统等统筹衔接，高效配置资源，避免重复建设，实现“一站多能、协作运维、资源共享”。

2）创新引领、规范建设

依靠科技创新和技术进步，加强海洋环境实时在线监测、评价和预警预报技术方法等的研究探索及试点示范，促进高新技术、先进装备等创新发展和推广应用。着力促进管理制度和标准规范体系建设，切实提升海洋环境在线监控系统建设和运行的标准化、规范化水平，保障在线监控数据质量和各类系统之间的互联互通。

3）突出重点、急用先建

利用成熟、可靠技术，全面增强海洋环境实时在线监控能力，重点推进渤海等重点海域的在线监控系统建设，提升对海洋生态环境关键参数的实时在线监测能力以及对多源数据资料的实时评价、即时预警、综合决策等核心技术水平。坚持速度、规模、质量、效益相统一，分步实施，优先安排国家需求紧迫的业务能力建设。

4.3　总体框架

入海排污口（河）在线监控系统（包括分析仪器、采水系统、配水系统、预处理系统、控制系统、数据采集/处理/传输系统、信息安全设备、辅助系统、动力环境监控系统、防雷设备、视频监控、中心平台等）建设，数量较多，数据量大，项目总体架构设计上采用物联网模式构建，分为 3 个层次，分别为现场设备数据采集控制层、通信传输层和中心监控层。

（1）现场设备数据采集控制层：建设内容主要为环渤海陆源入海污染源自动监测站建设，包括站房建设、水站仪器仪表集成及系统集成、动力环境监控系统建设、视频监控系统建设。该层实现水质监测数据、仪器设备状态数据、报警数据及环境动力指标数据的采集，实现自动站与中心端的联网接入以及自动站的反向控制。

（2）通信传输层：该层的建设内容主要包括有线和无线通信链路的建设。

（3）中心控制层：主要建设内容包括控制中心硬件设备和中心管理控制系统。其中，中心管理控制系统实现各子站地表水监测数据的远程采集、存储、审核、交换、分发、汇总、评价、分析、应用、发布、上报以及对各监测子站的远程控制（见图 4-2）。

4.4　建设内容

到 2020 年，国家、地方和涉海企业等多方投入、统筹布局，共同建成“设备运行实时监控、在线数据实时传输、多源信息实时处理和评价展示”的海洋环境实时在线监控系统，促进海洋环境状态监测向过程监控的转变、现状监测向预警预报的转变，显著提升国家和地方海洋部门对主要污染源、重点海湾、重要功能区、生态区、环境风险区、人为活

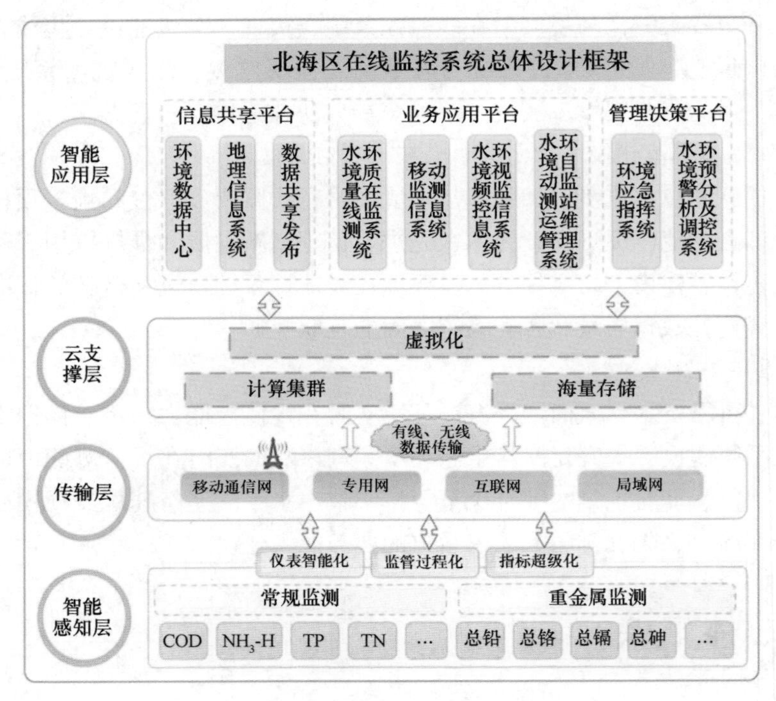

图 4-2　在线监控站总体设计框架

动等的实时在线监测和动态管控能力。

具体建设内容包括：

（1）海洋环境实时在线监测网基本健全。建设岸基在线监测设备、浮标在线监测设备、视频监控设备、卫星数据接收系统、卫星遥感监测和巡查系统、无人机监测系统、X波段雷达监测设备，实现对主要排海污染源全过程监督；

（2）海洋环境实时数据传输网全覆盖。依托国家海域网，将数据传输专网节点延伸至所有在线监测设备终端及其运行管理机构，建设在线监测数据实时接入和集成管理云平台，实现国家、海区、地方各级监测网络互联互通和数据共享，保障数据传输效率和安全性，满足各级监测监管机构的大数据存储和管理需求；

（3）海洋环境动态监控信息系统智慧高效。依托“全国海洋生态环境监督管理系统”，构建国家海洋环境实时在线监控综合服务平台，开发基于实时在线监控信息的实时化、智慧化评价、预警预报和辅助决策子系统，实现评价信息产品的可视化展示和多渠道发布共享，提高对海洋生态环境及相关人为活动管理的信息服务和决策支撑效能。

4.5　建设方式

（1）统一在线监控站建站模式，打造统一的建站风格、外观、形象等，确保不同层次的人在现场附近，均能明显识别在线监控站为海洋部门所属（见图 4-3）。

图 4-3　统一的在线监控站建站模式效果图

（2）统一主要参数和数据格式对在线监控设备的身份识别信息、状态控制指令、数据文件格式、数据项编码等关键内容进行规范，确保在线监控“集中管理，规范传输，统一标准”。

（3）统一质控与评价方法建立陆源入海排污口（河）在线监控系统的质量控制体系和评价体系，确保在线监控数据质量，提高陆源污染物排海监测的技术支撑能力。

第 5 章　在线监测站选址与踏勘

5.1　选址踏勘概述

在线监测站选址踏勘是在线监测系统建设的基础，直接影响在线监测系统的运行效果，甚至监测数据的准确性、代表性。为确保监测站点选址具备代表性，首先要确保该监测主体（入海河流或入海排污口）能够通过该站点的在线监测，全面反映入海河流或入海排污口的排污情况，其次还要全面论证选址站点的通电、通水、通信及其他保障措施的可行性。基于此，我们针对入海河流和入海排污口分别建立了现场踏勘报告大纲（见附录 1 和附录 2）。

5.2　对象选择

选址踏勘的前提条件是进行对象选择，主要是选择监测主体，即排污量较大或社会重点关注的入海河流或入海排污口。对象选择我们重点从以下几个方面进行考虑。

一般情况满足下列条件之一，可作为开展入海河流在线监测的选择对象：

（1）年径流总量大于 10×10^8 m^3 的入海河流；

（2）有常年径流，且对半封闭海湾排污总量贡献率超过 60%的入海河流；

（3）有常年径流，且河口区为国家或省级海洋保护区的入海河流。

其中，列入海洋部门业务化监测的入海河流，可优先作为开展在线监测的对象。

一般情况满足下列条件之一，可作为开展入海排污口在线监测的选择对象：

（1）年排海污水量大于 1×10^8 t 的入海排污口；

（2）每年连续排污时段超过 6 个月，且年排海污水量大于 100×10^4 t 的入海排污口；

（3）每年连续排污时段超过 6 个月，且对半封闭海湾排污总量贡献率超过 40%的主要入海排污口；

（4）每年连续排污时段超过 6 个月，且纳入国家重点监控排污企业名录的入海排污口；

（5）离岸深水集中排污的污水海洋处置工程排放口。

其中，列入海洋部门业务化监测的重点陆源入海排污口，可优先作为开展在线监测的对象。

5.3　现场踏勘

做出对象选择后对监测对象进行现场踏勘，主要调查基本情况、环境现状调查、安装条件、站点选择、取样位置代表性和建设必要性等方面。

5.3.1　基本情况

（1）站位位置、名称、经纬度、周边敏感目标、现场八方位图、站房建设位置图以及历史监测数据搜集。

（2）排污主体分布情况及排污情况。

（3）建设必要性。

5.3.2　环境现状调查

确定监测点周边的水文情况，掌握确定监测点水深变化情况，枯水期是否变化，是否会出现断流等，附站房取水点位的现状照片。

明确每个潮周期内流速、流向、盐度情况，掌握入海排污口主要污染物种类，浓度范围。

5.3.3　安装条件

监测点站房建设通电、通水、通路、通网情况，周边场地平整情况，以及在线监测站取水方式、采水管路设计，取样点位置的确定等。安装条件应满足以下基本要求：

（1）有可靠的电力保证且电压稳定；

（2）具有自来水或可建自备水源，水质符合生活用水要求；

（3）通信线路质量符合数据传输要求；

（4）取水点距站房尽量不超过 100 m，便于铺设管线及其保温设施。

1）监测站点的选择应遵循以下原则

（1）站址便利性。具备土地、交通、通信、电力、自来水及良好的地质等基础条件；

（2）数据代表性 。能较好地表征排污口入海水质状况及污染物入海总量；

（3）监测长期性。不受城市、农村、水利等建设的影响，具有比较稳定的现场条件，保证系统长期运行；

（4）系统安全性。在线监测站周围环境条件安全、可靠，尽量避免自然灾害对在线监测站的影响；

（5）运行经济性。便于监测站日常运行和管理；

（6）取样位置代表性；

（7）盐度代表性。站位所在位置应尽可能靠近入海口处，所采水样尽量不与海水混合，原则上监测位置盐度小于2。①盐碱化较重的地区根据实际入海情况确定。②受海水影响较大的区域，监测时段内2/3以上的时段应是向海流入。监测的结果能代表监测水体的水质状况、变化趋势和评估入海总量；

（8）水动力代表性。监测断面一般选择在水质分布均匀，流速稳定的平直位置，尽可能选择在原有的常规监测断面上，以保证监测数据的连续性；取水口位置一般应设在河段顺直、河岸稳定、水流平稳、河底平整的入海河流凸岸（冲刷岸），避开漫滩处、死水区、缓流区、回流区；

（9）断面水质误差。采水点水质与所在断面平均水质的误差原则上不大于10%。

2）入海河流建设必要性

（1）该河流对入海污染贡献，说明污染物入海量情况；

（2）该河流媒体关注度高，或周边海域敏感情况。

3）入海排污口建设必要性

（1）该排污口对近岸海域污染贡献或当地贡献较大，说明污水和污染物入海量情况；

（2）该排污口媒体关注度高，或周边海域敏感；

（3）该排污口为当地重点关注的排污口。

5.4 案例

5.4.1 小清河站点

5.4.1.1 入海河流排污状况

小清河拟选站位于潍坊寿光市羊口中心渔港，和平街大桥东侧，小清河北岸，距离入海口20 km余。水面无明显杂物及异味。河道平直，水流平缓。该河流入海口邻近海域功能区类型为养殖区，要求海水质量不劣于Ⅱ类。

该河流为山东省入海河流监测对象，监测项目包括盐度、石油类、化学需氧量、亚硝酸盐-氮、硝酸盐-氮、氨-氮、总氮、总磷、铜、铅、锌、镉、汞、砷、六价铬、总有机碳和年入海径流量。监测频率4次/年，分别在3月、5月、8月和10月开展。

2015年小清河年入海径流量保持在9.85×10^8 t左右。根据2015年3月、5月、8月和10月统计结果表明，2015年小清河各监测要素中主要超标污染物为化学需氧量和总氮，超《地表水环境质量标准（GB 3838—2002）》Ⅴ类标准，超标倍数分别为1.4和1.6，小清河监测断面水质综合评价为劣 V 类。

经由入海河流排海的石油类、化学需氧量、营养盐（氨氮、硝酸盐氮、亚硝酸盐氮、总磷）、重金属（铜、铅、锌、镉、汞、铬）和砷等主要污染物总量为 55 804. 85 t，其中化学需氧量 53 961. 72 t，占入海污染物总量的 96. 70%；营养盐 1 556. 62 t，占入海污染物总量的 2. 79%；石油类 216. 89 t，占入海污染物总量的 0. 39%；重金属 67. 91 t，占入海污染物总量的 0. 12%；砷 1. 71 t，占入海污染物总量的 0. 003%（图 5-1）。

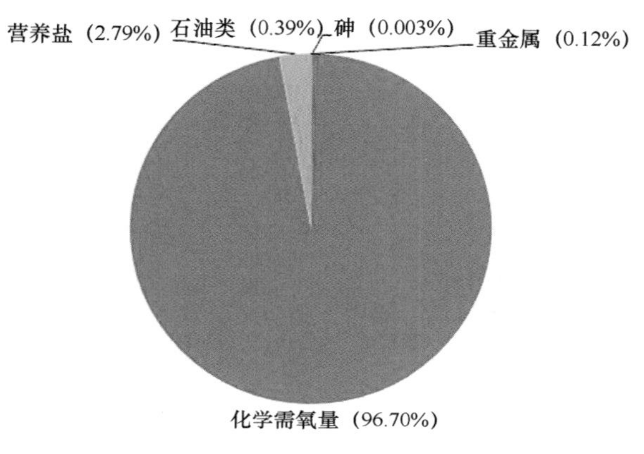

图 5-1　2015 年小清河污染物入海总量构成比例图

2011—2015 年，小清河入海污染物总量年际变化呈逐年下降趋势，以 2011 年最高，2015 年最低。其他各单项中化学需氧量入海污染物量呈下降趋势，石油类、重金属和砷呈先大幅下降后趋于稳定趋势，营养盐呈反复变化趋势（见图 5-2）。

5. 4. 1. 2　在线监测站位选址

小清河拟选站位于潍坊寿光市羊口中心渔港，和平街大桥东侧，小清河北岸，距离入海口 20 km 余。37°16′11″N，118°52′07″E。常年不断流，水面宽度 150 m 左右，水深 2~6 m，最高水位时，水可淹过码头。透明度 1. 0~1. 5 m，水面无明显杂物及异味。河道平直，水流平缓。站点处感潮段，2016 年 11 月 4 日，现场 12 h 实测涨落潮盐度 4~13 之间，每个潮周期内流向为向海侧流入时间为 6 h，流向为向陆侧流入时间为 6 h（见图 5-3 和图 5-4）。

5. 4. 1. 3　建设必要性

小清河先后流经济南、滨州、淄博、东营，最后在潍坊市入海。在过去很多年里，小清河都一直是“山东环保之痛”，现场调研中，老百姓中流传着“60 年代淘米洗菜、70 年代提水灌溉、80 年代鱼虾断代、90 年代臭气难耐”的口头禅，20 世纪 60 年代以前出生的羊口人，都亲身经历过小清河从“天使”变为“恶魔”的时代。而让小清河水质一再恶化的罪魁祸首，便是直排、偷排的排污企业。近年来政府加大力度开展小清河流域生态

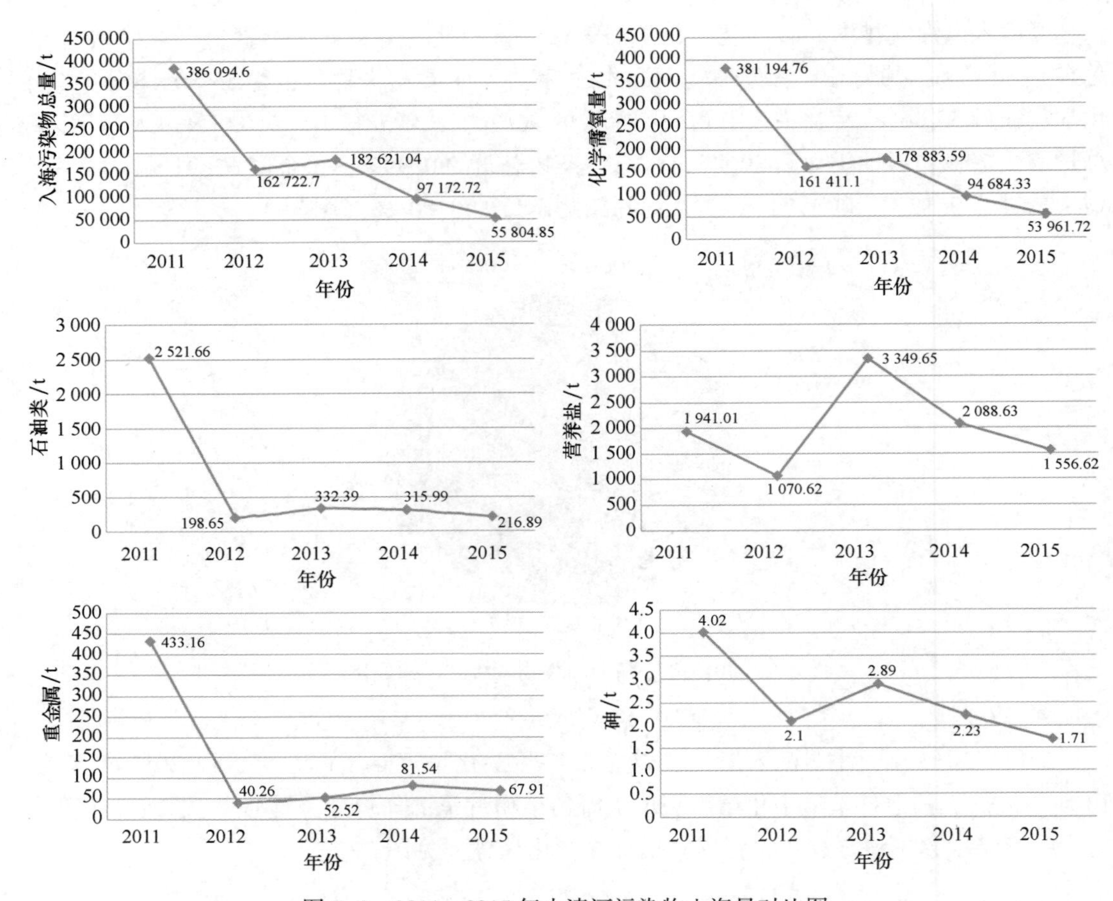

图 5-2　2011—2015 年小清河污染物入海量对比图

环境综合治理工作，取得了一定的成效，为加强监督，在该处设置在线监测系统是十分必要的。

5.4.1.4　采水系统设计

小清河河道中心位置是航道，船只较多，取水点位置可能会有船只经过，需要将管路通过沉石固定于河床上，在陆上部分需要进行埋设。

采水管路中安装伴热管，外套保温棉和防护管。防止出现结冰的现象。现场站房和取水点位置较近，取水管路长度可控制在 50 m 内（见图 5-5～图 5-7）。

图 5-3　小清河站点八方位图

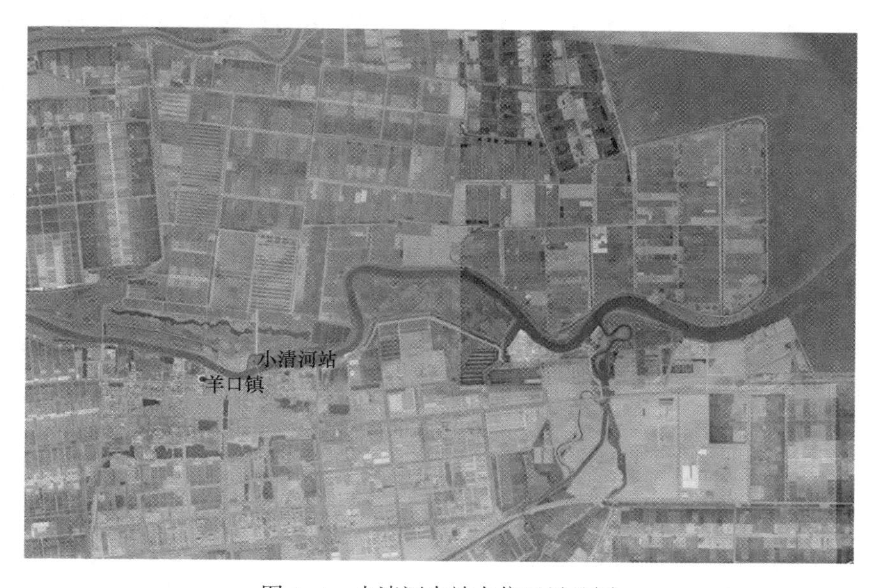

图 5-4　小清河水站点位卫星地图

图 5-5　站房及采水点卫星地图

图 5-6　采水点现状照片

图 5-7　小清河站点采水示意图

5.4.2　复州河站点

5.4.2.1　入海河流排污状况

1）概况

复州河先向东南而后西行，最终于三台乡西蓝旗的老羊头流入渤海。复州河两岸有河水冲刷自然形成的土坝和小片农田，站点下游存在渔民自行建造的渔业养殖圈，附近有一家造管厂。

站点东面有一座长约 50 m 的桥，据当地居民反映，平日多有当地村民在此处取水。站点南部有一座二层房屋。

2）水质情况

2016 年 11 月 2—3 日大连中心站温坨子海洋站对站点附近水质环境进行了一个潮周期内的调查。根据调查结果，盐度波动较小，高潮盐度 8.0，低潮盐度 6.1，水深在 6~7 m 变化，一个潮周期内流向为向海侧流入时间为 17 小时，流向为向陆侧流入时间为 8 小时（表 5-1）。

表 5-1　复州河站点现场调查数据

时间	层次	温度/℃	盐度	水深/m	流向/°	流速/（m/s）
09：00	0.5	10.8	7.61	6.5	251	2.8
10：00	0.5	10.8	7.60	6.4	252	2.8
11：00	0.5	11.1	8.13	6.3	254	2.6
12：00	0.5	11.2	8.22	6.2	235	2.2
13：00	0.5	11.1	8.09	6.1	261	1.8
14：00	0.5	11.1	8.14	6.1	283	0.5
15：00	0.5	11.1	8.12	6.2	353	2.1
16：00	0.5	11.0	8.05	6.3	98	4.0
17：00	0.5	11.0	7.91	6.6	96	4.5
18：00	0.5	10.9	7.57	6.7	70	6.9
19：00	0.5	11.0	7.72	6.6	80	3.5
20：00	0.5	11.2	8.06	6.4	129	1.1
21：00	0.5	11.3	8.19	6.2	150	0.9
22：00	0.5	11.2	8.30	6.1	160	0.8
23：00	0.5	11.2	8.30	6.1	180	0.9
00：00	0.5	11.1	8.26	6.1	124	0.7
01：00	0.5	11.1	8.26	6.0	121	1.1
02：00	0.5	11.0	8.34	6.0	136	1.0

续表

时间	层次	温度/℃	盐度	水深/m	流向/°	流速/（m/s）
03：00	0.5	11.1	8.36	6.1	92	1.3
04：00	0.5	11.0	8.00	6.2	86	3.0
05：00	0.5	11.0	7.54	6.7	114	3.3
06：00	0.5	11.0	7.60	7.1	78	6.8
07：00	0.5	10.7	7.56	7.1	77	4.6
08：00	0.5	10.9	7.92	6.8	105	1.4
09：00	0.5	11.1	8.23	6.6	161	1.9

pH 变化范围 7.98~8.18，平均值 8.06。pH 低潮时略高于高潮；COD 含量变化范围 4.00~4.67 mg/L，平均 4.38 mg/L；油含量变化范围 24.9~28.2 μg/L，平均26.4 μg/L；活性磷酸盐含量变化范围 15.0~18.5 μg/L，平均 16.9 μg/L；活性硅酸盐含量变化范围 573~849 μg/L，平均 761 μg/L；汞含量变化范围 0.093 6~1.40 μg/L，平均 0.702 μg/L，低潮时含量高于高潮时含量；砷含量变化范围 3.38~8.84 μg/L，平均6.85 μg/L，高潮时含量高于低潮时；无机氮亚硝酸盐含量 53.0 μg/L，氨盐含量 107 μg/L（表 5-2）。复州河站点盐度曲线见图 5-8 所示。

表 5-2　复州河站点水质监测结果

监测项目	pH	COD /（mg/L）	油 /（μg/L）	活性磷酸盐 /（μg/L）	活性硅酸盐 /（μg/L）	汞 /（μg/L）	砷 /（μg/L）	亚硝酸盐 /（μg/L）	氨盐 /（μg/L）
低潮	8.18	4.67	26.6	15.0	818	1.17	7.10	53.0	107
高潮	7.98	4.00	25.9	16.8	849	0.143	8.08		
低潮	8.04	4.24	24.9	17.4	802	1.40	3.38		
高潮	8.02	4.59	28.2	18.5	573	0.093 6	8.84		
最小值	7.98	4.00	24.9	15.0	573	0.093 6	3.38		
最大值	8.18	4.67	28.2	18.5	849	1.40	8.84		
平均值	8.06	4.38	26.4	16.9	761	0.702	6.85		

5.4.2.2　在线监测站位选址

复州河站点位于大连瓦房店市三台满族乡西蓝旗村旁。站点坐标为 39°36′39″N，121°35′52″E（见图 5-9）。在线监测站位现场拍摄的八方位图见图 5-10 所示。

5.4.2.3　建设必要性

复州河作为大连市大的入海河流之一，每年径流 3×10^{8} m^{3} 以上，流经安波、老虎屯

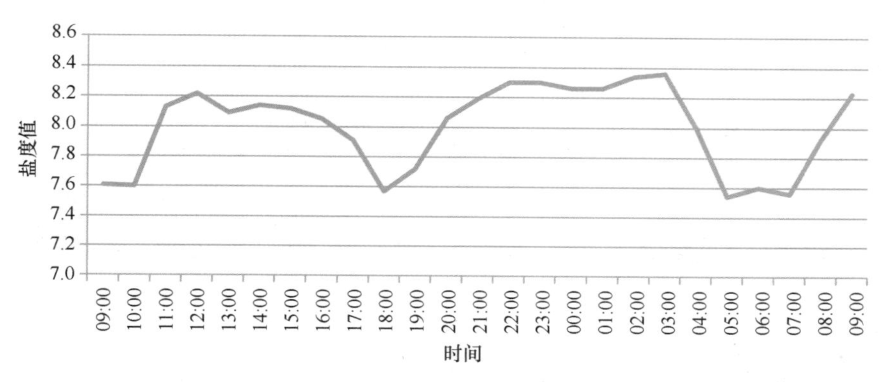

图 5-8　复州河站点盐度曲线

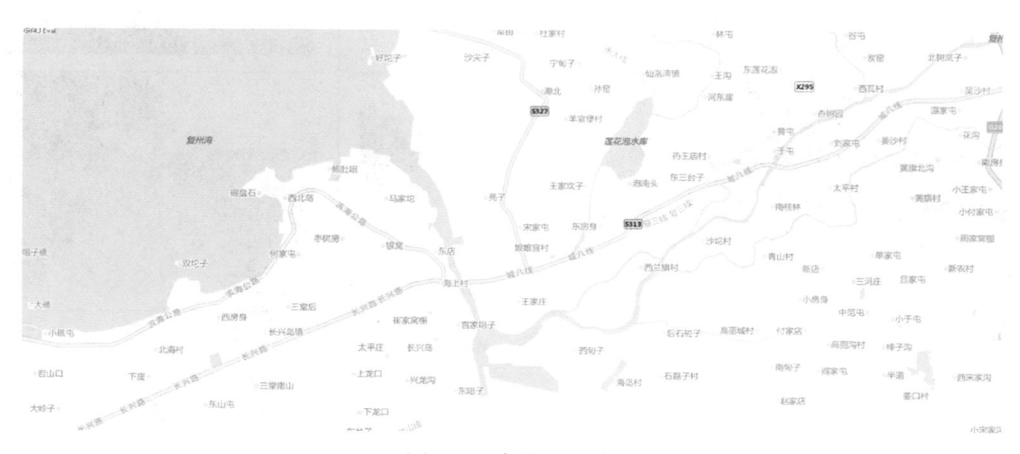

图 5-9　复州河站点

和复州等 10 个乡、镇，所以由其带入海洋的生活污水排量较大，另外，复州河入海口湿地存在多种珍稀的野生动物，其中包括国家一级保护动物白鹳，因此十分有必要对复州河水质开展在线监控，实时掌握该水域情况。

5.4.2.4　采水系统设计

采水方式可以采用浮筒采水，计划用钢丝绳将浮筒固定在采水处。浮筒随水位变化而变化。从站房处挖一处大约 7 m 长的地下通道，采水管从地底走向站房处。复州河冬天会出现结冰现象，故采水管路中安装伴热管，外套保温棉和防护管，防止恶劣天气对管路的影响。考虑水面离站房的 2.5 m 垂直距离，采水管长约 35 m（见图 5-11）。

图 5-10　复州河站点八方位图

图 5-11　站点采水实景示意图

第6章 在线监测站建设与集成

6.1 监测站系统集成技术要求

在线监测系统是一个把多个指标的在线分析仪器组合起来，从采样、分析到记录、数据统计及远距离数据传输组成的系统，从而实现在线监测。在线监测站是该系统的核心，在线监测站系统集成是一项复杂而又庞大的系统性工程，涉及采水、配水、预处理、控制系统和站房等多方面的集成。其总体要求为：

（1）监测站布置合理，能连续反映被测入海河流断面的水质、流速、流量等的变化情况；

（2）监测站各单元均需考虑沿海环境特殊性，做到防腐、耐盐，各检测仪器对高盐检测介质具有良好的适用性，能够稳定运行5年以上；

（3）在线监测系统具备停电保护、报警及来电自动回复，可无人值守；

（4）在线监测系统工艺装置要求整体式安装方式，布置合理美观；

（5）控制系统采用可编程控制器，运行稳定；

（6）系统工艺流程简洁，管线布置通畅合理，管材选择确保系统能长期有效运行。管道及所有与被测介质接触的部件，必须允许清洗介质通过而不产生损坏；

（7）自动采样、自动分析和自动清洗以及数据记录和输出等环节可靠有效；

（8）可设定运行方式（连续或间歇），数据自动采集、处理及传输；

（9）具备实时监控功能，动态显示各种变量（水压、电压、温湿度等）的变化值，并有提示和报警功能，变量值自动进入数据库；

（10）具有系统日志功能，可对系统和设备运行状况信息进行存储、传输、查询；

（11）具有数据智能判断功能，对数据进行标识并存储和传输；

（12）具备超标报警功能，能现场报警并能通过网络远程超标报警；

（13）系统设置具有开放性，可以根据用户需要变更监测参数，系统具有良好扩展性；

（14）系统需配备电力稳定装置，具有抗电磁干扰能力，并达到三级防雷要求；

（15）配备视频监控系统，具有污染源监控、系统防盗、监视数据防篡改和站房安防等功能，并可独立储存视频资料。

6.1.1 采水单元技术要求

1）采水方式技术要求

取水口能够随水位变化，并与水道底部保持一定距离，保证采集到具有代表性的符合监测需要的水样。具体技术要求如下：

（1）采用双泵/双管路设计，一用一备，当一路出现故障时，能够自动切换到另一路进行工作。通过流量或压力显示取水状态并能报警；

（2）对采水设备和设施进行必要固定，在汛期或枯水期能正常工作而不被损坏；

（3）活动平台要方便人工提升与安装；

（4）采水系统能够采用连续和间歇两种方式工作，并能够根据监测要求现场或远程设置监测频次。

2）采水泵技术要求

（1）采水泵总水量可以满足所有仪器的用水要求；

（2）水泵要有效防止堵塞。

3）采水管路要求

（1）室外采水管路均要安装保温套管进行绝热处理，环境温度低于0℃的地区需安装伴热装置，以防冰冻；

（2）室外管道采用排空设计，管道内不存水；

（3）采水管路具备足够的反冲洗能力，管道内无泥沙、无藻、无附着物。反冲清洗操作，可以通过远程和现场进行自动和手动控制。

6.1.2 配水单元技术要求

（1）配水单元要满足各仪器对样品的要求。

（2）各仪器配水管路采用并联配水方式，每台仪器都要设有旁路系统，通过手动阀进行调节，保证单台仪器、过滤器损坏或者需要维护时，不影响其他仪器的正常工作。

（3）管路要求易于拆卸清洗和安装，方便维护。

（4）配水管路具有辅助调节流量及判断配水单元工作状态的功能。

（5）管路预留多个仪器扩展接口，方便升级扩展。

（6）多参数仪器供水不经过任何处理，直接对原水样进行检测。

（7）除多参数外的其他仪器，根据仪器对水样的要求，对水样进行预处理。

（8）预处理后水质不能改变水样的代表性。

6.1.3　预处理单元技术要求

（1）保证化学需氧量、总磷、总氮等总形态参数分析的代表性。

（2）消除悬浮物对氨氮、硝氮、亚硝氮、磷酸盐等溶解态参数分析的影响，达到在线监测仪器参数测定要求。

（3）预处理单元前、后必须分别设有手动取样口，方便取水比对。

6.1.4　控制单元及现场端控制系统软件

1）控制单元应遵循以下的设计和实施的技术要求

（1）除总电源开关外，各仪器、设备均有各自的空气开关，可单独对任一仪器进行手动和自动控制；

（2）所有与控制、通信相关的器件都应安装在控制柜中。电控柜中主要配件应符合相关部门抗电磁辐射、电磁感应规定。电控柜中应安装有雷击保护器；

（3）各动力部件的输出端子均应具有短路保护、过载保护功能；

（4）在存储容量、数字量输入输出通道、模拟量输入通道等应考虑一定的冗余，便于系统扩展；

（5）全部设备、仪器等的供电电缆、信号电缆均应采用高质量屏蔽电缆。设备线缆要布局合理、美观整齐、检修方便。

2）现场控制软件应满足的技术要求

（1）具备系统管路图、实时状态显示功能，能够动态显示流程系统运行情况；

（2）具备仪器状态及实时数据显示功能，具备系统及仪器历史运行状态显示功能，可记录系统异常情况并标注；

（3）具备数据查询、导出、自动备份功能，历史数据及设置参数数据具备自动备份功能；

（4）参数设置功能应可以设置采样周期、系统复位、参数报警值、采水时间等参数设置；

（5）报警信息显示应对系统运行中的所有故障、超标值进行提示；

（6）具备操作提示功能，具备用户管理功能。

6.1.5　数据采集、处理、传输单元

（1）每个站配备一套主流配置的工控机，能自动采集水质监测数据、计算污染物通量、判断实时监测断面水质、远程监控站房运行、及时预警水质异常。

（2）数据采集、处理、传输单元应具备自检及死机自动恢复功能，运行稳定、可靠。

（3）数据采集项目和接口应满足项目系统方案中所有在线监测仪器的测量数据采集，并预留 3 个以上扩展口以备未来系统升级。

（4）可以实现各种控制功能。如设备的开关、切换、标定、调节、清洗、连锁保护和报警等，并可以实现多点多路切换。

（5）主要的控制功能可实现远程控制。现场站和监控中心之间可实现双向的数据传输，可远程控制监测设备启停、阀门开关、流量切换、管路反冲清洗以及主要设备量程的设定、状态监测和自动标定。

（6）现场数据采集设备应至少能保存 1 年的最小统计单位值（最小统计单位时间小于 1 h），并至少可保存 3 年的小时数据。

（7）数据传输支持一点多传，为其他数据接收单位预留接口。

6.1.6 辅助单元技术要求

（1）在线监测仪器需配置试剂冷藏储存单元。

（2）配置相应的电源稳压装置。

（3）配置相应 UPS 系统，保证断电后系统监测数据及系统状态能正常上传，断电运行时间不低于1 h，并在 UPS 用电临近耗尽时自动正常关闭在线监测系统。

（4）配置站房防雷、电源防雷、信号防雷三级防雷系统，避雷接地电阻值小于4 Ω。配备动力环境监控单元。

（5）具备配电监测、远程空调控制、UPS 监测、温湿度监测、漏水监测、消防监测和入侵监测等动力环境监控功能，能够在异常情况实时报警。

（6）配置 4 个移动监控终端，用于动态监控和系统维护。

6.1.7 站房要求

站房建设由地基、道路、站房、河岸护坡、通风、供暖、给水、排水、供电、防雷接地和消防安全等全部涉及站房相关各项内容组成。站房平面布置示意图见图 6-1 所示。实物效果见图 6-2 所示。

站房建设内容包括选址、勘察、设计和施工等全部工作内容，选址方案经地方海洋局确认后，方可进行后续工作。

站房单元包括站房和护栏。站房采用彩钢夹芯板为围护保温结构，其直接处于气候影响下，为内部水质监测设备提供机械和环境保护；方便人员进入站房内部操作、安装及数据采集、维护等活动。外部保障条件包括引入清洁水，通电、通信和开通道路，平整、绿化和固化站房所辖范围的土地。

站房基于吊装式集装箱概念进行设计，便于现场一体化吊装，现场安装容易；其使用面积以满足仪器设备安装及保证操作人员方便操作和维修仪器设备为原则，满足用户进行氨氮、总磷和高锰酸盐指数监测的水质自动监测系统布置要求，并预留空间便于增加监测因子。同时站房设计规格尺寸考虑了整体运输方便性及经济性。

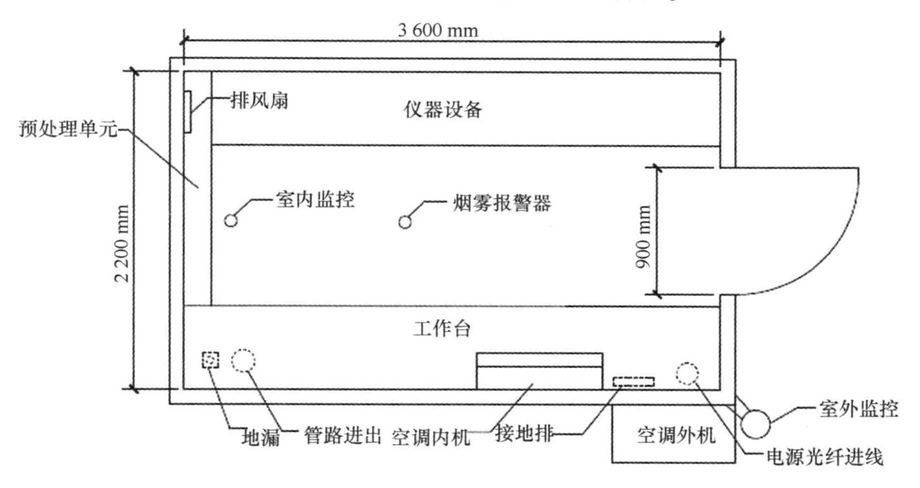

图 6-1　站房平面布置示意图

图 6-2　站房效果图

站房设计充分考虑防盐、防腐、防雨、防虫、防尘、防火、防雷、抗震、防盗、防电磁干扰等措施，配置照明、通风等设施；配置来电自启动冷暖空调，使站房内温度保持在5～30℃；站房设有工作台，并配有洗手池，方便工作人员的安装、维护和测试工作。

6.1.7.1 主要技术指标

1）建筑尺寸及寿命

站房尺寸根据现场环境特点及业主需求具体定制，10 m^2 站房对应尺寸为：总建筑面积 10~40 m^2，层高 2 900 mm，设计寿命不小于 20 年。

2）主体结构

站房主体采用型钢的框架结构，符合模块化，一体化拼装或整体吊装的要求。钢框架经过电镀处理，户外部分用环氧漆喷涂，墙板和屋面板紧固在钢框架上，赋予机房强大的结构强度，有效抗击各种外力的破坏毁损。

3）板材

站房墙体和屋面板材料采用彩钢夹芯板，内外表层采用金属板，中间夹层采用保温隔热层，具有很好的隔热性、强度及稳定性。夹芯板材燃烧性能不低于《建筑材料燃烧性能分级方法》GB 8624—2006 中规定的 B1 级。

4）站房门、地面及屋顶

站房门采用单门、外开式防盗门。屋面采用坡屋顶，自由排水形式。室内地面采用防静电地面。墙面上方配有单红 LED 显示器，0.5 m×2 m，用于显示相关信息。防盗门上方配有“中国海洋环境监测”标识。站房三视图如图 6-3~图 6-5 所示。

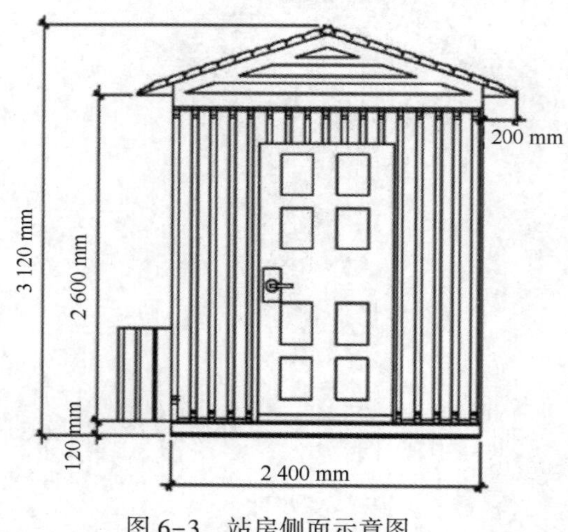

图 6-3 站房侧面示意图

5）站房护栏

站房周围护栏长 5.9 m，宽 3.5 m，总长度 18.8 m（包括 1.2 m 门宽）。

6）站房基础

站房基础采用 C25 混凝土基础，厚 300 mm，平面尺寸 3 100 mm×4 600 mm（见图 6-6）。场区地质情况较差，存在软弱层时，应采取换填处理等措施。墙后填土分层压实，压实度不小于 0.94。图 6-7 和图 6-8 分别为平面基础站房和圈梁基础站房的安装效果图。

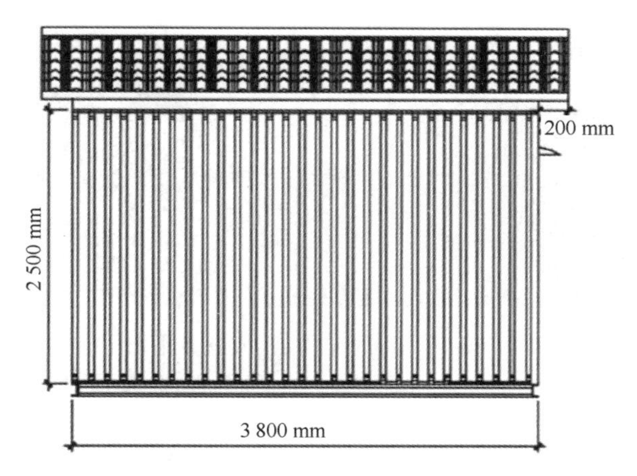

图 6-4　站房正面示意图

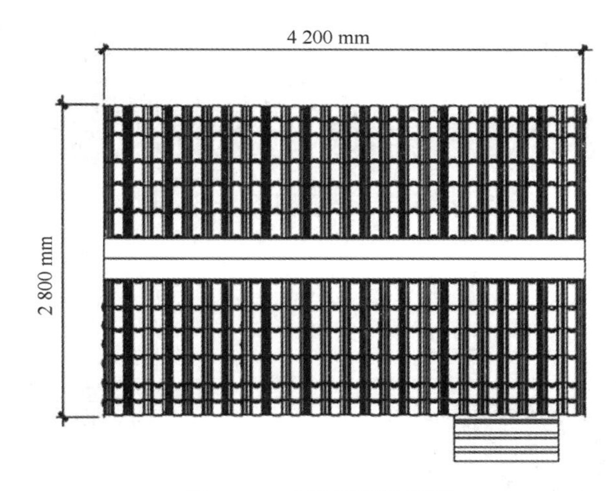

图 6-5　站房俯视示意图

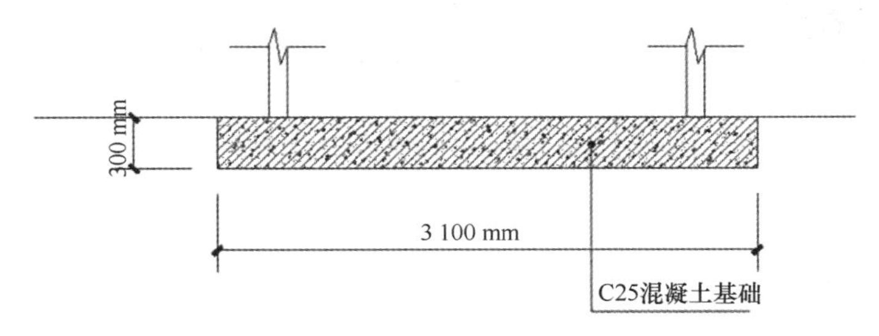

图 6-6　站房基础布置示意图

7）站房美化

站房基于吊装式集装箱概念进行设计，厂内一体化制作，方便现场快速整体吊装和移动；其使用面积以满足仪器设备安装及保证操作人员方便操作和维修仪器设备为原则。

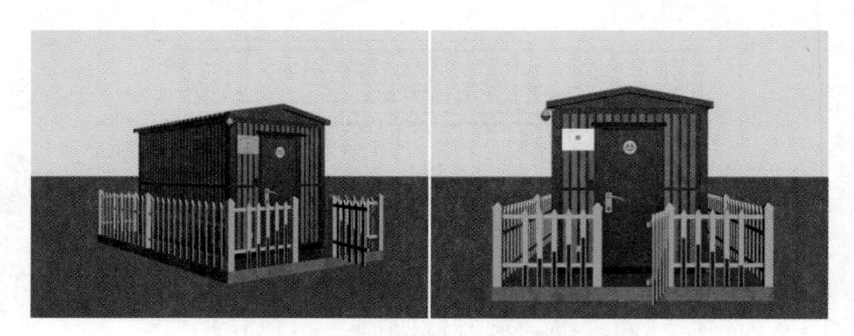

图 6-7　平面基础站房安装效果图

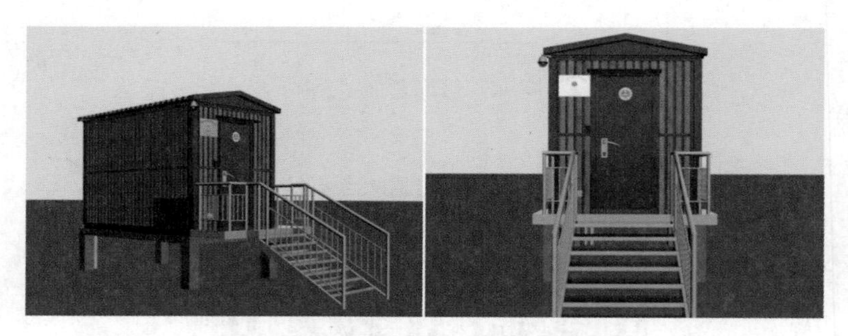

图 6-8　圈梁基础站房安装效果图

站房美化采用喷涂美化、防腐木美化、生态木美化和造型美化等多种方式。站房外也可张贴环保公益宣传海报。图 6-9 为美化木效果图。

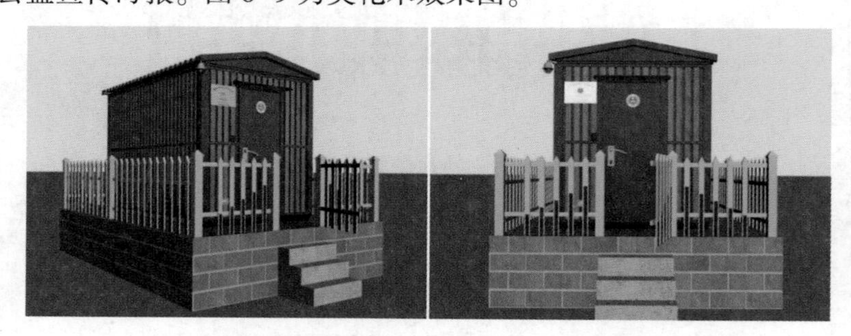

图 6-9　美化基础站房安装效果图

6.1.7.2　站房建设案例

站房设计充分考虑了防雨、防虫、防尘、防火、防雷、抗震、防盗、防电磁干扰等措施，配置照明、通风等设施；配置来电自启动冷暖空调，使站房内温度保持在 5~30℃；站房设有工作台，并配有洗手池，方便工作人员的安装、维护和测试工作。图 6-10 为站房内部布局实例图，配置示意图见图 6-11 和图 6-12 所示。站房采样管线及电线电缆的敷设，符合《仪表配管配线设计规范》HG/T 20512—2014 的规定；自动分析仪器的接地符合《仪表系统接地设计规范》HG/T 20513—2014 的规定。

图 6-10　站房内部布局实例

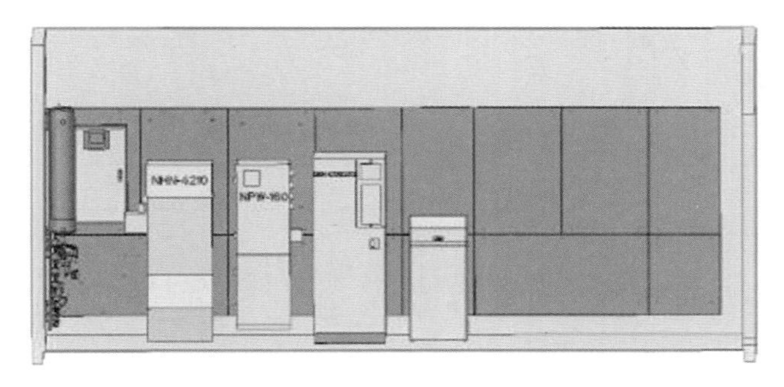

图 6-11　仪器侧示意图

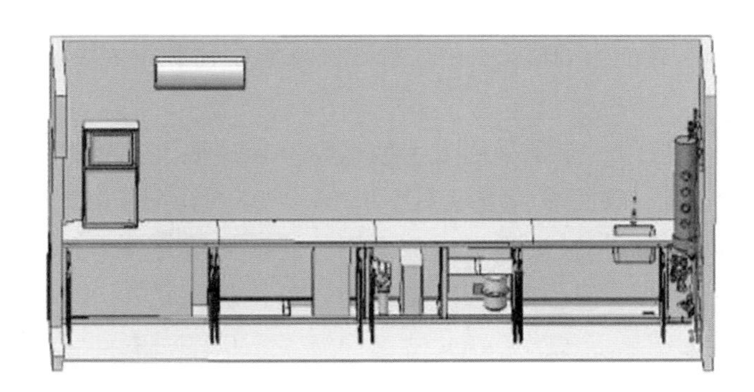

图 6-12　工作台面及进管侧图

1）主体结构

站房主体采用型钢的框架结构，符合模块化，一体化拼装或整体吊装的要求。

钢框架经过电镀处理，户外部分用环氧漆喷涂，墙板和屋面板紧固在钢框架上，赋予机房强大的结构强度，有效抗击各种外力的破坏毁损。

2）板材

站房板材选用内外金属板表层，中间夹保温隔热层的彩钢夹芯板作为户外机房的墙体和屋面板材料，具有很好的隔热性、强度及稳定性。夹芯板材燃烧性能不低于《建筑材料燃烧性能分级方法》GB 8624—2006 中规定的 B 级。

3）站房门

站房门采用单门、外开式防盗门，尺寸为 900 m×2 000 mm（图 6-13），保证设备运输出入方便。门框材料厚度 2. 0 mm，门板厚度双层 1. 0 mm 板整体压铸，内部采用保温材料填充。

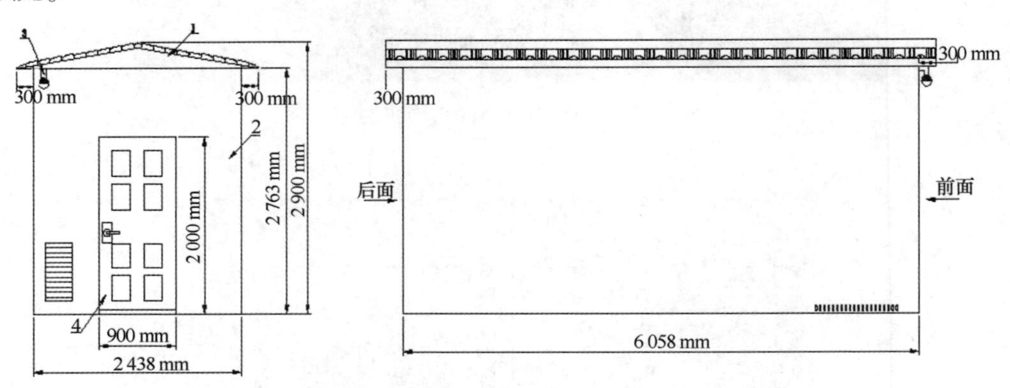

图 6-13　站房外观尺寸图

4）地板

站房槽钢底盘上铺 3 mm 镀锌钢板，然后再安装由胶合板、夹芯材料和彩钢板复合而成的夹芯板，安装后再铺设一层防静电地板胶。表面电阻 $1\times10^{5}\sim1\times10^{9}\ \Omega$，承载性能满足设备承重要求（均布承载能力 600 kg/m^2，特殊区域集中荷载 1 200 kg/m^2）。

5）房顶

站房顶部结构人字坡顶。屋顶采用人字坡造型。在顶板上方架设镀锌角钢支架，角钢支架的高度约为 300 mm，双面坡，坡度不小于 10°。房顶美化彩钢瓦片通过防水自攻螺栓与镀锌角钢支架连接，瓦片檐口波浪形空隙需用软性材料填充。房顶美化彩钢瓦片的颜色与站房整体颜色、站房安装环境相匹配，常规为红色、灰色。

6）室内照明

站房照明由正常照明和应急照明组成。应急照明灯由蓄电池供电，在配电箱掉电的时候，应急灯能暂时满足照明的需求：充电时间≤20 h，持续放电时间≥90 min。正常照明系统包括日光灯组、布线、开关、插座。

7）空调

为保证站房内仪器正常工作和试剂质量，配置来电自启动冷暖空调，使站房内温度保持在 5~30℃。

空调外机采用外置式安装，充分考虑了空调的散热问题，保证空调的工作效果。

8）防雷接地

为保护站房可靠安全的运行，尤其是针对山区，雷雨天气对设备的影响。站房有完善的防雷接地系统，包括工作接地、保护接地。

符合《建筑物防雷规范》（GB 50057—2010）的要求，按均压、等电位的原理，将工作地、保护地和防雷地组成一个联合接地网。站房的墙体、屋面、檐口、包角、地槽等，均连接在一起，与法拉第地网连通，并连接地下闭合环，加设泄流方式。站房的接地引入线在接入联合地网时，其接入点应与其他接入点相互距离大于 5 m，接地电阻应小于 5 Ω。

站房内机架或设备等设作保护接地，接地铜排规格为 300 mm×100 mm×8 mm。站房预留防雷接地端子，采用 40 mm（宽）×4 mm（厚）镀锌扁钢和地网预留端子连接。

9）消防装置

站房安装有火灾自动检测和报警装置，并配备与站房相适应的灭火装置，保证站房、设备安全。

10）供配电

通过交流配电设备将户外 AC 380 V 低压交流输入分配水质监测站房内的各交流负载；交流输入具有雷电保护功能（B 级防雷，最大过流量 80 kA），交流配电设备的输入、输出具有短路保护功能。

11）通风装置

通风装置要能解决各类水质监测站房内部紧急通风散热问题，保证监测设备正常工作；利用自然冷源使水质监测站房降温，达到节能降耗的目的；改善水质监测站房内部的空气质量，排除有害气体，为维护人员提供良好的操作环境。

12）工作台

为方便工作人员的安装、维护和测试工作，站房设有工作台，并配有洗手池。

图 6-14~图 6-16 为几个在线监测布局及其配置类型示意图。

6.1.8　视频监控系统技术要求

配置一套视频监控系统，并与软件平台联网，能实时捕捉异常情况，视频存储时间应大于连续 30 d。视频监控系统主要包括网络摄像头、传输交换系统、网络视频录像和监控显示部分。视频监控系统要保证对站房内所有在线监测仪器设备的实时视频监控，同时还应包括院区安防监控系统和采水点附近污染源监控，保证采水点、站房及站房周边24 h实时高清视频监控。

站房内部及周边采用至少 200 万像素摄像头，采水点摄像头应达到 600 万像素的高清

配置	五参数	氨氮	总磷	COD	留样器
类型1	WTW-2020XT	岛津NHN-4210	DKK-NPW160	DKK-COD203	格雷斯普FC-24C

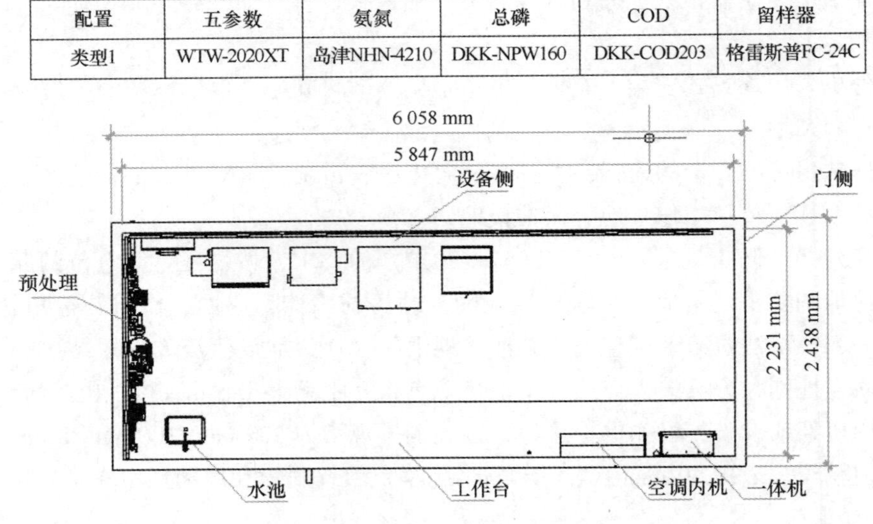

图 6-14　天津南港湿地岸基在线监测布局图

配置	五参数	氨氮	总磷	COD	留样器	硝氮
类型2	WTW-202XT	岛津NHN-4210	DKK-NPW160	DKK-COD203	格雷斯谱FC-24C	HACH-NITRATAXsi

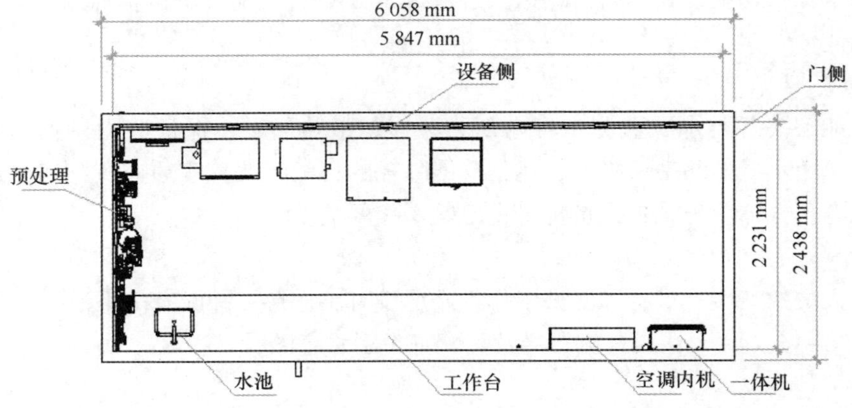

图 6-15　天津大沽排污口岸基在线监测布局图

数字智能球型摄像机，支持 H. 264/MJPEG 视频压缩算法，支持多级别视频质量配置。

支持透雾、强光抑制，采用高效红外阵列灯，低功耗，照射距离至少 20 m。具有 Smart IR 功能，根据镜头焦距大小智能改变红外灯亮度，使红外补光均匀，近处物体不过爆，远处物体不遗漏。

视频监控系统显示屏能够至少 4 路分屏显示现场监控画面，解码器提供高清视频解码，将实时监控图像解码传输到显示屏，同时还能异地远程查看现场监控画面。

配置	五参数	氨氮	总磷	COD	留样器
类型3	WTW-2020XT	岛津NHN-4210	DKK-NPW160	久环SinoEPA2000	格雷斯普PC-24C

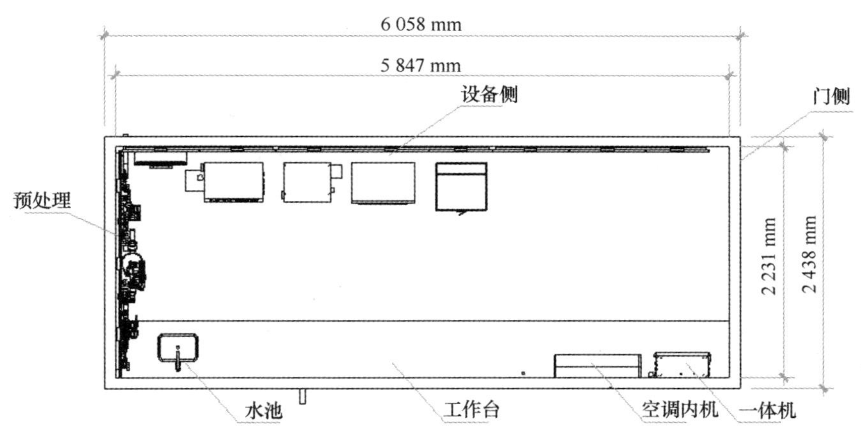

图 6-16　河北唐山沙河岸基在线监测布局图

视频监控系统有区域入侵侦测、智能报警功能，报警信号线装设信号防雷器，报警电源装设电源防雷器。

6.1.9　通信系统

在线监测系统采集的各类数据通过 3G/4G VPDN 同时传输至海区控制系统（海洋站、中心站和海区中心），数据存储在海区控制系统。

监测仪器和数据采集设备之间应采用数字通信，监测仪器的状态参数应能够上传至控制软件，控制软件安装于海区控制系统。

数据传输支持一点多传，为国家海洋局数据中心、省（市）海洋环境监测中心预留接口。

数据传输频率可根据管理要求远程设定传输频次；能按要求接受、处理和反馈远程控制命令。

数据传输系统应具备联网自动数据补遗功能，在通信网络断网恢复联网后，能够自动登录补传数据。

保证数据有效上传，数据上传率达到 95%以上。

6.2 动力环境监控

6.2.1 监控系统概述

在线监测系统用于监测入海排污口或入海河流水质及入海量变化状况，依靠分布在沿线的多个水质监测站完成相关的数据收集和后期分析。各个监测站由于广泛分布在野外，处于无人值守状态，而在线监测系统是24 h×365 d运行的关键系统，监测仪器的任何细小故障都会影响整个水质监测结果，这就要求系统能对其关键系统设备的性能进行实时监控，及时发现问题，向管理员发出警告信息，以便迅速解决问题。

在线监测站机房动力环境监测系统的建立，是基于管理运维智能化的要求；通过智能感知技术，对水站各设备运行状态和环境状态进行自动化监测，是物联网技术在环保行业中的具体应用，为设备安全管理提供可靠、实用和先进的技术手段。

机房动力环境监控系统整体实现采用“集中管理、分散控制”的模式，网络机房设备环境系统在本地进行数据采集后，在嵌入式监控服务器上进行初次集成，实现各机房现场设备环境系统和设备运行状态的分散处理，再由各嵌入式监控服务器通过网络将数据传输至网络中心的集中式综合管理平台中，实现完全集中、数据共享，由网络中心系统实现对分布在不同区域的监控服务器的集中管理，也可以在各个水站站点现场安装综合信息管理平台，直接实现现场监控。遵循以下标准：

（1）《通信电源和空调集中监控系统技术要求（暂行规定）》YDN 023—1996；

（2）《通信开关电源系统监控技术要求和试验方法》YD/T 1104—2001；

（3）《通信局（站）电源、空调及环境集中监控管理系统前端智能设备通信协议》；

（4）《通信电源集中监控系统工程设计暂行规定》YD 5027—96；

（5）《建筑物内入侵报警系统的技术要求》BS 4737；

（6）《计算机机房场地安全要求》GB 9361—88；

（7）《安全防范工程技术规范》GB 50348—2004。

6.2.2 建设目标

6.2.2.1 联网建设

充分满足数据资源共享、统一调度的要求，为加强机房管理提供有效、直接、快速的管理工具，方便管理人员全面了解机房当前运行状态，从容应对突发情况，提升管理强度。将各地不同场所的机房，通过分布式控制系统实现联网运行。

6.2.2.2　数据稳定传输

所采样数据能够实时上传中心机房的应用服务器（保存时间不少于 1 年），各管理员可方便地查询权限范围内的机房监测数据。

6.2.2.3　报警及时完整

可在水站站点现场实现报警，也可在中心机房实现统一报警：应用服务器配置了现场多媒体报警、邮件报警、短信报警、电话报警等多种报警功能。报警信息直接到某一设备的某一参数。

6.2.2.4　统计报表输出

管理员可根据查询条件，如监测点、监控设备、异常等进行实时查询，可通过平台输出 Excel 电子表格的方式，并打印报表。

6.2.2.5　仿真仪表

能对所有的指标以三维仿真仪表形式进行展示，仿真逼真、动感十足。

6.2.2.6　视频与门禁无缝嵌入

视频监控、门禁系统无缝嵌入到后台综合信息管理平台，视频监控系统能实现对独立画面或多分割画面的在线观测，支持画面拖放和放大功能、球机转动等功能。

门禁系统能实现人员权限设置、开门/关门及人员进出记录、显示及查询。

6.2.2.7　远程控制

远程控制空调的开关、温度设定、制冷、制热、送风、抽湿等运行模式的控制。

远程控制摄像机云台转动、拉伸镜头及调焦控制等功能。

远程控制门禁的人员权限设置、认证、开门/关门及人员进出记录、显示及查询。

6.2.2.8　远程浏览

通过第三方组件支持 Web 发布和 IE 浏览。

6.2.3　监控指标

在线监测站机房动力环境监测系统分别对每个站房的动力、环境进行监控，在现场通过触摸液晶显示屏进行展示，并在远程通过综合信息管理平台进行集中管理，所有站房设备的运行可在后台进行统一运维，达到集中管理的目的。

具体监测指标包括如下内容。

（1）低压配电监测：1路，安装在在线监测机房配电箱的配电输入回路处，监测市电的实时供电参数，主要包括以下内容。

电压V：三相相电压、线电压及其平均值；

电流I：三相相电流及其平均值、中线电流；

有功功率P：四象限各相有功功率和系统有功功率；

无功功率Q：四象限各相无功功率和系统无功功率；

视在功率S：各相视在功率和系统视在功率；

功率因数RF：各相功率因数和系统功率因数；

频率F；

负载性质指示；

三相电压、电流相位角；

负荷百分比指示；

波峰系数（CF）；

谐波畸变率（THD）；

2~31次各次谐波含有率（%）；

奇次谐波畸变率（Total evenHD）；

偶次谐波畸变率（Total oddHD）；

电话干扰系数（THFF）；

K系数（K Factor）；

三相电压、电流不平衡度；

序分量分析；

电压合格率统计与记录；

电压、电流波形抓取。

（2）UPS电源监测：监测UPS的工作状态和运行参数（电压、电流、频率、功率、后备时间等）；整流器与旁路的电压、电流参数；逆变器与电池的电压、电流及电池的后备时间、充电量，负载的电压、电流参数，并合理布局、形象显示。

（3）空调监测：监测壁挂空调开关状态、温度、运行模式，并进行远程控制。

（4）温湿度监测：2路，监测重要区域的温度、湿度数值及变化情况。

（5）消防信号监测：2路，监测烟感提供的干接点火警信号。

（6）漏水监测：4路，安装在机房内，监测机房进水情况。

（7）入侵系统监测：5路，监测红外入侵报警系统的工作状态和运行参数。

（8）视频监控系统监测：4路，监测2路固定摄像机和2路智能球机的视频接入。

6.2.4 系统构架

按照机房管理的最前沿理念设计，在保证功能可靠的前提下节约投资成本，建设先进、有效的智能化管理系统，以“少花钱多办事”为原则，并充分保证系统质量。采用工业级“集散控制”原理，最大限度地降低对网络环境的压力。

针对各机房设备属性及遥信、遥测、遥控点，进行合理的设计，采用高可靠、高集成度的嵌入式设备，完成数据的处理工作，工业级的设备无须人工干预，实现对机房的“无人值守”，并保证了对机房的 24 h×365 d 的实时监管。机房动力环境监测系统结构如图 6-17 所示。

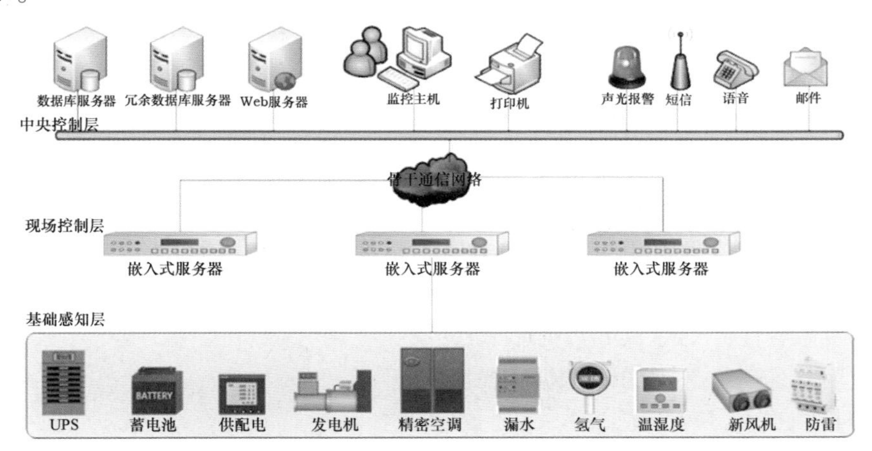

图 6-17　机房动力环境监测系统结构图

6.2.5　系统组成

机房动力环境监测系统采用分布式架构组建系统，主要包括以下内容。

（1）设备层：通过智能终端仪表如智能电量仪、温湿度检测仪、漏水控制器、开关量输入模块、模拟量输入模块、高压转换模块等终端的通信协议以及 UPS、门禁系统、视频监控系统等智能设备的通信协议，接入监控服务器 EMS3000，实现对设备运行参数与状态以及运行环境参数的采集。

（2）监控层：负责对所辖区域内的设备及 I/O 点进行数据采集和设备控制，由基于嵌入式 LINUX 的智能设备组成，每个 EMS3000 设备含丰富的 I/O 资源和 RS/232/485 以及 ETNERNET、CANBUS 总线等接口，同时支持 GSM/GPRS 无线网络接口，担任承上启下的核心任务。

（3）网络层：由一系列基于 ETHERNET 的以太网交换机、路由器以及光缆、双绞线等通信介质组成，负责集成监控服务器 EMS3000 的上传数据，为后台应用提供信息。

（4）应用层：由应用服务器、数据库服务器、Web 服务器、工程师站等硬件以及后台综合信息管理系统、EMS3000 终端维护系统等软件组成的系统应用层，是整个电气安全平台的顶端，负责数据存储、统计分析、组态监控、维护调试和决策支持等。

6.2.6 系统特点

1）可靠性

采用工业级器件，可在-40～80℃以及20%～80%湿度环境下运行；

采用物理隔离与软件防火墙隔离技术，系统抗干扰能力强；

采用“看门狗”（watchdog）技术，遇系统死机时能自动激活；

优化LINUX内核，使LINUX系统运行更加稳定可靠；

采用SQL大型数据库，确保数据储存与管理的可靠性；

采用容错设计、软件监听和错误代码监测等技术。

2）兼容性

协议兼容性：支持TCP/IP、Modbus RTU、UDP/IP等通信协议；

运行平台兼容性：支持Windows系列平台；

数据平台兼容性：支持SQL数据库平台；

数据交换兼容性：支持OPC数据交换协议。

3）实时性

支持多任务、多线程技术，保证监测的实时性；

采用32 Bit高性能单片机系统，确保前端数据采集和处理的高速度；

单个监控服务器满负荷状态下，数据扫描周期小于1 s。

4）维护性

系统支持在线修改，在不停止监控系统的情况下对监控设备进行参数等的修改；

系统设计采用模块化结构，系统软件采用组态工具实现方便的系统组建、维护、扩充，无须编程。

6.2.7 系统功能

6.2.7.1 数据展现模块

数据展现是机房动力环境监控平台软件使用频率最高的部分，其形式是否令人满意至关重要，因此软件界面的设计必须遵循简洁、美观、实用的原则。

机房动力环境监控软件具备强大的界面组态设计功能，用户可根据实际需要设计符合操作体验的个性化图形界面，轻松实现机房运维工作。

1）导航组态功能

软件采用数据、图形分离技术，将图形导航彻底从数据架构中分离出来，用户可任意定义导航分类形式，不限制导航节点数目，树形导航与界面导航完全同步化（定义、操作），导航节点支持布局操作（拖放、对齐等）、缩放功能（任意拉伸或定义大小）、复制功能（单点和群组复制）、图片管理（Png、Jpg、Bmp等多种格式支持）、图层管理（不限制层数）、标签管理（字体风格、颜色等），节点移动支持鼠标和键盘箭头操作（图6-18）。

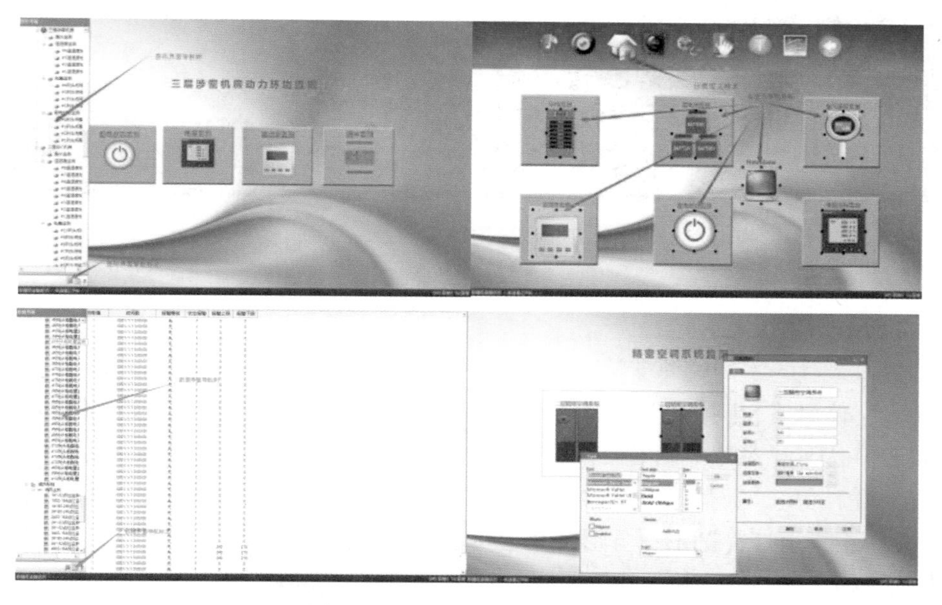

图6-18　导航组态功能展示图

利用导航组态功能可设计出诸如“省份—地区—县—站房—设备”等路径，可轻松点击图标进入下一级，浏览机房和设备运行状态，也可以感应左侧导航树迅速找到目标，图标支持鼠标感应、焦点跟踪、气泡展示功能，吸引用户注意力。

软件界面紧跟UI设计潮流（见图6-19和图6-20），结合Windows 8 Metro Style和IOS Sprite Touch风格，采用全平面化视图，把桌面空间留给最关注的图形导航热点，功能区、导航树、日志区等则通过鼠标感应来激活，界面干净、简约、实用；功能区摒除传统菜单形式，采用触控精灵图标，极具操作体验感；导航组态使用户操作紧跟主题，任务简单、清晰、准确。

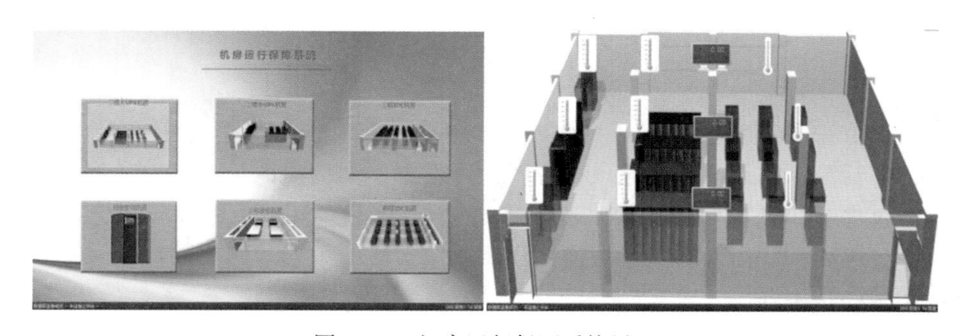

图6-19　机房运行保证系统界面

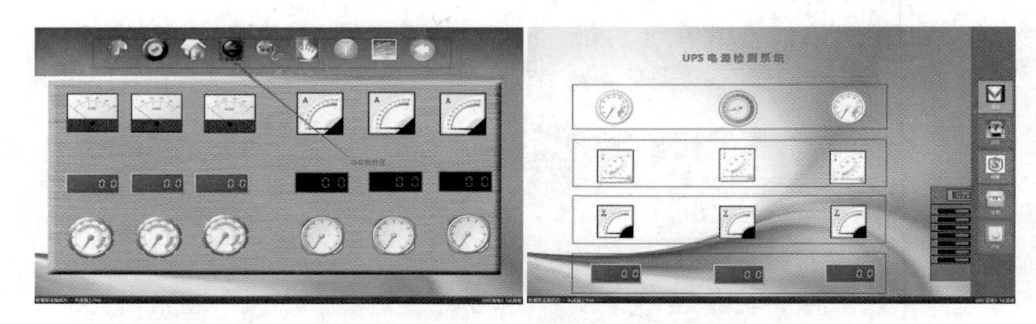

图 6-20　UPS 电源检测系统界面

2）页面组态功能

软件提供极其丰富的资源支持用户界面设计，包括电子地图、图片管理（各种格式）、绘图设计、字体风格、颜色管理、图层管理，支持界面元素任意布局，支持各类风格的多种仿真仪表多达 800 多种（图 6-21），包括指针仪表（圆形、方形、三角形等）、线形仪表（进度、立柱等）、数显仪表（液晶、文本等）、容器仪表、时钟仪表、柱形仪表（温湿度、计量）、指示灯（圆形、方形、交通指示等）、开关（按钮、拨盘等）、图形（趋势图）、电气工程组件，并支持二次开发设计仪表，丰富仪表库内容。

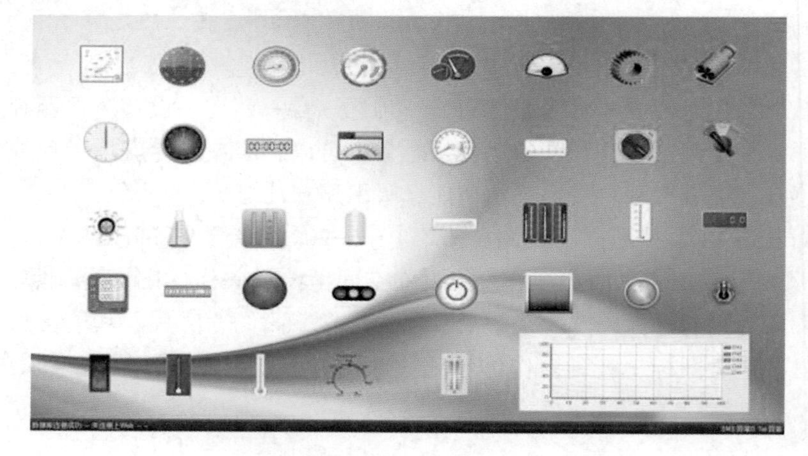

图 6-21　丰富的仿真仪表

3）强大的绘图功能

界面组态帮助用户设计个性化风格视图，可根据不同性质的机房（如 UPS 机房、IDC 机房、涉密机房）设计相应风格的页面，也可随着业务的变动（如空间、设备变换）随时更改界面，操作十分便利。组态化设计功能使用户像搭积木一般方便制作界面，充分体现了软件的柔性化水准（见图 6-22）。

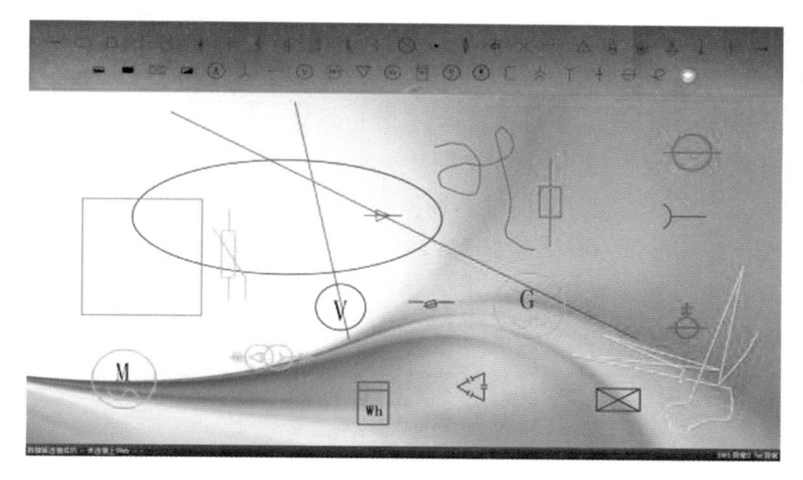

图6-22　绘图功能

6.2.7.2　数据管理模块

数据管理模块实现机房运维信息的管理，主要包括报警信息、日志信息、设备信息、安全信息、录波信息、配置信息、帮助信息等，管理功能主要实现数据的查询、统计、分析、报表等功能，预测故障概率、分析故障趋势、了解设备状态，为机房管理提供决策支持。

1）查询功能

可选择任意组合条件进行信息查询（图6-23），如时间、人员、设备、分组、导航路径等，实现对报警数据、历史数据、日志文件、用户信息、设备信息等查询；由于系统能够对所有的点位进行实时或间隔录波（可定义录波策略），系统将产生海量的历史信息，因此，查询效率至关重要，软件设计时充分发挥SQL数据库引擎的强大优势，使用最优化的查询手段（如存储过程、关联支持、索引技术等）从海量数据库中得到所需要的结果，提升机房管理反应能力。

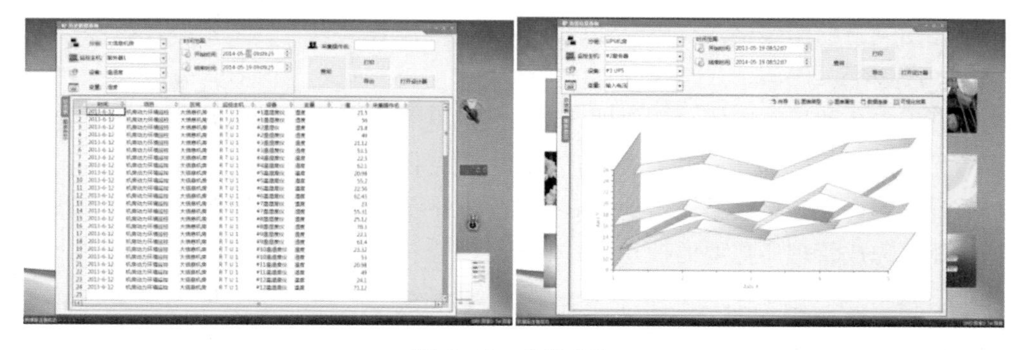

图6-23　查询功能

2）统计分析功能

统计分析功能是对数据的进一步挖掘，属于数据增值业务，可帮助管理者透过表面现象得到更有价值的信息，如可预测故障趋势、分析故障原因、生成专家知识库等；统计分析功能包括求平均值、最大最小值、排名、分类统计、同比数据、环比数据、日报、周报、月报、季报、年报等功能，并提供多种模板供用户自我设计报表（图 6-24）；为丰富报表的表现形式，系统提供 100 多种强大的 3D 和 2D 图表分析资源，包括甘特图、饼图、柱形图、曲线图、散点图、曲面图等，并支持这些图表的二次设计，包括颜色管理、风格管理、皮肤管理等，生成用户所需要的各类图表，支持 Excel、PDF 格式输出。

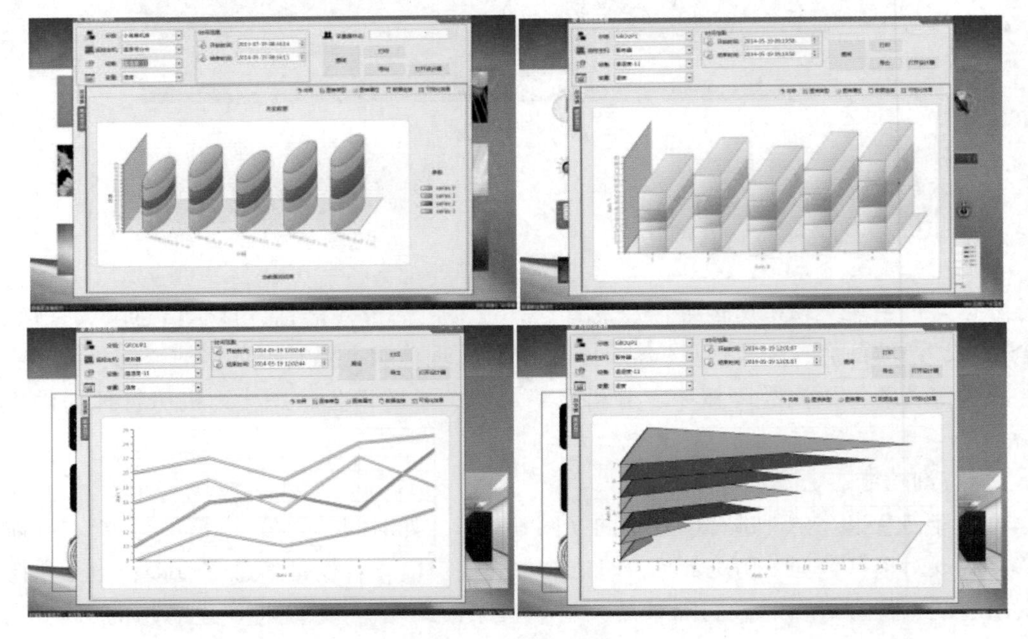

图 6-24　统计分析功能

有了强大的统计分析功能，机房管理人员可以从海量查询中得到自己所需要的二次分析结果，输出满意的图表格式，出色地完成机房运维任务。

3）电子表格

为提升组态化数据管理能力，软件内置强大的电子表工具（见图 6-25），实现数据与电子表的无缝对接；软件开放电子表所有资源，包括函数、宏编程、图表、模板、格式设计、报表设计等，无须将表格输出到 Excel 进行体外设计，而是直接在软件内使用电子表的各项功能，完成管理所需要的任意格式的统计、分析和报表设计等任务。

6.2.7.3　报警管理模块

1）报警方式

软件支持：画面弹出报警、声光报警、广播报警、短信报警、语音报警、电子邮件报

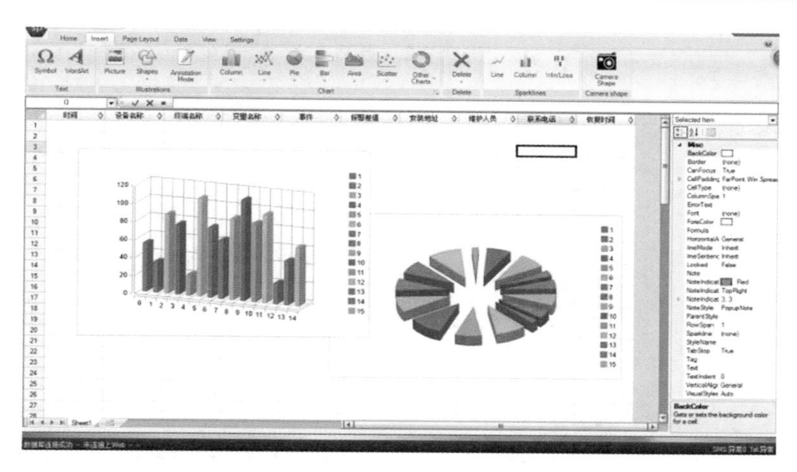

图 6-25　电子表格

警共 6 种报警方式，这些方式可自由组合冗余报警机制，确保每一条报警信息不被丢失（图 6-26）。报警信息将展现完整的路径，以便管理人员准确定位，如提示“3 层—大信息机房—北侧#列头柜—#8 路空开—跳闸”。

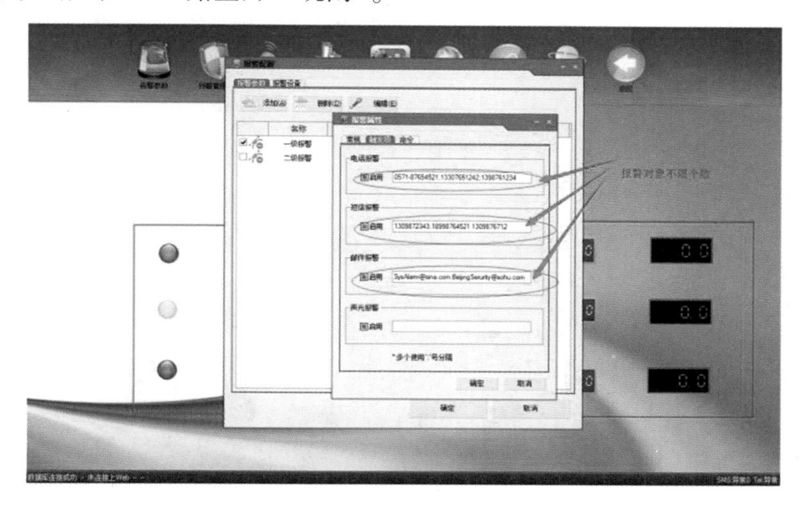

图 6-26　报警管理模块

（1）画面弹出报警。

当报警发生时立刻切换到报警点位画面，并伴有模拟电脑喇叭的模拟声音报警，为避免多个报警同时发生带来的画面乱跳现象，系统可选择弹出报警信息指示情报板，操作人员鼠标点击即可进入报警画面；画面报警覆盖点位的所有路径节点，如“UPS 输入电压低”报警，则整个拓扑链路都会有报警指示，节点中央会有红色发光的圆点闪烁，用户点击后可逐级进入查看（见图 6-27）。

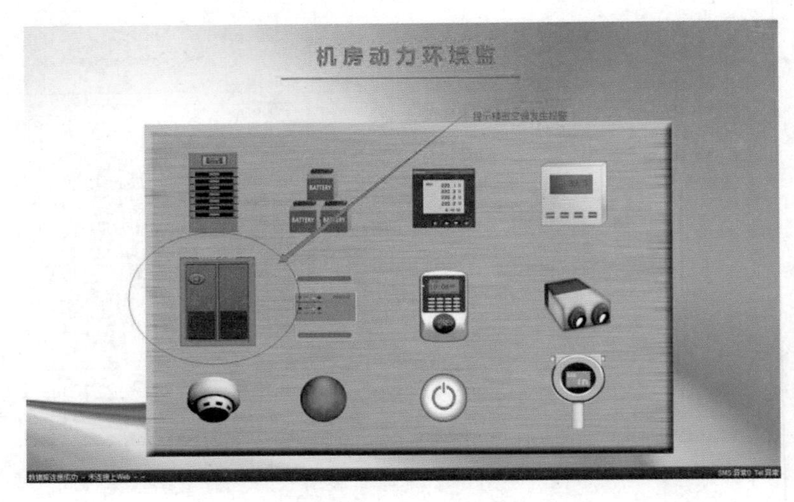

图 6-27　画面弹出报警

（2）声光报警。

后台配置声光报警器，报警发生时会发出声音并伴随灯光转动闪烁，强烈提醒用户关注报警事件。同时电脑界面也会弹出模拟声光报警，发出报警声提醒用户处理事故（图 6-28）。

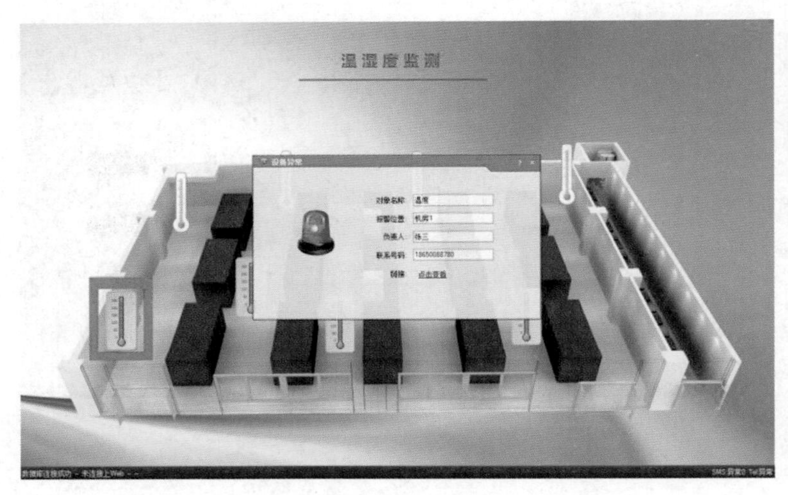

图 6-28　声光报警

（3）广播报警。

广播报警会将语音信号直接接入整个广播系统（如果允许可接入消防广播），以语音播报的形式提醒故障发生点。

（4）短信报警。

系统配置短信发布模块，报警信息以短信方式进行发布（见图 6-29）。

图6-29　短信报警

（5）语音报警。

后台配置双路语音模块，报警发生时会拨通电话（手机或座机），播放报警语音，强制用户接听（图6-30）。

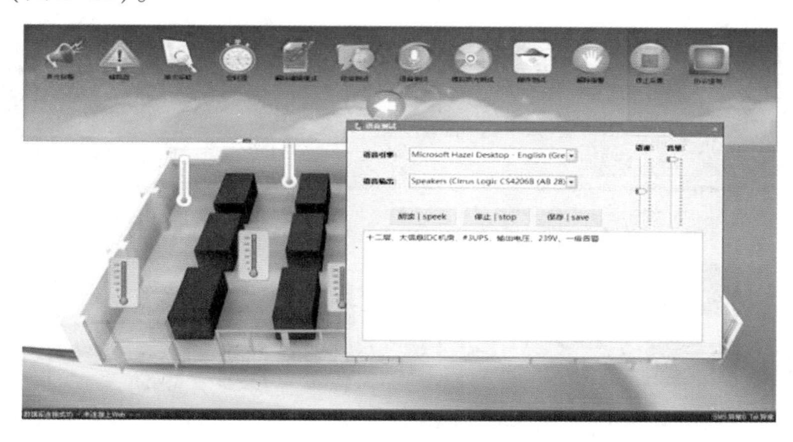

图6-30　语音报警

（6）电子邮件报警。

报警发生时，报警信息内容将完整地发送到管理责任人的手机上，提醒用户及时处理问题（见图6-31）。

2）报警展示

报警发生时，根据报警级别，在报警目标上会有不同颜色的闪烁提示，用户可点击进入查看信息；也可以感应右侧边框弹出当日报警统计图表，点击后会进入当日报警信息明细列表，按照时间次序排列，操作人员可点击某条明细转到相应报警画面查看具体情况。历史的报警信息可从数据管理功能中进行查询、统计和分析（见图6-32）。

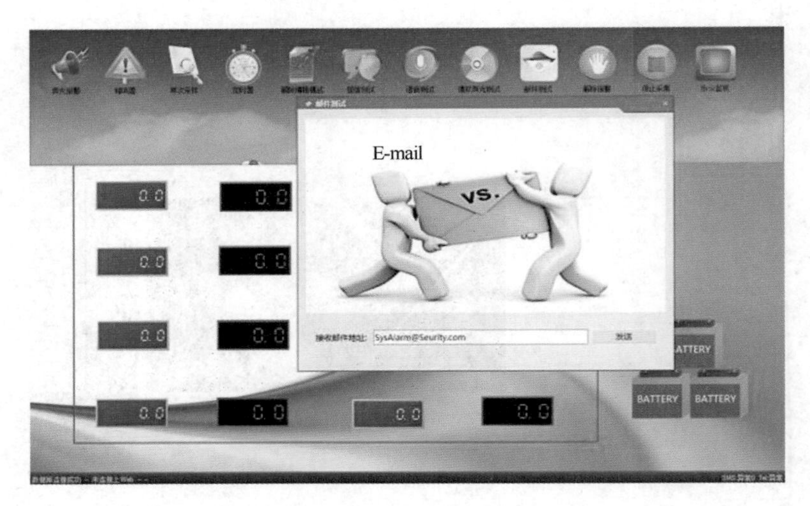

图 6-31　电子邮件报警

图 6-32　报警展示

系统可将未解除、已解除的报警在同一界面分栏显示，从而对报警时间进行分类快速处理，双击报警信息能够直接跳转到报警设备界面。

系统可对报警事件信息分级别显示，级别高的报警显示在事件栏上端，确保重要的报警第一时间发现并处理。

3）报警策略

报警支持分级功能，可从高到低定义多级报警，并不限制级别数量，每一级报警可定义关联的报警发布策略，比如 3 级报警具备语音、短信报警功能，语音发布对象有 3 个（3 个电话），短信发布对象有 5 个（5 个电话），每个设备变量都有报警级别属性，只要在报警级别中定义报警类型、发布对象（不限数量），变量选择了这个级别，就具备了这个级别所有的报警策略，因此，对变量或设备的报警策略分配就显得比较简单，同一个级别的（或称之为分组）的报警具有相同策略。不同报警级别发生时在界面上会有不同颜色的指示灯提示，使操作人员很方便地知道本次报警的严重程度（图 6-33）。

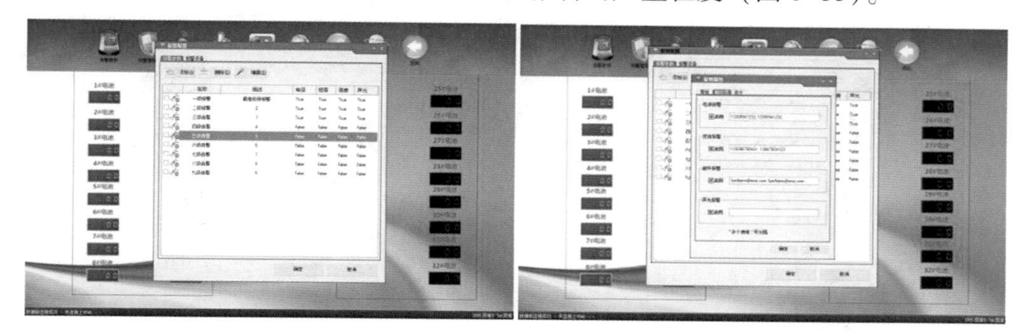

图 6-33　报警策略

4）预警设置

所有的点位只有模拟量和开关量之分，在对模拟量设置报警时，可以设定其上限、下限阈值，在对开关量设置报警参数时，可对其开、关设置报警，当系统采集到的参数超过这些设定的范围时，立刻根据点位的报警级别属性启动报警预案（图 6-34）。

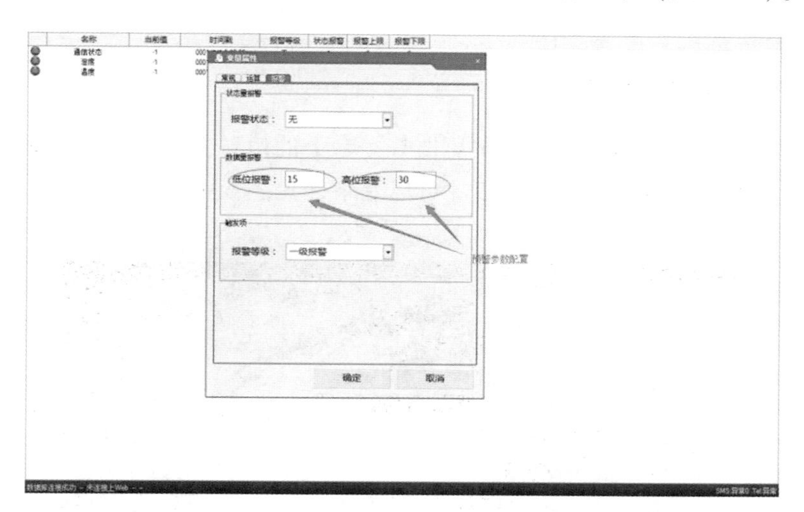

图 6-34　预警设置

5）报警确认

报警发生时，需要进行报警确认，输入相应的信息，如已确认、已消缺、已通知厂家、已通知应急人员等选项。确认人的相关信息可以在系统日志内自动记录。

系统提供报警后手工复位功能，某些极端重要数据量（如消防报警、门禁遭到非法闯入等）一旦发生报警以后，即便该报警已恢复，但监控系统仍将该数据量置为报警不断发出，直到管理人员查看现场情况，核实报警消除后点击复位按钮，同时系统日志必须记录该复位操作。

6）报警查询

可利用数据管理中的查询功能灵活进行条件定制报警事件查询，利用电子表和报表设计功能进行报警信息的统计、分析和打印（图6-35）。

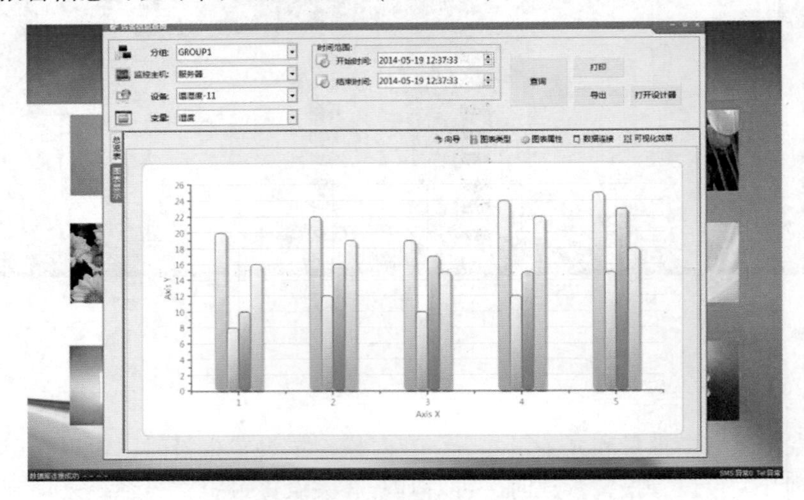

图6-35　报警查询报警复位

6.2.7.4　Web管理模块

管理终端上可通过Web入口访问浏览监控平台上的信息，Web Server设置在应用服务器，Web浏览为B/S方式，须获得授权才可以登录（见图6-36）。

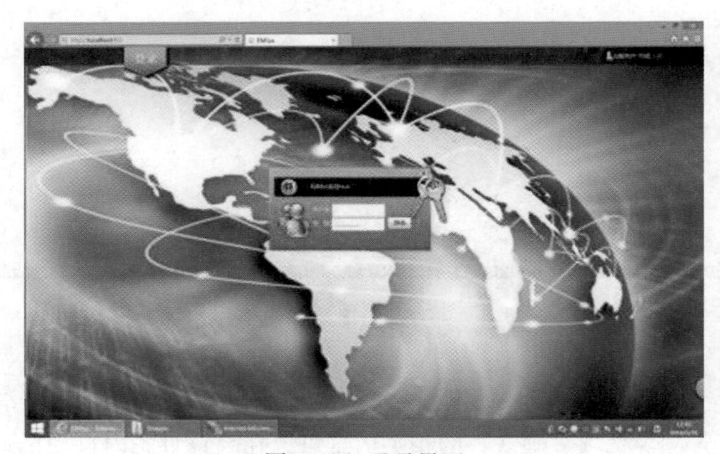

图6-36　登录界面

用户通过 Web 浏览器跨网络访问监控系统，完成对各机房管理工作，内容包括实时状态、历史曲线、事件查询、报警处理、查询等功能，并可访问报表系统，查看、导出报表；为强调安全性，所有关于系统配置、界面设计、用户管理、报表定制等功能在应用服务器上完成（图 6-37 和图 6-38），Web 访问以仅浏览信息为主。IE 远程站与监控中心具有完全一致的图形界面，无须安装任何软件。

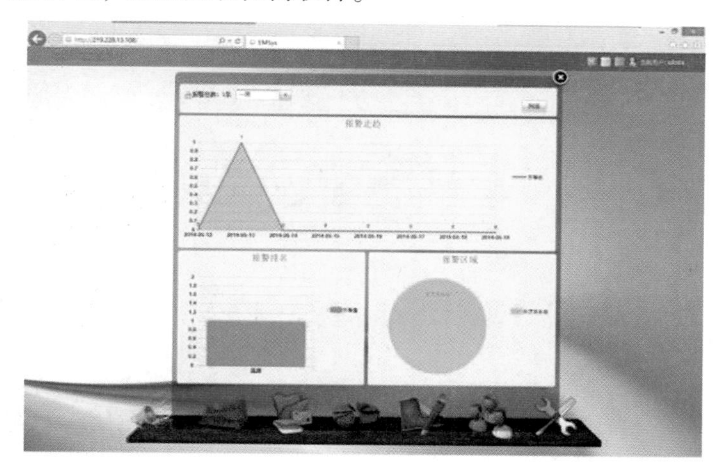

图 6-37　报警处理界面

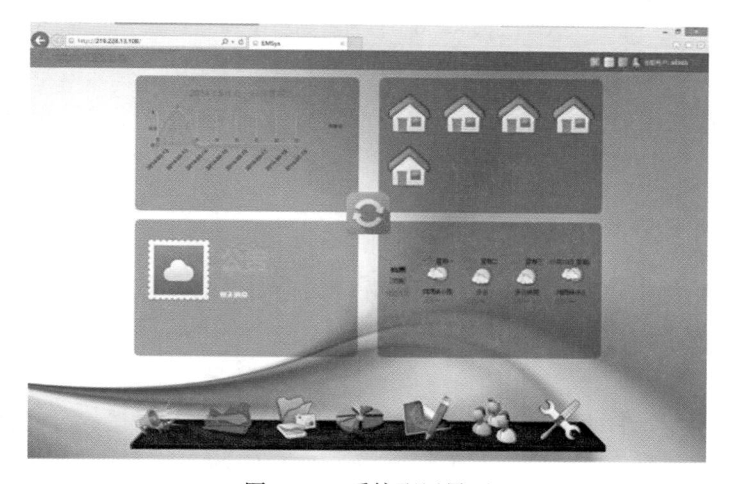

图 6-38　系统配置界面

6.2.7.5　日志管理模块

日志是记录系统运行过程中所有的痕迹，实现事件的追溯管理；机房动力环境监控软件主要包括系统日志和业务日志两部分；系统日志指系统在运行过程中发生的系统性事件，如超时、磁盘溢出报警、通信请求失败等，为维护人员解决问题提供依据。业务日志是指操作人员自登录之时起的所有行为记录，比如：什么时间登录；什么时候对某个机房的某个空调进行温度设置；什么时候处理过哪条报警信息等。

系统日志记录在数据库，只有最高级别的用户可以备份、清理日志信息；数据管理模块（图6-39）能够对日志进行查询、分析、统计，如可以指定对象索引进行查询，如查询某人或某设备在某段时间内发生的所有日志，也可以查看某个机房或者所有UPS在某段时间内的日志；可以以图表、曲线等方式跟踪、分析日志的状态等，可以将日志导出为Excel、PDF、TXT格式。

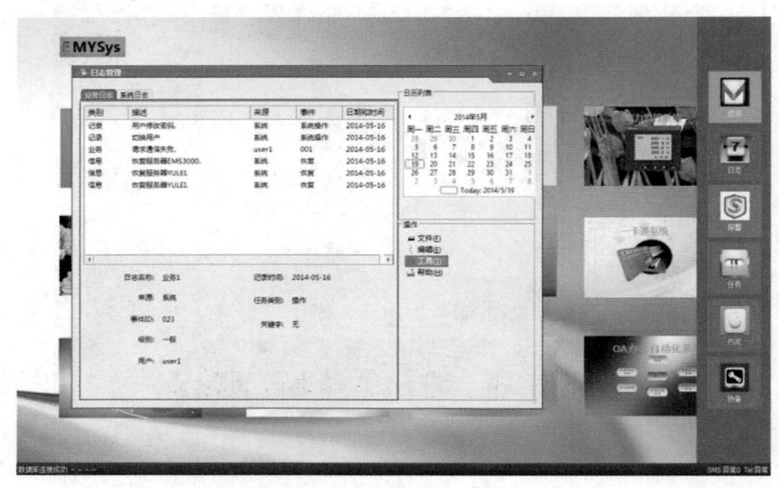

图6-39　日志管理模块

所有的报表均采用监控系统内部自带的二次开发平台开发而成，根据现场的实际应用，设计出各种不同的报表，满足业务部门的特殊要求。

6.2.7.6　权限管理模块

权限管理是保障机房动力环境监控平台软件入口安全的重要技术手段，系统对权限管理做了非常缜密的设计，具体包括以下几点。

1）权限片管理

软件将安全内容分为两部分（见图6-40）：功能授权和数据授权。功能授权是将软件所有的功能模块划分为最小单位，并为每个功能赋予安全标志，如“进入编辑模式”“关闭报警”“配置命令”“查询日志”等；数据授权是将所有数据对象划分为片，并赋予安全标志，如导航分类、监控服务器、设备、机房、楼层等信息。

2）分级管理

软件对所有的用户进行分级管理（见图6-41），可设置不同级别的用户组，级别数量不限，级别权限可从高到低排列；为每个级别权限赋值，包括功能权限和数据权限，同一级别的用户权限不超过该级别所能拥有的权限，又可以单独对某个用户进行权限细分，细分权限仅限于本级别用户的权限范围。

强大的用户权限功能使软件的入口安全得到极大的保证，再加上日志管理功能，使得

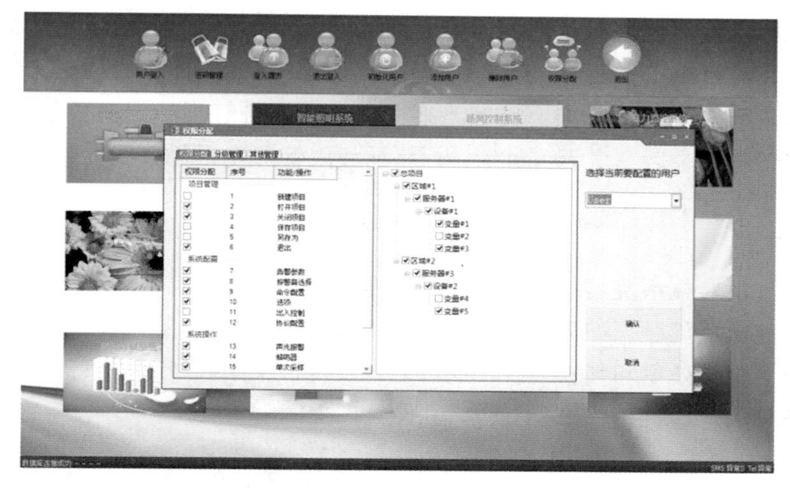

图6-40　权限片管理

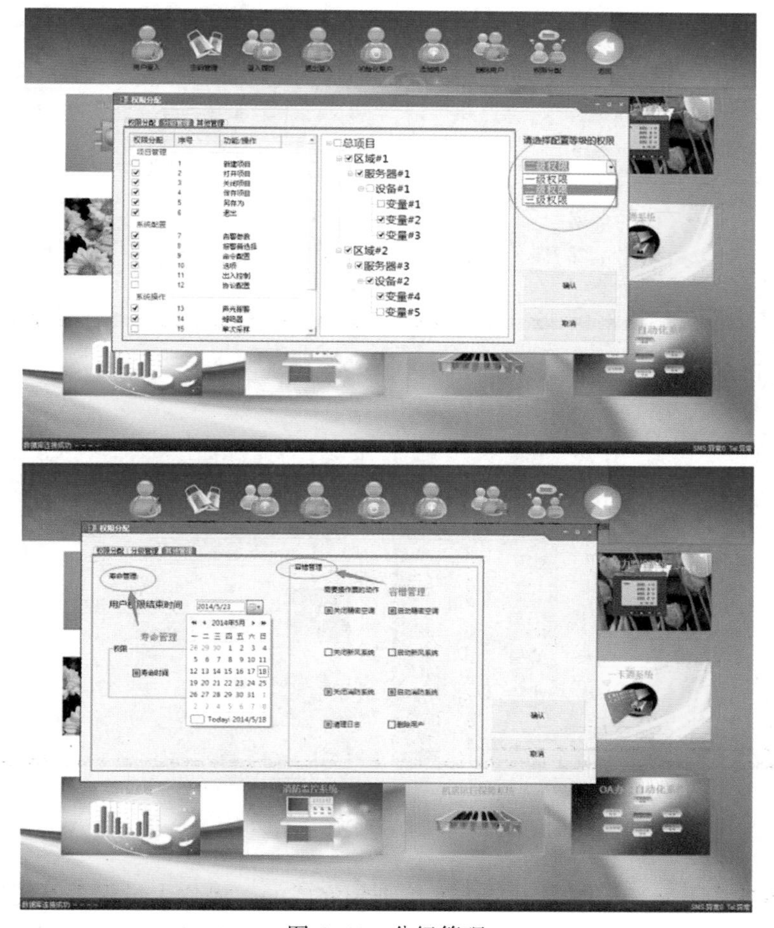

图6-41　分级管理

所有操作人员必须按照制度设计来完成自己的职能，例如：系统管理员可以执行所有操作；工程师可以进行维护方面的功能操作而不涉及业务；操作员仅可浏览监控数据、报警阈值，不可以进行其他任何操作。又如：某操作员只具备管理特定对象如UPS机房的授权，其余机房信息登录后完全不可见等；严格的权限管理使责任分明、管理有序，确保了机房管理的严肃性和规范化。

3）联动管理

机房动力环境监控系统具备监测与控制功能（图6-42）；某些报警事件的发生必须结合联动控制才能解决问题，如温度、湿度过高联动空调运行（图6-43）等，而联动命令依靠人工发出会降低效率和判断失误，这可能对系统带来问题。因此，需配置联动控制策略，包括开环和闭环两种模式。

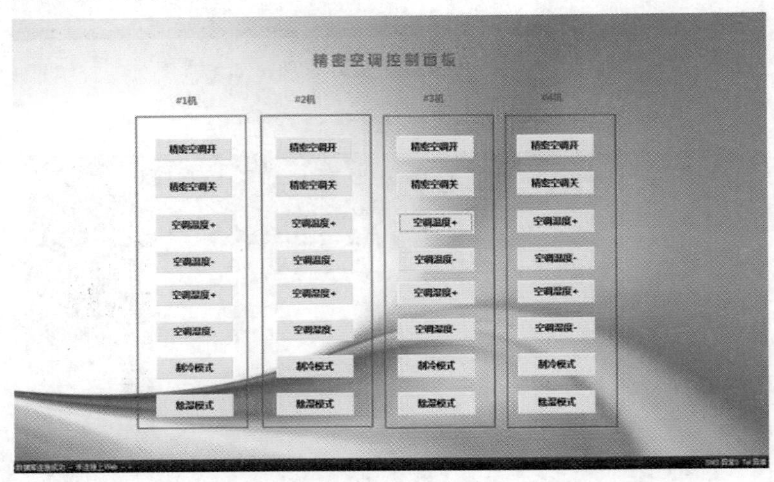

图6-42　精密空调控制面板

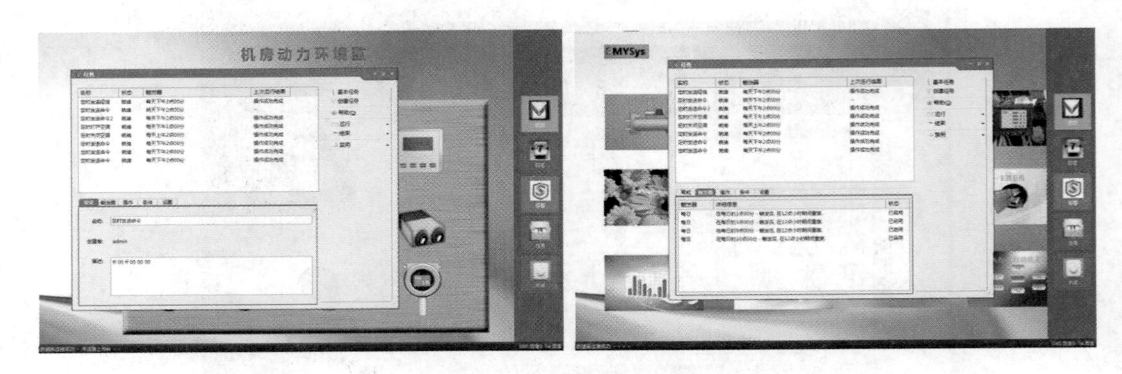

图6-43　机房动力环境监测

（1）开环模式。开环控制完全是由人工干预完成的，操作人员根据系统实际情况做出判断后发出命令，通过定义各种形式的控制按钮（仿真仪表开关）和控制命令即可实现开环控制功能，操作人员只要鼠标点击按钮开关就可执行控制命令。

（2）闭环模式。由系统自动执行，它完全根据报警、时间或其他条件来决定输出控制命令，系统设置了 3 种闭环控制模式，分别为：定时控制、报警输出（图 6-44）和组合模式（图 6-45）。

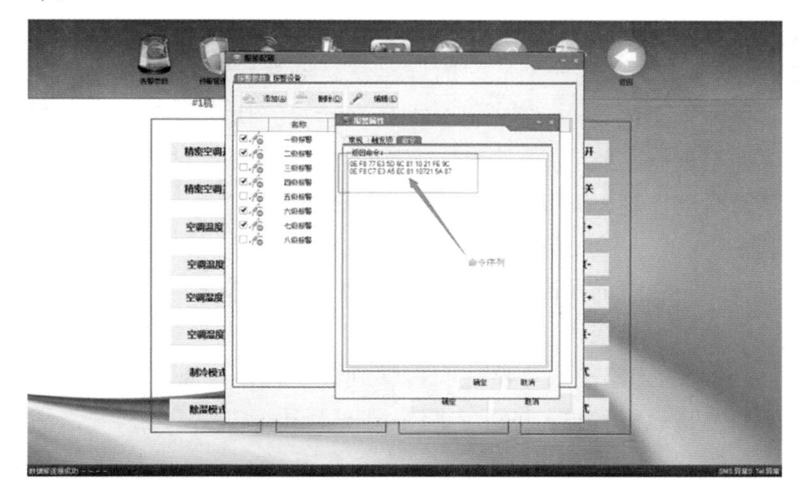

图 6-44　报警输出模式

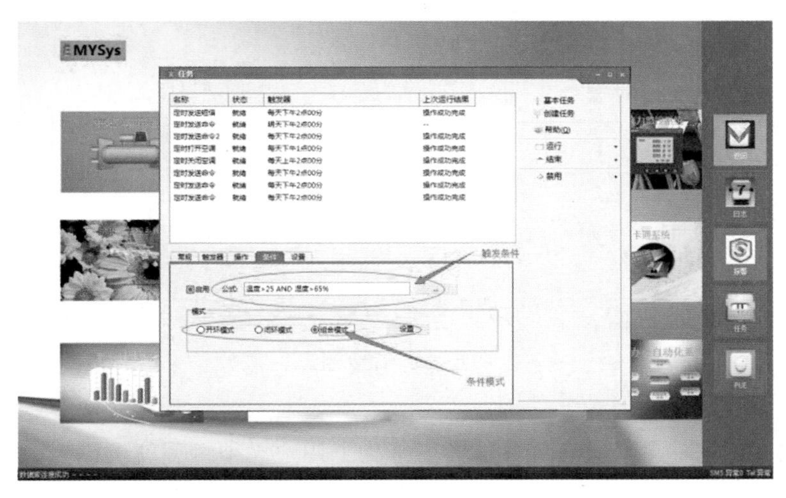

图 6-45　组合模式

①定时器模式。即定义一个定时器，设置时间触发条件，当计时到达时自动输出控制命令。如每天定时开启新风系统、晚上定时部分空调部分、早上定时开启空调等。

②报警输出模式。即对每个变量设置上、下限或者开、关时的命令对应表，当报警发生时系统自动执行对应的命令来实现联动，如消防烟感报警时自动输出命令使门禁打开、启动广播、打开应急灯等命令。

③组合模式。即定义一个联动策略，其属性为：名称、激活状态、激活时间、控制策略、控制命令、备注，一旦该策略被激活，它就会在到达定时条件（默认为0，表示立刻激活），就会不断地计算控制策略，当控制策略满足（True）后，立刻启动控制命令序列；控制策略为一系列运算符、函数、逻辑符号、变量等组成的表达式，变量和命令涵盖系统所有点位，使得跨系统联动成为可能。控制条件，如：[(A>35.6) and (C+D/7<98)] or (Y=2 * X+32)，当这个条件为“True”时，系统自动执行对应的命令序列；控制策略可以设置多个（不限制数量），一旦激活它会在后台运行，执行时会在前台有提示，如空调控制策略、新风控制策略、照明控制策略、安防控制策略等；对于特别重要的控制，采用操作票制度，不设联动控制，而是采用开环加确认方式。

4）命令组态

命令即一组或一条独立的控制码流，是通信协议的一部分，由设备厂商提供；命令序列可独立定义，可以是一个或一组命令，它本质上是一组十六进制码，如“0E FF 7A 8C 56 3D 0B”，可透过嵌入式监控服务器透明传输到各个控制设备；定义后的命令用户是不可见的，会赋予一个直观的名称，如开空调、温度上升1℃、开门禁等，用户在使用时只要选择就可以，命令和控制策略的定义事关整个系统安全，由最高级别系统管理员执行（图6-46）。

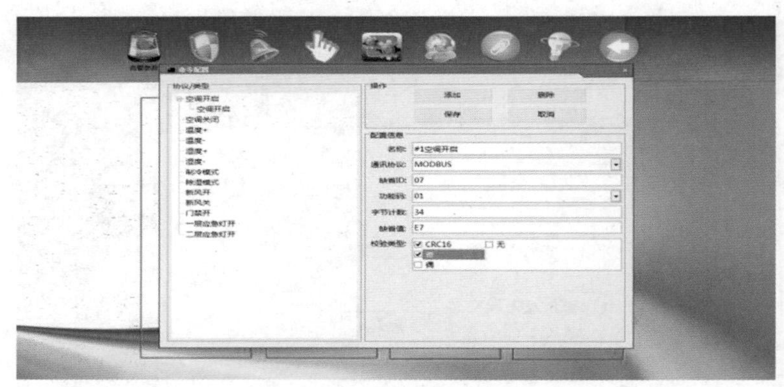

图6-46　命令组态

控制策略化组态使系统具备强大的控制能力，用户无须编程就可以轻松实现各种联动功能，使机房动力环境监控系统的监测与控制功能真正做到实至名归。

6.2.7.7　系统实现

1）UPS监测

实时监视UPS整流器、逆变器、旁路、负载等各部分的运行状态与参数（见图6-47）。

系统可对监测到的各项参数设定越限阈值（包括上、下限；恢复上、下限），一旦UPS发生越限报警或故障，系统将自动切换到相应的监控界面，且发生报警的该项状态或参数会变红色并闪烁显示，同时产生报警事件进行记录存储并有相应的处理提示，并第一

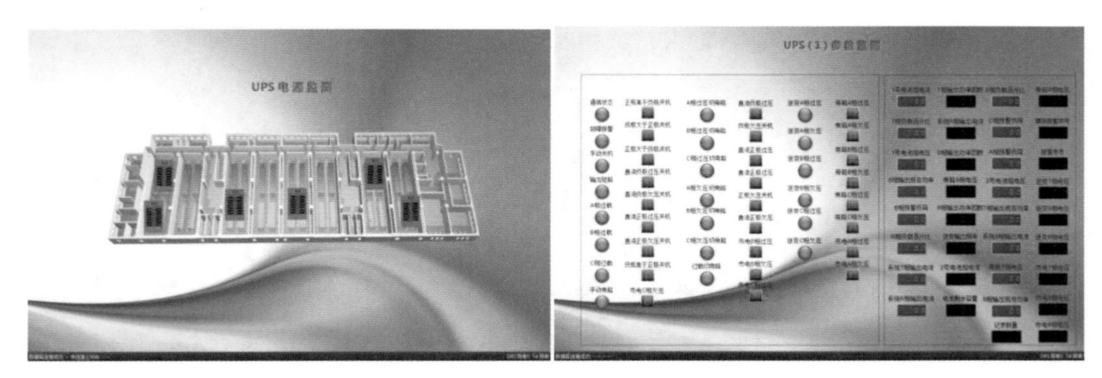

图 6-47　UPS 监测页面

时间发出手机短信、电话语音拨号等对外报警。

提供曲线记录，直观显示实时及历史曲线，可查询一年内相应参数的历史曲线及具体时间的参数值（包括最大值、最小值），并可将历史曲线导出为 Excel 格式，方便管理员全面了解 UPS 的运行状况。

2）供配电监测

（1）配电柜电量监测。实时监测市电进线三相电的相电压、线电压、相电流、频率、功率因数、有功功率、无功功率等参数（图 6-48）。

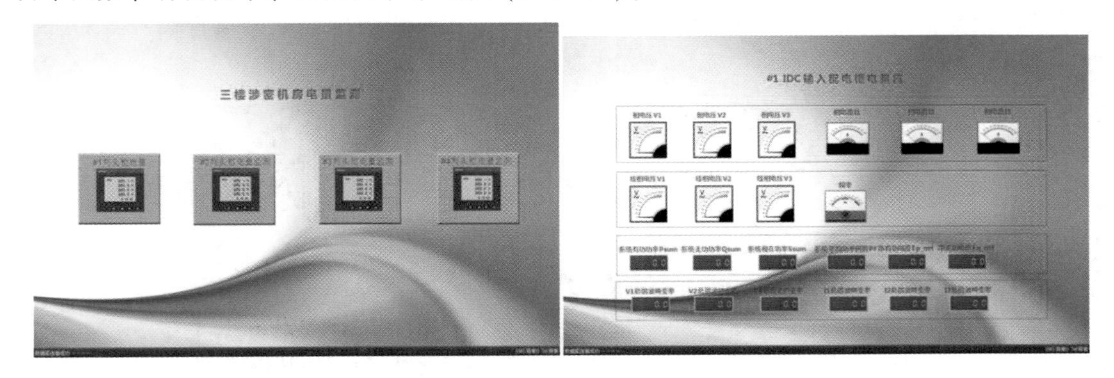

图 6-48　配电柜电量监测

（2）配电开关状态监测。实时监测配电开关的通断电状态，一旦发生报警，系统将自动切换到相应的监控界面，且发生报警的开关会变成断开状态且变红显示，同时产生报警事件进行记录存储并有相应的处理提示，并第一时间发出手机短信、电话语音拨号等对外报警（见图 6-49）。

系统可对监测到的各项参数设定越限阈值（包括上、下限；恢复上、下限），一旦市电发生越限报警，系统将自动切换到相应的监控界面，且发生报警的该项状态或参数会变红色并闪烁显示，同时产生报警事件进行记录存储并有相应的处理提示，并第一时间发出手机短信、电话语音拨号等对外报警。

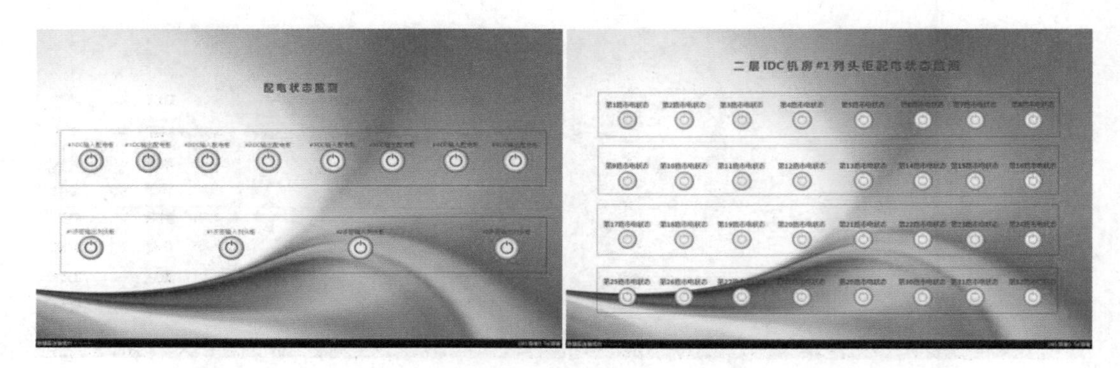

图 6-49　供配电监测页面

提供曲线记录，直观显示实时及历史曲线，可查询一年内相应参数的历史曲线及具体时间的参数值（包括最大值、最小值），并可将历史曲线导出为 Excel 格式，方便管理员全面了解市电的供电状况。

3）空调监控

实时远程监控空调开关、模式设置、温度设置等功能，系统可对监测到的各项参数设定越限阈值（包括上、下限；恢复上、下限），一旦精密空调发生故障，系统将自动切换到相应的监控界面，且发生报警的该项状态或参数会变红色并闪烁显示，同时产生报警事件进行记录存储并有相应的处理提示，并第一时间发出手机短信、电话语音拨号等对外报警（图 6-50）。

图 6-50　空调监测

提供曲线记录，直观显示实时及历史曲线，可查询一年内相应参数的历史曲线及具体时间的参数值（包括最大值、最小值），并可将历史曲线导出为 Excel 格式，方便管理员全面了解精密空调的运行状况。

4）漏水监测

实时监测机房的漏水情况，发生漏水时系统自动切换到漏水监控界面，并显示具体的漏水位置，可精确到米，同时产生报警事件进行记录存储及有相应的处理提示，并第一时间发出电话语音拨号、手机短信等对外报警（图6-51）。

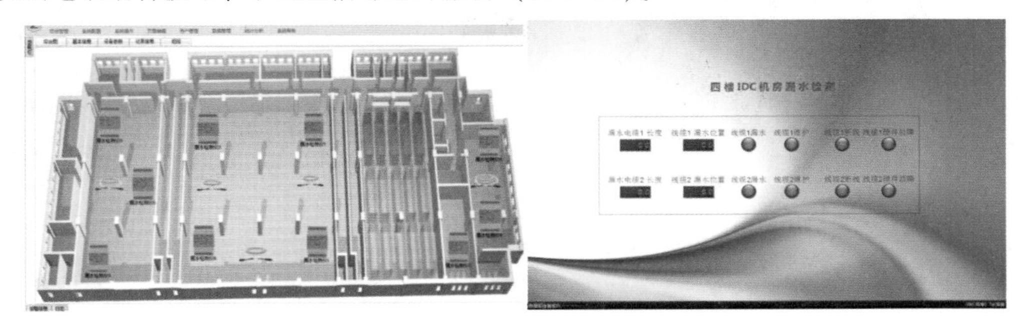

图6-51　漏水监测页面

5）温湿度监测

实时监测机房区域内的温度和湿度值，同时支持与其他子系统的联动控制，如当温度过高时自动联动启动空调进行制冷（图6-52）。

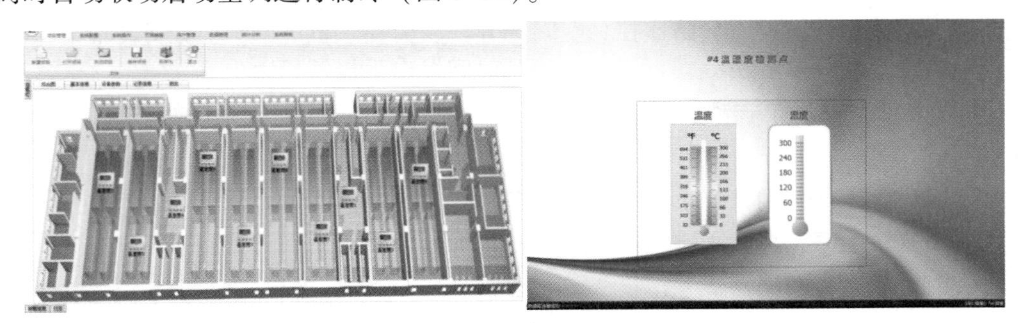

图6-52　温湿度监测页面

系统可对温度和湿度参数设定越限阈值（包括上、下限；恢复上、下限），一旦温湿度发生越限报警，系统将自动切换到相应的监控界面，且发生报警的参数会变红色并闪烁显示，同时产生报警事件进行记录存储并有相应的处理提示，并第一时间发出电话语音拨号、手机短信等对外报警。

提供曲线记录，直观显示实时及历史曲线，可查询一年内相应参数的历史曲线及具体时间的参数值（包括最大值、最小值），并可将历史曲线导出为Excel格式，方便管理员全面了解机房内的温湿度状况。

6）防雷监测

实时监测配电内防雷开关的通断电状态，一旦发生报警，系统将自动切换到相应的监控界面，且发生报警的防雷开关会变成断开状态且变红显示，同时产生报警事件进行记录存储并有相应的处理提示，并第一时间发出手机短信、电话语音拨号等对外报警（见图 6-53）。

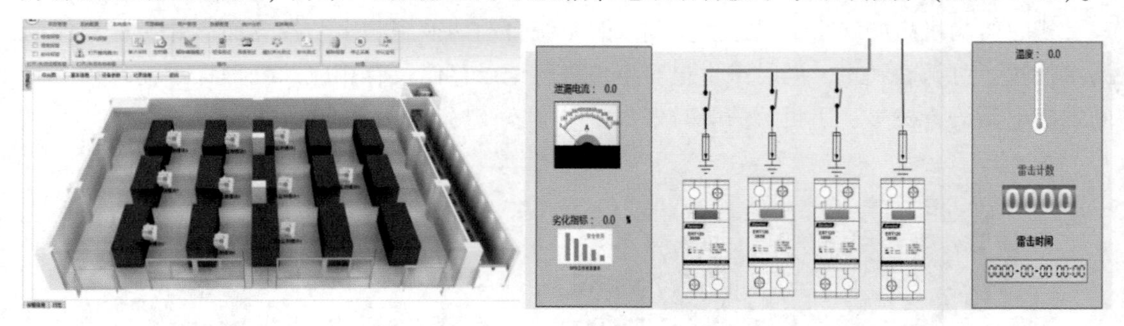

图 6-53　防雷监测

6.2.7.8　主要硬件技术参数

1）一体化智能数据采集装置

本装置采用一体化集成设计，结构紧凑，具采集、控制、显示、报警、通信等功能于一体，5.6 英寸 TFT LCD 液晶触摸显示，支持参数显示、故障显示、巡检管理、事件管理、系统配置、系统调试等；可实现市电监测、配电开关状态监测、SPD 智能监测、机房环境监测、门禁系统监控、安防监控、空间 SF6 浓度监控、机房漏水监控等功能。

（1）产品特点：

①实时采集空间 SF6 浓度、温湿度、烟感、漏（进）水、水位等环境运行参数与状态；

②实时采集入侵、门禁等运行参数与状态；

③实时采集水泵、风机、空调等设备运行状态；

④实时采集真空断路器 SF6 浓度失效状态；

⑤实时采集市电状态、输入相电压、输入相电流、频率、总功率、输出相电压、输出相电流、负荷率、电池状态、电池电压、旁路、故障等 UPS 智能状态与参数；

⑥实时采集电压、电流、有功功率、无功功率、功率因素、频率、线路漏电流、断路器状态等电力运行参数与状态；

⑦实时采集避雷器热脱扣状态、后备保护状态、泄漏微电流、雷击计数等 SPD 智能状态与参数；

⑧门禁系统支持短信、刷卡、指纹开门，同时也支持钥匙开门；

⑨温、湿度监测与空调可实现联动控制；

⑩空间 SF6 浓度与机房风机系统可实现联动；

⑪机房漏（进）水、水位监测与水泵控制可实现联动；

⑫所有故障信息可配置实现短信报警输出与本地声光报警输出。

（2）技术参数：

1 套三相电压、电流输入（10 位、200 us 转换速率）；

16 路光隔离开关量输入（0~24 V 电平，准确度：99.999%，支持干湿接点）；

1 路+9 V 电源输出；

12 路光隔离交直流输入（85~220 Vac 电平，准确度：99.999%）；

3 路光隔离开关量输出（ 250 V AC/5 A，准确度：99.999%），支持内部与外部输出；

2 路光隔离开关量输出（ 12 V DC/1 A，准确度：99.999%），支持内部与外部输出；

4 路模拟量信号输入（其中 2 路 0~10 V 输入，2 路 0~2 mA 输入，10 位、200 us 转换速率）；

1 路脉冲输入（0~10 V 脉冲输入，准确度：99.999%）；

1 路直流电源输出（+12 V/1 A、-12 V/1 A、公共端 G）；

1 个 Wiegand26Bit 或 Wigand34/ABA 通信接口，支持读卡器输入；

2 路带 ESD 保护串口 RS485/RS232（可配置），支持 ModBus 通信协议及自定义协议；

3 路带 ESD 保护串口 RS232，专用于连接短信模块、UPS 设备、调试与连接触摸屏；

1 个 10 M/100 M 自适应以太网口（物理接口：RJ-45 插座）。

（3）外观尺寸及安装接线：

外观尺寸如图 6-54 所示；接线端子见图 6-55 所示；变配电安全智能监控装置集成接线端子如表 6-1 所示。变配电安全智能监控装置外引接线端子详情见表 6-2。

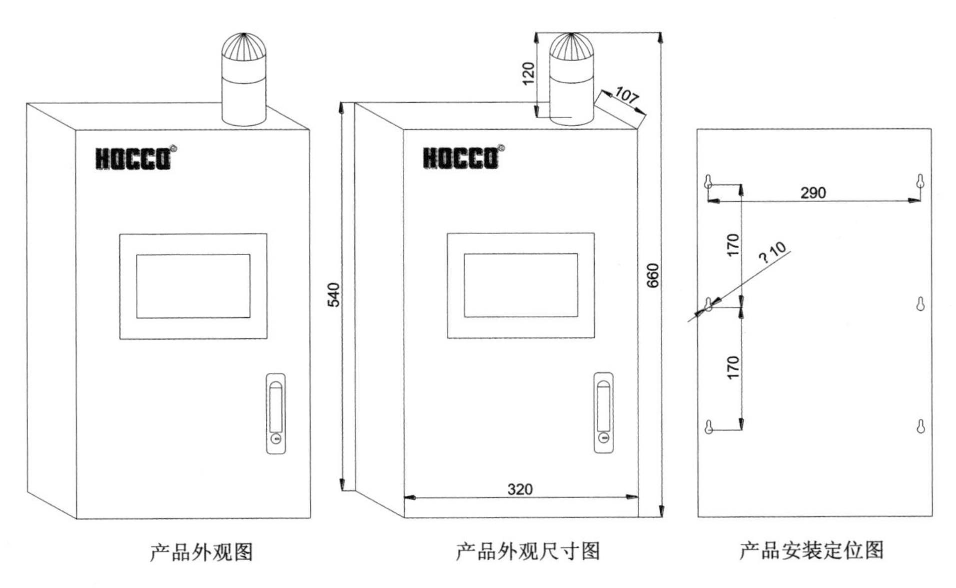

图 6-54　外观尺寸图（单位：mm）

		RJ45 网络端口	（10M/100M自适应网络）
短信/GPRS通信接口	#1RJ45 调试串口 （上）	#2RJ45 调试串口 （下）	触摸屏接口
1#剩余电流互感器信号	AI1+ AI1-	+12V GND	读卡器电源
2#剩余电流互感器信号	AI2+ AI2-	DATA0 DATA1	读卡器信号
微电流互感器信号	AI3+ AI4+	BEEP LED	
微电流互感器电源	AGND GND	+12V -12V	微电流互感器电源
出门按钮	DI1 GND	DI5 GND	2#防盗报警器
SF6真空开关故障信号	DI2 GND	DI6 GND	3#防盗报警器
SF6真空开关故障信号	DI3 GND	DI7 GND	1#烟感探测器
1#防盗报警器	DI4 GND	DI8 GND	2#烟感探测器
3#烟感探测器	DI9 GND	DI13 DI14	集水井高、低水位传感器
1#SPD热脱扣	DI10 GND	9V电源 9V电源	集水井底部传感器
2#SPD热脱扣	DI11 GND	DI13 DI14	集水井高、低水位传感器
门磁信号	DI12 GND	LC+ LC-	雷击脉冲输入

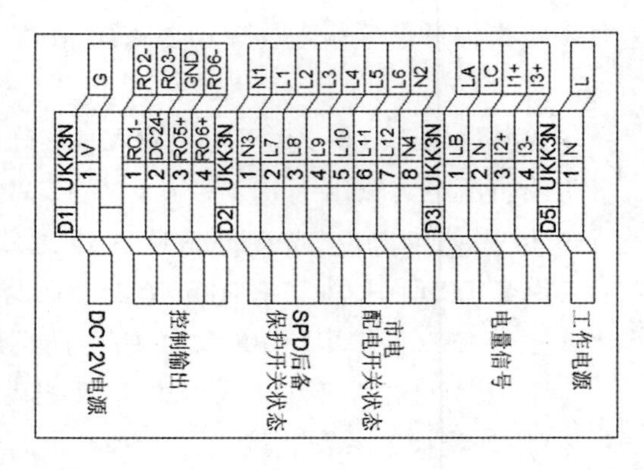

图 6-55　接线端子图

表 6-1　变配电安全智能监控装置集成接线端子

端子名称	端子定义
AI1+、AI1-，AI2+、AI2-	2 路剩余电流互感器信号输入端
AI3+、AI4+、AGND	2 路微电流互感器信号输入端
+12 V、GND	门禁系统读卡器电源端
DATA0、DATA1、BEEP、LED	门禁系统读卡器信号端
+12 V、-12 V、GND	微电流互感器电源端
DI1、GND	出门按钮
DI2、GND，DI3、GND	SF6 真空开关故障信号输入端
DI4、GND，DI5、GND，DI6、GND	3 路防盗报警信号输入端
DI7、GND，DI8、GND，DI9、GND	3 路烟感报警信号输入端
DI10、GND，DI11、GND	2 路 SPD 热脱扣信号输入
DI12、GND	门磁信号输入端
DI13	1#集水井高水位传感器信号
DI14	1#集水井低水位传感器信号
DC 9 V 电源	1#集水井底部传感器，2#集水井底部传感器
DI15	2#集水井低水位传感器信号
DI16	2#集水井高水位传感器信号
LC+，LC-	雷击脉冲输入端

表 6-2　变配电安全智能监控装置外引接线端子

端子名称	端子定义
V，G	DC 12 V 电源输入端（短信模块电源）
RO1-，RO2-，RO3-，DC24-	RO1，RO2，RO3 控制输出
RO5+，GND	门禁控制输出
RO6+，RO6-	备用
N1，L1，L2，L3	1#SPD 后备保护开关状态信号输入
L4，L5，L6，N2	2#SPD 后备保护开关状态信号输入
N3，L7，L8，L9，L10，L11，L12	6 路市电配电开关状态信号输入
LA，LB，LC，LN	电量监测电压信号输入
I1+，I2+，I3+，I3-	电量监测电流信号输入
L，N	变配电安全智能监控装置工作电源

2）EMS-TH001 温湿度传感器

EMS-TH001 温湿度传感器是（图 6-56）采用最新专利技术的半导体敏感器件设计方案，用于测量室内环境的温度、湿度的一体化智能监控模块，测量精度高，长期稳定性好，而且特别具有专利技术的自恢复自校准功能，广泛应用于通信机房、IDC 数据机房、空调室、实验室、图书馆、办公室等室内场所的环境测量。

图 6-56　EMS-TH001 温湿度传感器

（1）产品特点：

①采用最新专利技术设计方案，具有自恢复自校准功能，精度高，一致性好；

②大屏幕高亮度 LCD 显示，观察直观，操作简便；

③温度单位可选择：摄氏度（℃）与华氏度（℉）均可设置；

④可对温度、湿度进行误差校正设置，方便进行定期校验；

⑤提供干打接点告警信号输出，实现本地告警功能；

⑥外接端口具有抗电磁干扰设计，可靠性高；

⑦电源输入端具有防反功能，输入电源正负极反接不会损坏设备；

⑧模块化结构，安装、维护方便。

（2）技术参数。

EMS-TH001 温湿度传感器技术参数如表 6-3 所示。

表 6-3　EMS-TH001 温湿度传感器技术参数

参数名称		技术指标
工作电源		DC 12 V（DC 6 V~15 V）
测量范围	温度范围	-20~+80℃
	湿度范围	10%~90%RH
测量精度	温度误差	<±0.5℃，在 25℃时测试
	湿度误差	<±5%RH，在 25℃时测试
通信	物理接口	RS485
	传输距离	1 200 m，屏蔽双绞线
	地址范围	1~255，通过按键设置
	通信协议	Modbus-RTU
	波特率	2 400 bps，4 800 bps，9 600 bps 可选，出厂默认设置 9 600 bps
	参数名称	技术指标
	数据格式	N，8，1
EMC	EFT（脉冲群）	差模 ±2 kV
	ESD（静电）	接触放电±6 kV；空气放电±8 kV
外形尺寸		80 mm×80 mm×30 mm

（3）产品尺寸及安装接线图。

接线端子说明如表 6-4 所示。

表 6-4　接线端子说明

端子编号	1	2	3	4	5	6
说明	VCC	GND	485+	485-		

首先选择合适的位置，用安装螺丝将底座固定在选择好的安装位置上，接线端子 1 与端子 2 接电源，接线端子 3 与端子 4 接 RS485 通信线，然后将温湿度探测器卡入并检查是否牢固。其产品尺寸及安装接线见图 6-57 所示。

3）EMS-W003 水浸式漏水检测器

EMS3000-W003 点位式漏水探测器（见图 6-58）应用电极浸水阻值变化的原理来进

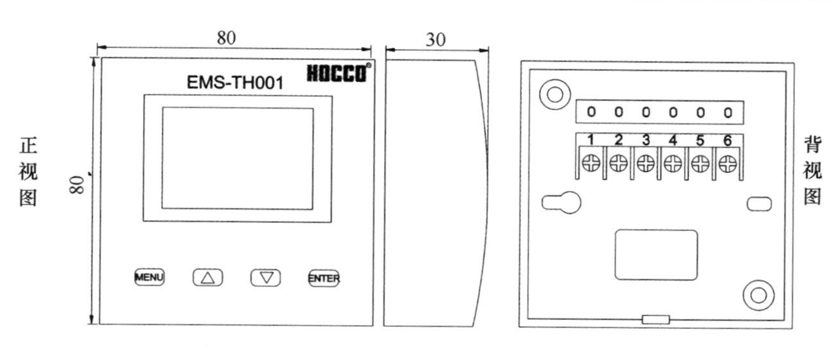

图 6-57　产品尺寸及安装接线图（单位：mm）

行积水探测，可广泛用于通信基站、机房、宾馆、仓库、饭店、图书馆、档案库、设备机柜以及其他需积水报警的场所。隔离性能好，安全可靠；采用多功能检测方式，探针防电蚀设计。传感器采用高精度数字检测，具有较高的精度，良好的长期稳定性。

图 6-58　EMS-W003 水浸式漏水检测器

（1）产品特点。

适用范围广：适用检测机房、仓库等重要场所的水浸检测；

隔离性好：输入、输出及电源完全隔离，安全可靠；

技术先进：采用多功能检测方式，探针无电蚀。

（2）技术参数。

工作电压：DC 12 V；

工作：温度-10～55℃；工作湿度 10%～98%RH；

干接点输出形式：水浸报警时常开常闭信号可选；

报警时输出阻抗<50 Ω，负载电流<50 mA；

静态电流：<45 mA；

报警电流：<60 mA；

外观尺寸：78 mm×65 mm×64 mm；

产品重量：154 g。

（3）安装方法：

将水浸传感器的湿敏片平行固定在被检测的区域处；

接通电源；

接线方法：红、黑线分别接电源正极与负极，白线、橙线和黄线分别为信号线，其中白线为公共线。

4）EMS-F001 烟感探测器

本产品为光电式烟感探测器（实物图如图 6-59，示意图如图 6-60），是采用烟雾中的颗粒折射红外光的原理探测火灾，电路主要由红外发射部分和接收部分组成，发射管与接收管置于光学迷宫中，光学迷宫可屏蔽外界杂散光的干扰，但不影响烟雾进入。在无烟状态下，接收管只接收到很弱的红外光，当有烟雾进入时，由于散射作用，接收到光信号增强，当烟雾达到一定浓度时，探测器输出报警信号。为减少干扰与降低功耗，发射电路采用脉冲方式工作，可提高发射管使用寿命。产品采用独特的结构设计及光电信号处理技术，具有防尘、防虫和抗外界干扰等功能，从设计上保证了产品的稳定性。本产品对缓慢阴燃或明燃产生的可见烟雾均有较好的反应。适用于住宅、商场、宾馆、饭店、办公楼、教学楼、银行、图书馆、机房以及仓库等室内环境的烟雾监测。

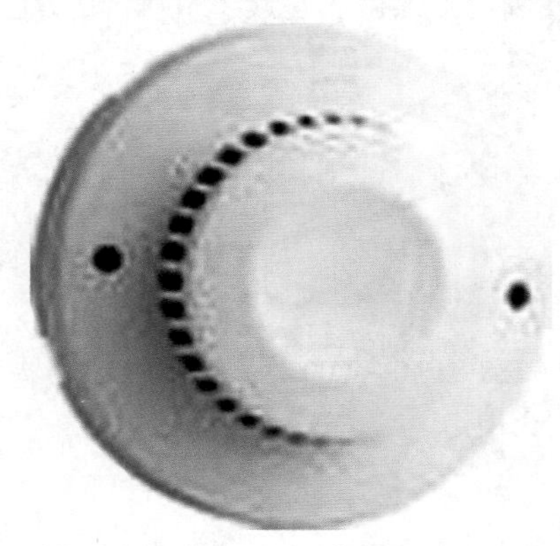

图 6-59　EMS-F001 烟感探测器

（1）产品特点：

手动测试；

自动复位；

采用专用微处理控制器；

防尘、防虫和抗白光干扰；

环境适应性强；

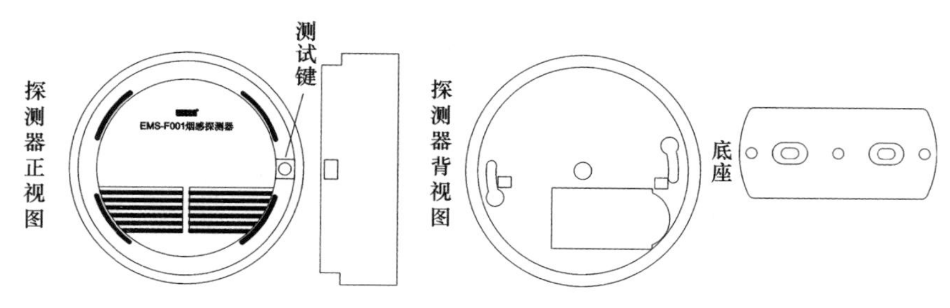

图 6-60　EMS-F001 烟感探测器

采用 SMT 工艺制造，稳定性好。

（2）主要技术参数。

供电电压：DC 12 V；

静态电流：≤200 μA；

报警电流：≤20 mA；

工作温度：-10～+55℃；

工作湿度：10%～95%RH（无凝结）；

抗风能力：20 m/s（不误报）；

接线方式：电源无极性两线制；

安装方式：天花板外露；

保护面积：20 m^2（层高 4 m）；

尺寸：Φ107 mm×35 mm；

执行标准：GB 4715—1993。

（3）外形尺寸与安装接线。

首先选择合适的位置，用安装螺丝将底座固定在选择好的安装位置上，将探测器卡入、旋转并检查是否牢固。

红色线接电源正极，黑色接电源负极，白色为输出开关量信号公司端，黄色为常闭，橙色为常开。

接通 DC 12 V 电源，探测测试键可测试产品是否正常工作，继电器输出是否正常；也可直接将烟雾探测器来测试产品性能是否正常，当烟雾散开后，探测器将复位到正常监测状态。

5）EMS-IA001 有线红外探测报警器

EMS-IA001 有线红外探测报警器（见图 6-61），采用进口微处理器，结合设计精巧的红外电路，具有更低误报，更高可靠性优势。它安装简单，操作更人性化，是一款非常实用的远距离大功率红外探测器。适用于住宅、店铺、工厂、仓库、办公室等多种场所的安全防盗需求。

EMS-IA001 采用先进的数字信号处理最新技术，由高精度被动双元红外探测头和模糊逻辑数码电路设计组成，具有智能化微功耗节电、自动温度补偿、抗小宠物干扰、防拆报

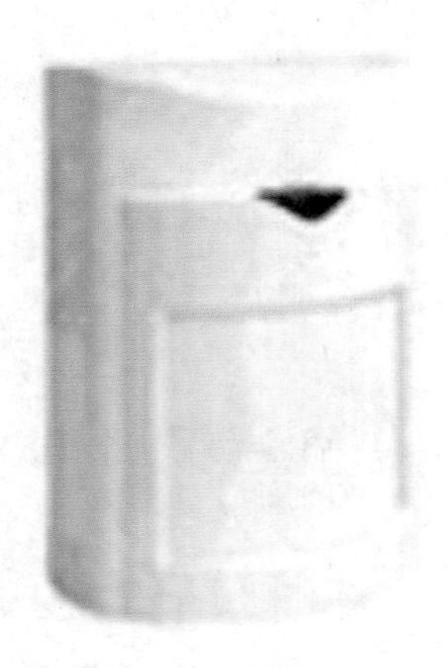

图 6-61　EMS-IA001 有线红外探测报警器

警、防漏报等特点。探测器通过探测立体空间中人体辐射的红外热能而发射数码信号来启动报警主机相应报警。具有外形美观、安全可靠、抗电磁干扰能力强、受环境影响小、抗白光干扰能力强、信号稳定等优点。SMT 贴片工艺，功能更稳定，经久耐用。可以与多种主机兼容。

（1）产品特点：

阻燃 ABS 外壳；

LED ON/OFF 可选择；

全方位自动温度补偿；

SMT 工艺制造，抗 RFI、EMI 干扰；

三级脉冲计数可调节，方便不同的环境安装；

报警输出 NC/NO 可选，适应不同的报警主机。

（2）技术参数。

工作电压：DC 9～16 V；

消耗电流：≤18 mA（DC 12 V 时）；

工作温度：-10～+50℃；

安装方式：壁挂；

安装高度：2.2 m 左右；

探测距离：12 m；

探测角度：110°；

报警输出：常闭/常开可选；

防拆开关：常闭。

6）EMS-KT001 空调智能遥控器

在动力环境监控系统、楼宇智能化系统、电力监控系统等智能化应用系统中，用户为了节约成本投入，普通空调的应用非常广泛，但普通空调由于不带智能通信接口，不能直接接入远程监控系统中实现智能化管理，EMS-KT001 智能空调遥控器（图 6-62）是专门针对普通空调实现远程监控而开发的具有自学习功能的“万能”遥控器，它具有 RS485 通信接口、温、湿度采集、自学习等多种功能，通过自学习原空调遥控器的各种命令后，监控系统通过 RS485 通信接口可以采集环境温湿度、远程开关机、设置温度、设置运行模式等多种操作，从而实现对普通空调的远程监测和控制。EMS-KT001 空调智能遥控器可适用于任意品牌的普通空调以及其他遥控设备。

图 6-62　EMS-KT001 空调智能遥控器

（1）产品特点：

①无须改装空调，通过红外遥控实现对空调的控制，施工方便；

②采用自学习原理智能编码分析技术，可实现对任意品牌空调的监测和控制；

③自学习命令数：64 个，可学习设置温度、运行模式、风速、扫风等各种命令；

④来电自启动功能：市电来电后使空调恢复断电前运行模式；

⑤温度自动控制功能。当环境温度高于设定温度上限时，自动开启空调；低于设定温度下限时，自动关闭空调，大大地实现节能效果；

⑥空调轮换功能。实现两台空调的周期轮换，保证两台空调运行时间一致，延时使用寿命；

⑦温湿度采集功能。实时采集环境的温湿度，提供超大屏 LCD 显示，显示直观；

⑧遥控器命令复制功能。当学习完一台空调的所有指令后，可以进行批量复制，节约学习时间；

⑨红外发射载波频率可设定，设定范围：30~50 kHz；

⑩实时监测环境温度、湿度，诊断空调制冷、制热、运行状态是否正常；

⑪提供 RS485 通信接口，采集标准 Modbus 协议，方便接入远程监控系统中；

⑫红外遥控探头采用全方位转向支架，工程调试和维护方便；

⑬外端接口具有抗电磁干扰设计，可靠性高。

（2）技术参数。

EMS-KT001 空调智能遥控器技术参数见表 6-5 所示。

表 6-5　EMS-KT001 空调智能遥控器技术参数

参数名称		技术指标
工作环境条件	电源	DC 12 V（DC 5 V~15 V）
	功耗	平均电流<20 mA
	温度范围	-10~+50℃
	湿度范围	10%~90%RH
红外遥控	遥控发射通道	1
	存储命令数	64
	载波频率	30~50 kHz 可设定，出厂默认：38 kHz
	遥控距离	5~10 m
温度测量	测量范围	-20~+80℃
	测量精度	<±0. 5℃，在 25℃时测试
湿度测量	测量范围	0%~100%RH
	湿度误差	<±5%RH，在 25℃时测试
通信	物理接口	RS485
	地址范围	1~255，通过按键设置
	通信协议	Modbus-RTU
	波特率	2 400 bps，4 800 bps，9 600 bps 可选，出厂默认设置 9 600 bps
EMC	EFT（脉冲群）	差模 ±2 kV
	ESD（静电）	接触放电±6 kV；空气放电±8 kV
外形尺寸		80 mm×80 mm×30 mm

（3）产品尺寸及安装接线图。

产品尺寸及安装接线示意图如图 6-63 所示。

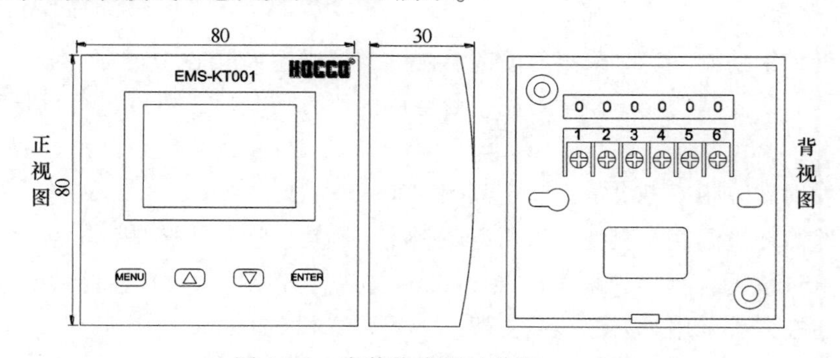

图 6-63　安装接线图（单位：mm）

（4）接线端子说明。

接线端子说明见表 6-6 所示。

表 6-6　接线端子说明

端子编号	1	2	3	4	5	6
说明	VCC	GND	485+	485-		

首先选择合适的位置，用安装螺丝将底座固定在选择好的安装位置上，接线端子 1 与端子 2 接电源，接线端子 3 与端子 4 接 RS485 通信线，然后将智能空调遥控器卡入并检查是否牢固。

7）电话语音模块

电话语音模块型号为 SHT-2B/USB（图 6-64）。

图 6-64　SHT-2B/USB

（1）技术参数。

外形尺寸：长×宽×高＝170 mm×130 mm×20 mm；

重量：约 200 g（不含馈电/铃流电源）；

输入/输出接口：

①耳机插座：1 个，Φ3. 5 立体声插座；

②电话线插座：4 个，RJ11 大 4 芯；

③USB 插座：1 个，USB 1. 1 标准。

系统最大容量：每系统最多可有 8 台 USB 语音盒同时运行，每台语音盒最多 4 个通道。

录放音技术指标：

①录放音编解码格式：CCIIT A/μlaw　64 kbps，IMA ADPCM 32 kbp；

②音频输出功率：≥50 mW（耳机驱动）；

③录放音失真度：≤3%；

④频响：300~3 400 Hz（±3 dB）；

⑤信噪比：≥42 dB；

⑥放音回声抑制比：≥40 dB；

音频编解码速率：

16 Bit PCM　128 kbps

8 Bit PCM　64 kbps

A-Law：　64 kbps
u-Law：　64 kbps
VOX：　32 kbps
ADPCM：　32 kbps
GSM：　13.6 kbps
MP3：　8 kbps

阻抗：

①电话线对微机隔离绝缘电阻：≥2 MΩ/DC 500 V；

②电话线阻抗：符合国家标准三组件网络阻抗。

电源特性：

①DC+5 V：≤400 mA；

②功率：≤2.1 W。

安全防护：

①防雷击能力：4 级；

②安全认证：FCC；CE；

③坐席通道最大用户线长度：5.5 km。

8）短信模块

短信模块采用 GSM/GPRS 双频制式，型号为 EMS-Msg001（图 6-65）。EMS-Msg001 短信通信模块专门针对短信工业应用设计，通过串口与应用设备进行连接，实现设备的报警及数据通信；性能稳定可靠，使用方便灵活，被广泛应用于电力、石油铁路、水文、区域报警等领域。

图 6-65　EMS-Msg001

（1）技术参数。

EMS-Msg001 技术参数见表 6-7 所示。

表 6-7　EMS-Msg001 技术参数

参数名称	技术指标
工作电源	DC 5~18 V
功耗	<0.8 W
工作温度	-30~60℃
天线阻抗	50 Ω
串口标准	RS232
外形尺寸	27 mm×66 mm×100 mm

（2）外形尺寸及说明。

EMS-Msg001 示意图如图 6-66 所示。

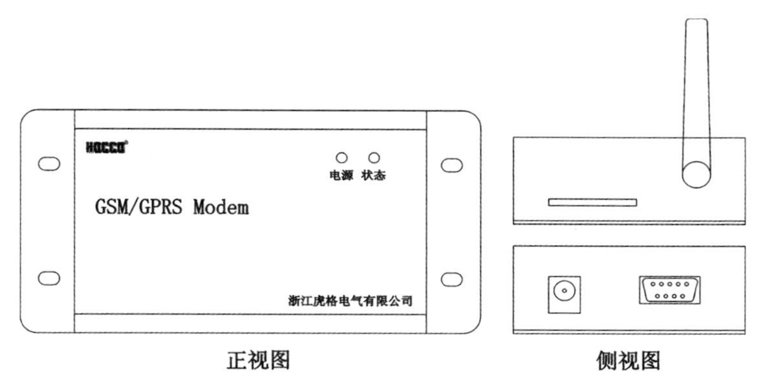

图 6-66　EMS-Msg001 示意图

（3）状态指示。

电源：工作电源状态指示；

状态：短信模块通信状态指示。

（4）接口说明。

电源：支持 5~18 V 的宽直流电源输入，内正外负；

天线：标准配置是可方向旋转的拇指天线 5 cm 长短天线，在信号不好的地方，需要使用吸盘天线引伸到外面；

SIM 卡：采用抽屉式，需将 SIM 卡正确装入，并推到底；

通信：采用 RS232 串口通信，可以直接连接到电脑上，在电脑没有串口的情况下，支持 USB 扩展串口。

6.3　综合防雷系统

雷电是发生在因强对流天气而形成的雷雨云间或雷雨云与大地之间的强烈放电现象。

全球任何时候大约有2 000个地点出现雷暴，平均每天约发生800万次闪电，每次闪电在微秒级的瞬间放出约55 kW·h的能量。这对人类及人类赖以生存的自然资源和创造的物质文明构成巨大的威胁和灾难，例如：森林火灾有50%以上是因雷电发生；人类居住生活的建筑物频遭雷击破坏；电力、通信、石化、微电子设备等设施常因雷击发生灾难事故。

自然界的雷击灾害主要有直击雷和雷电感应及雷击电磁脉冲（LEMP）三类。直击雷发光并发出电闪雷鸣，它以强大的冲击电流、炽热的高温、猛烈的冲击波、强烈的电磁辐射损坏放电通道上的建筑物、输电线、击死击伤人畜等。而雷击电磁脉冲悄然发生，不易察觉，后果严重。由于雷云放电的是电磁感应、雷电电磁脉冲辐射，以及雷云电场的静电感应，使建筑物上的金属部件，如管道、钢筋、电源线、信号传输线、天馈线等感应出雷电高电压电荷，这些电荷通过电源线、信号线、天馈线以及进入室内的管道、电缆等引入室内造成放电，破坏电子设备。

在防雷技术方面，世界上现今的国家都制定了自己国家的防雷规范，纳入了由国家进行技术管理和监督的范畴。我国1994年颁发并经2010年修订的《建筑物防雷设计规范》GB 50057—2010及2004年颁发的《建筑物电子信息系统防雷技术规范》GB 50343—2004，靠拢国际规范，无论从指导思想、技术措施和技术要求方面，在国际上都处于领先地位。

根据国家现行防雷技术规范要求，防雷防护分为外部防雷及内部防雷两大部分。外部防雷即直击雷防护，由接闪器（避雷针、带、网、线）、引下线和接地装置组成外部防雷系统，对建（构）筑物主体加以防护。内部防雷即雷电感应及雷击电磁脉冲防护，外部防雷装置对雷击电磁脉冲防护无作用，须通过等电位连接、共享接地、屏蔽、综合布线、浪涌（电涌）保护等形成内部防雷系统加以防护，主要是在电源、信号、天馈等线路及其设备上加装SPD（浪涌保护器），并采取等电位连接、屏蔽、综合布线等措施，为雷电感应及雷击电磁脉冲造成的过电压形成一个泄流入地的安全通道，从而保护线路、设备及人等的安全。

6.3.1 建筑物防雷类别

根据《建筑物防雷设计规范》（GB 50057—2010）有关规定，建筑物根据其重要性，使用性质，发生雷电事故的可能性和后果，按防雷要求分为一类、二类、三类共3个类别。

6.3.1.1 第一类防雷建筑物

遇下列情况之一时，该建筑物应划分为第一类防雷建筑物

（1）凡制造、使用或储存炸药、火药、起爆药、火工品等大量爆炸物质的建筑物，因电火花而引起爆炸，会造成巨大的破坏和伤亡者。

（2）具有0区或20区爆炸危险环境的建筑物。

（3）具有1区或21区爆炸危险环境的建筑物，因电火花而引起爆炸，会造成巨大破坏和人身伤亡者①。

6.3.1.2　第二类防雷建筑物

遇下列情况之一时，该建筑物应划为第二类防雷建筑物：

（1）国家级重点文物保护的建筑物。

（2）国家级的会堂、办公建筑物、大型展览和博览建筑物、大型火车站和飞机场、国宾馆、国家级档案馆、大型城市的重要给水水泵房等特别重要的建筑物。飞机场不含停放飞机的露天场所和跑道。

（3）国家级计算中心、国际通信枢纽等对国民经济有重要意义且装有大量电子设备的建筑物。

（4）国家特级和甲级大厅体育馆。

（5）制造、使用或贮存爆炸物质的建筑物，且电火花不易引起爆炸或不致造成巨大破坏和人身伤亡者。

（6）具有1区或21区爆炸危险环境的建筑物，且电火花不易引起爆炸或不致造成巨大破坏和人身伤亡者。

（7）具有2区或22区爆炸危险环境的建筑物。

（8）工业企业内有爆炸危险的露天钢质封闭气罐。

（9）预计雷击次数大于0.05次/a的部、省级办公建筑物及其他重要或人员密集的公共建筑物。

（10）预计雷击次数大于0.25次/a的住宅、办公楼等一般性民用建筑物。

6.3.1.3　第三类防雷建筑物

遇下列情况之一时，该建筑物应划为第三类防雷建筑物

（1）省级重点文物保护的建筑物及省级档案馆。

（2）预计雷击次数大于或等于0.01次/a，且小于或等于0.05次/a的部、省级办公建筑物及其他重要或人员密集的公共建筑物。

（3）预计雷击次数大于或等于0.05次/a，且小于或等于0.25次/a的住宅、办公楼等一般性民用建筑物或一般性工业建筑物。

（4）在平均雷暴日大于15 d/a的地区，高度在15 m及以上的烟囱、水塔等孤立的高耸建筑物；在平均雷暴日小于或等于15 d/a的地区，高度在20 m及以上的烟囱、水塔等

① 0区：连续出现或长期出现爆炸性气体混合物的环境；1区：在正常运行时可能出现爆炸性气体混合物的环境；20区：在正常运行时，空气中的爆炸性粉尘云持续（长期或经常短时频繁）存在的场所，如粉尘容器内、粉斗、料仓、施风除尘器和过滤器、粉料传输系统、搅拌机、研磨机、干燥机等；21区：具有闪点高于环境温度的可燃液体，在数量和配置上能引起火灾的环境；22区：具有悬浮状、堆积状的可燃粉尘或可燃纤维，虽不可能形成爆炸混合物，但在数量和配置上能引起火灾危险的环境。

孤立的高耸建筑物。

6.3.1.4 预计雷击次数计算

当不能通过上述方法直接判定而需通过计算预计雷击次数 N 后判断时，预计雷击次数 N 的计算方法如下。

建筑物年预计雷击次数计算公式为：

$$N_1 = k \cdot N_g \cdot A_e$$

式中，N_1 为建筑物的年预计雷击次数，次/a；k 为雷击次数校正系数（校正系数的取值原则：在一般情况下取 1；位于旷野孤立的建筑物取 2；金属屋面的砖木结构建筑物取 1.7；位于河边、湖边、山坡下或山地中土壤电阻率较小处、地下水露头处、土山顶部、山谷风口等处的建筑物，以及特别潮湿的建筑物取 1.5）；A_e 为与建筑物截收相同雷击次数的等效面积，km^2；N_g 为建筑物所处地区雷击大地的年平均密度，次/($km^2 \cdot a$)；根据以下计算确定：

$$N_g = 0.1 \cdot T_d$$

其中，T_d 为该地区的年平均雷暴日（d/a），根据当地气象台、站资料确定。

各站站房高度小于 100 m，根据如下计算方法确定：

$$D = \sqrt{H(200 - H)}$$

$$A_e = | L \cdot W + 2(L + W) \cdot D + \pi D^2 | \times 10^{-6}$$

式中，D 为建筑物每边的扩大宽度（m）；L、W、H 分别为建筑物的长、宽、高（m）。

根据《建筑物设计防雷规范》GB 50057—2010 第三章第 4 条第 3 款“预计雷击次数大于或等于 0.05 次/a，且小于或等于 0.25 次/a 的住宅、办公楼等一般性民用建筑物或一般性工业建筑物”应划分为第三类防雷建筑物。

6.3.2 电子信息系统雷电防护等级

根据《建筑物电子信息系统防雷技术规范》（GB 50343—2004）有关规定，建筑物电子信息系统的雷电防护等级应按防雷装置的拦截率划分为 A、B、C、D 四级，等级可通过雷击风险评估或电子信息系统的重要性和使用性质，并按其中较高防护等级确定。

6.3.2.1 按雷击风险评估确定

按雷击风险评估确定雷电防护等级方法如下：

当 $N \leqslant Nc$ 时，可不安装雷电防护装置；当 $N > Nc$ 时，应安装雷电防护装置。

其中，N 为建筑物及入户设施年预计雷击次数；Nc 为信息系统可接受的最大年平均雷击次数。

1）N 的计算公式

$$N = N_1 + N_2$$

式中，N_1 为建筑物的年预计雷击次数；N_1 的计算见 6.3.1.4 节中的计算方法；N_2 为建筑物入户设施的年预计雷击次数；计算公式为：

$$N_2 = N_g \cdot A'_g = (0.024 \cdot T_d^{1.3}) \cdot (A'_{e1} + A'_{e2})$$

式中，N_g 为建筑物所处地区雷击大地的年平均密度，次/（$km^2 \cdot a$）；T_d 为该地区的年平均雷暴日，d/a（根据当地气象台、站资料确定）；A'_{e1} 为电源线缆入户设施的截面积，km^2，取值见表 6-8；A'_{e2} 为信号线缆入户设施的截面积，km^2。

表 6-8　入户设施的截收面积

线路类型	有效截面积 A'_{e1}/km^2
低压架空电源电缆	$2\,000 \cdot L \cdot 10^{-6}$
高压架空电源电缆（至现场变电所）	$500 \cdot L \cdot 10^{-6}$
低压埋地电源电缆	$2 \cdot ds \cdot L \cdot 10^{-6}$
高压埋地电源电缆（至现场变电所）	$0.1 \cdot ds \cdot L \cdot 10^{-6}$
架空信号线	$2\,000 \cdot L \cdot 10^{-6}$
埋地信号线	$2 \cdot ds \cdot L \cdot 10^{-6}$
无金属铠装或带金属芯线的光纤电缆	0

注：1. L 是线路从所考虑建筑物至网络的第一个分支点或相邻建筑物的长度，单位为 m，最大值为 1 000 m，当 L 未知时，应采用 L = 1 000 m；

2. ds 表示埋地引入线缆计算截面积时的等效宽度，ds 的单位为 m，其数值等于土壤电阻率的值，最大值取 500。

根据实地勘测结果：$A'_{e1} = 0.012\,4$，$A'_{e2} = 0.012\,4$；

计算得出：

$$N_2 = 0.246;$$

$N_1 = 0.083\,74$（宜都大桥监测站、天龙湾监测站、龙池村监测站）；

$N_1 = 0.093\,32$（景阳洞监测站、长沙河监测站、雪照河监测站）。

2）N_c 的计算公式

$$N_c = 5.8 \times 10^{1.5}/C$$

式中：C 为各类因子，计算公式为：

$$C = C_1 + C_2 + C_3 + C_4 + C_5 + C_6$$

$C_1 \sim C_6$ 的取值见表 6-9。

表 6-9　$C_1\sim C_6$ 的取值表

因子类别	因子说明	取值	取值说明
C_1	信息系统所在建筑物材料结构因子	0.5	建筑物屋顶和主题结构均为金属材料
		1.0	建筑物屋面和主体结构均为钢筋混凝土材料
		1.5	建筑物为砖混结构
		2.0	建筑物为砖木结构
		2.5	建筑物为木结构
C_2	信息系统重要程度因子	1.0	使用架空线缆的设备
		2.5	等电位连接和接地以及屏蔽措施较完善的设备
		3.0	集成化程度较高的低电压微电流的设备
C_3	电子信息系统设备耐冲击类型和抗冲击过电压能力因子	0.5	一般
		1.0	较弱
		3.0	相当弱
C_4	电子信息系统设备所在雷电防护区（LPZ）的因子	0.5	设备在 LPZ2 或更高层雷电防护区内
		1.0	设备在 LPZ1 区内
		1.5~2.0	设备在 $LPZO_B$ 区内
C_5	电子信息系统发生雷击事故的后果因子	0.5	信息系统中断不会产生不良后果
		1.0	信息系统业务原则上不允许中断，但在中断后无严重后果
		1.5~2.0	信息系统业务不允许中断，中断后会产生严重后果
C_6	区域雷暴等级因子	0.8	少雷区
		1.0	多雷区
		1.2	高雷区
		1.4	强雷区

注：LPZ（雷电防护区）根据电磁场强度的衰减情况，防雷区可划分为 $LPZO_A$、$LPZO_B$、LPZ01 及 LPZn+1。

$LPZ0_A$：本区内的各物体都可能遭到直接雷击和导走全部雷电流；本区内的电磁场强度没有衰减。

$LPZ0_B$：本区内的各物体不可能遭到大于所选滚球半径对应的雷电流直接雷击，但本区内的电磁场强度没有衰减。

LPZ1：本区内各物体不可能遭到直接雷击，且由于在界面处的分流流径各导体的电流比 $LPZO_B$ 区更小；本区内的电磁场强度可能衰减，这取决于屏蔽措施。

LPZn+1：后续防雷区，当需要进一步减小流入的电流和电磁场强度时，庆增设后续防雷区，并按照需要保护的对象所要求的环境区选择后续防雷区的要求条件（注 n=1，2，…）。

根据实地勘测结果：

$$C_1=1.0;\ C_2=3.0;\ C_3=3.0;\ C_4=1.0;\ C_5=1.5;\ C_6=1.0$$

3）拦截效率 E 的计算

当 $N>N_c$ 时，按防雷装置拦截效率 E 的大小来划分雷电防护等级。

防雷装置拦截效率 E 的计算公式为：

$$E = 1 - N_c/N$$

划分方法如下：

①当 $E>0.98$ 时定为 A 级；

②当 $0.90<E\leq 0.98$ 时定为 B 级；

③当 $0.80<E\leq 0.90$ 时定为 C 级；

④当 $E\leq 0.80$ 时定为 D 级。

计算得出：$E=0.955$

6.3.2.2　按重要性和使用性质确定

按建筑物电子信息系统的重要性和使用性质确定雷电防护等级，可依照表 6-10 规定划分。

表 6-10　建筑物电子信息系统雷电防护等级选择表

雷电防护等级	建筑物电子信息系统
A 级	1. 国家级计算中心、国家级通信枢纽、国家金融中心、证券中心、银行总（分）行、大中型机场、国家级和省级广播电视中心、枢纽港口、火车枢纽站、省级城市水、电、气、热等城市重要公用设施的测控中心等； 2. 一级安全防范系统，如国家文物、档案库的闭路电视监控和报警系统； 3. 三级医院电子医疗设备
B 级	1. 中型计算中心、银行支行、中型通信枢纽、移动通信基站、大型体育场（馆）监控系统、小型机场、大型港口、大型火车站； 2. 二级安全防范系统，如省级文物、档案库的闭路电视监控和报警系统； 3. 雷达站、微波站、高速公路监控和收费系统； 4. 二级医院电子医疗设备； 5. 五星级及更高星级宾馆电子信息系统
C 级	1. 小型通信枢纽、电信局； 2. 大、中型有线电视系统； 3. 五星级以下宾馆电子信息系统
D 级	除上述 A、B、C 级以外，一般用途的需防护电子信息设备

1）防雷分区原则及其说明

将需要保护的空间划分为不同的防雷区，以规定各部分空间不同的雷击电磁脉冲的严重程度和各区交界处的等电位连接点的位置。

各防雷分区以在其交界处的电磁环境有明显改变作为划分不同防雷区的特征。通常，防雷区的数越高电磁场强度越小，而建筑物内电磁场受到如窗户这样的洞和金属导体（如等电位连接带、电缆屏蔽层、管子）上电流的影响及电缆路径的影响。

将需保护的空间划分成不同防雷区的原则见“将一个需要保护的空间划分为不同防雷区的一般原则”。

2）雷电分区实况

（1）$LPZ0_A$：受直接雷击和全部雷电电磁场威胁的区域。该区域的内部系统可能受到全部或部分雷电浪涌电流的影响。

（2）$LPZ0_B$：直接雷击的防护区域，但该区域的威胁仍是全部雷电电磁场。该区域的内部系统可能受到部分雷电浪涌电流的影响。

（3）LPZ_1：由于边界处分流和附加 SPD 的作用使浪涌电流受到限制的区域。该区域的空间屏蔽可以衰减雷电电磁场。

（4）LPZ_2~n：由于边界处分流和附加 SPD 的作用使浪涌电流受到进一步限制的区域。该区域的附加空间屏蔽可以进一步衰减雷电电磁场。

雷击致损原因（S）与建筑物雷电防护区（LPZ）关系示意图如图 6-67 和图 6-68 所示。

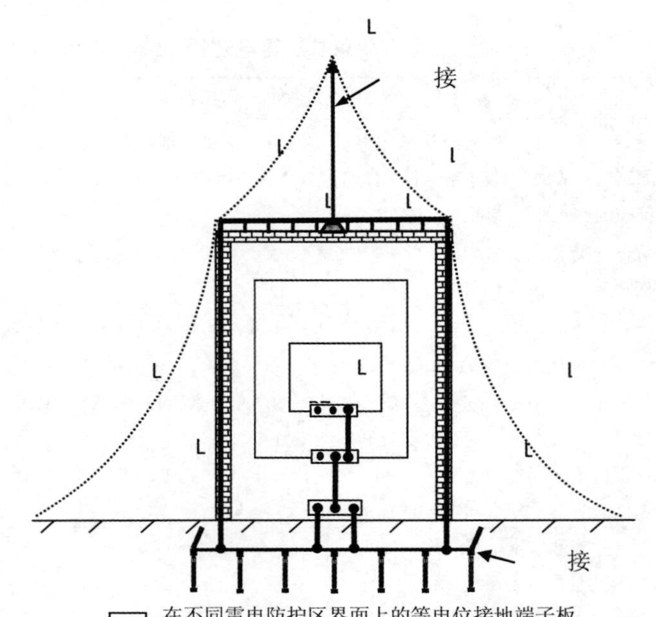

虚线：按滚球法计算的接闪器保护范围界面

图 6-67　建筑物外部雷电防护区划分示意图

3）主要防护措施

主要防雷击措施如下：

（1）避雷针及避雷带直击雷防护；

（2）联合接地地网制作；

（3）电源系统的防护；

（4）信号系统的防护；

（5）等电位连接。

4）引用标准

防雷击系统设计系统引用的主要标准见下：

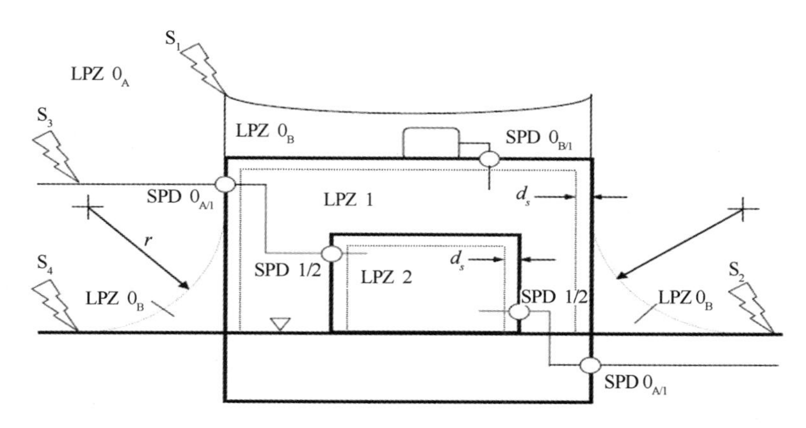

图 6-68　建筑物内部雷电防护区划分示意图

（1）《建筑物防雷设计规范》GB 50057—2010；

（2）《质量管理体系认证》ISO 9001：2000；

（3）《雷电电磁脉冲的防护》IECI 312；

（4）《建筑物防雷工程施工与质量验收规范》GB 50601—2010；

（5）《建筑物电子信息系统防雷技术规范》GB 50343—2004；

（6）《环境空气质量自动监测技术规范》HJ/T 193—2005。

6.3.3　综合雷电防护工程设计及施工方案

防雷实际是本着“安全第一、预防为主、防治结合”的原则，“安全可靠、技术先进、经济合理”的设计指导思想，对站房综合雷电防护工程进行设计，做出以下设计方案。

综合雷电防护工程分为接闪器、引下线、合理的屏蔽措施、综合布线、过电压保护（SPD 的安装）、等电位连接及接地系统 7 个部分。现将 7 个部分设计做详细说明如下。

6.3.3.1　接闪器

1）设计说明

接闪器为直接截受雷击的避雷针、避雷带（线）、避雷网以及用作接闪的金属屋面和金属构件等。

常规避雷针的原理是吸引（更准确地讲是拦截）下行的雷电通道，并将雷电流经过引下线及接地装置疏导至大地，使避雷针保护范围内的物体免受直接雷击。长期的运行经验表明，采用金属材料拦截雷电闪击（接闪装置），使用金属材料将雷电流安全引下并泄入大地这种常规的防雷方法是目前最有效的、有科学依据的外部防雷方法。

关于防雷设计主要注意以下 3 点：

（1）站房直击雷防护采用避雷针与避雷带的联合接闪装置。

（2）各站房屋面安装高为8.5 m的优化式避雷针，避雷针应固定牢固，并用40 mm×4 mm扁钢与避雷带作良好的连接，其材料及规格应符合下列“表接闪线（带）、接闪杆和引下线的材料、结构与最小截面”（表6-11）。

（3）建筑物易受雷击的部位

①平屋面或坡度不大于1/10的屋面——檐角、女儿墙、屋檐[图6-69（a）和图6-69(b)]。

②坡度大于1/10且小于1/2的屋面——屋角、屋脊、檐角、屋檐［图6-69（c）］。

③坡度不小于1/2的屋面——屋角、屋脊、檐角［图6-69（d）］。

④对图6-69（c）和图6-69（d），在屋脊有避雷带的情况下，当屋檐处于屋脊避雷带的保护范围内时屋檐上可不设避雷带。

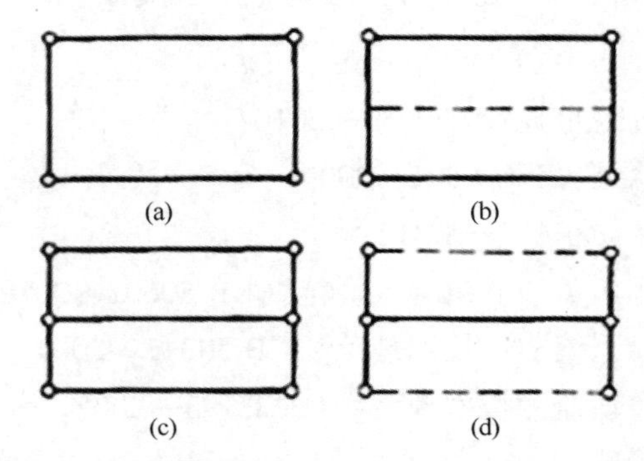

———不易受雷击的屋脊或屋檐；------易受雷击部位；o雷击率最高部位

图6-69　建筑物易受雷击的部位

表6-11　接闪线（带）、接闪杆和引下线的材料、结构与最小截面

材料	结构	最小截面/mm²	备注[⑩]
铜、镀锡铜[①]	单根扁铜	50	厚度2 mm
	单根圆铜[⑦]	50	直径8 mm
	铜绞线	50	每股线直径1.7 mm
	单根圆铜[③④]	176	直径15 mm
铝	单根扁铝	70	厚度3 mm
	单根圆铝	50	直径8 mm
	铝绞线	50	每股线直径1.7 mm
铝合金	单根扁形导体	50	厚度2.5 mm
	单根圆形导体[③]	50	直径8 mm
	绞线	50	每股线直径1.7 mm
	单根圆形导体	176	直径15 mm
	外表面镀铜的单根圆形导体	50	直径8 mm，径向镀铜厚度至少70 μm，铜纯度99.9%

续表

材料	结构	最小截面/mm^2	备注⑩
热浸镀锌钢②	单根扁钢	50	厚度 2.5 mm
	单根圆钢⑨	50	直径 8 mm
	绞线	50	每股线直径 1.7 mm
	单根圆钢③④	176	直径 15 mm
不锈钢⑤	单根扁钢⑥	50⑧	厚度 2 mm
	单根圆钢⑥	50⑧	直径 8 mm
	绞线	70	每股线直径 1.7 mm
	单根圆钢③④	176	直径 15 mm
外表面镀铜的钢	单根圆钢（直径 8 mm）	50	镀铜厚度至少 70 μm，铜纯度 99.9%
	单根扁钢（厚 2.5 mm）		

注：①热浸或电镀锡的锡层最小厚度为 1 μm。

②镀锌层宜光滑连贯、无焊剂斑点，镀锌层圆钢至少 22.7 g/m^2、扁钢至少 32.4 g/m^2。

③仅应用于接闪杆。当应用于机械应力没达到临界值之处，可采用直径 10 mm、最长 1 m 的接闪杆，并增加固定。

④仅应用于入地之处。

⑤不锈钢中，铬的含量大于或等于 16%，镍的含量大于或等于 8%，碳的含量小于或等于 0.08%。

⑥对埋于混凝土中以及与可燃材料直接接触的不锈钢，其最小尺寸宜增大至直径 10 mm 的 78 mm^2（单根圆钢）和最小厚度 3 mm 的 75 mm^2（单根扁钢）。

⑦在机械强度没有重要要求之处，50 mm^2（直径 8 mm）可减为 28 mm^2（直径 6 mm）。并应减小固定支架间的间距。

⑧当温升和机械受力是重点考虑之处，50 mm^2 加大至 75 mm^2。

⑨避免在单位能量 10 MJ/Ω 下熔化的最小截面：铜为 16 mm^2、铝为 25 mm^2、钢为 50 mm^2、不锈钢为 50 mm^2。

⑩截面积允许误差为-3%。

2）设计依据

依据《建筑物防雷设计规范》GB 50057—2010 第五章（防雷装置）第一节（接闪器）和第六章（接闪器的选择和布置及规范中）相关要求设计，按照《防雷与接地安装》99（03）D501-1~4 标准图集进行施工。

6.3.3.2　引下线

1）设计依据

引下线为连接接闪器与接地装置（接地系统）的金属导体。

框架结构的建筑物宜采用主钢筋作为引下线，不再另设引下线，非框架结构建筑物，应沿建筑物外墙安装或明装套管敷设，并根据建筑物防雷类别确定引下线的间距，采取外敷的每根引下线应设置断接卡（宜在距地面 0.3~1.8 m 高度处），以便检测之用，引下线的数量关系到雷电流的协防，所以引下线的根数和布置应按防雷规范确定，引下线的根数以适当多些为宜。

2）设计依据

依据《建筑物防雷设计规范》GB 50057—2010 第四章（防雷装置）第二节（引下线及规范）中相关要求设计，按照《防雷与接地安装》99（03）D501-1~4 标准图集进行施工。

3）设计方法

站房直击雷防护引下线利用大楼内结构内钢筋，引下线连接处及其与接闪器、地网的连接处应采用焊接，焊接的搭接长度应符合 $L \geqslant 2b$（b：扁钢的宽度，三面焊）或 $L \geqslant 6\,d$（d：圆钢的直径，两面焊）。

6.3.3.3 合理的屏蔽措施

1）设计说明

电磁屏蔽是用导电材料减少交变电磁场向区域穿透的能力。

建筑物中做屏蔽的主要目的是对微电子设备的防护。雷击电磁辐射可以影响到 1 km 以外的微电子设备，沿电器线路传播雷电波的影响更强更远，所以不论是本建筑遭受雷击，远处的建筑物和空中的发生雷击，都或产生雷击电磁脉冲侵入建筑物中。因此，对有大量微电子设备的房间要采取屏蔽措施，使这些仪器处于无干扰的环境中。

屏蔽的有效性不仅与房间加装的屏蔽网和仪器金属外壳——屏蔽体本身有关，还与微电子设备的电源线和信号线接口的防过电压、等电位连接和接地的措施有关。

2）设计依据

依据《建筑物防雷设计规范》GB 50057—2010 第六章（防雷击电磁脉冲）第三节（屏蔽：接地和等电位连接的要求）；《建筑物电子信息系统防雷技术规范》GB 50343—2004 第五部分（防雷设计，5.3 屏蔽及布线）中的相关要求设计。按照《防雷与接地安装》99（03）D501-1~4 标准图集进行施工。

3）设计方法

站房的屏蔽措施应采用本身建筑的金属网及仪器的金属外壳接地外，金属网与建筑物的主钢筋做焊接处理。为防止雷击线路时，高电位侵入建筑物造成危害，低压线路宜采用金属铠装电缆埋地引入，其长度不应小于 15 m。

入户端电缆外皮、钢管必须接到均压环（等电位连接装置）上，电缆端才能起到应有的保护作用，信号线应穿金属管或金属槽入室，管、槽必须两端接地，光缆的金属接头、金属挡潮层、金属加强芯等，应在入户处直接接地。

6.3.3.4 综合布线

1）设计依据

依据《建筑物电子信息系统防雷技术规范》GB 50343—2004 第五部分（防雷设计，

5.3 屏蔽及布线）中的相关要求设计。按照《防雷与接地安装》99（03）D501-1~4 标准图集进行施工。

2）设计方法

根据雷电防护设计要求，布线一定要合理才能对线路及其终端设备进行可靠防护，布置电子信息系统信号线缆的路由走向时，应尽量减小由线缆自身形成的感应环路面积，且还应符合以下距离要求（表 6-12~表 6-14）。

表 6-12　电子信息系统线缆与其他管线的净距

其他管线类别	电子信息系统线缆与其他管线的净距	
	最小平行净距/mm	最小交叉净距/mm
防雷引下线	1 000	300
保护地线	50	20
给水管	150	20
压缩空气管	150	20
热力管（不包封）	500	500
热力管（包封）	300	300
燃气管	300	20

注：如线缆敷设高度超过 6 000 mm 时，与防雷引下线的交叉净距应按 $S \geqslant 0.05H$ 计算，式中，H 为交叉处防雷引下线距地面的高度（mm）；S 为交叉净距（mm）。

表 6-13　电子信息系统线缆与电力电缆的净距

类别	与电子信息系统信号线缆接近状况	最小间距/mm
380 V 电力电缆容量小于 2 kVA	与信号线缆平行敷设	130
	有一方在接地的金属线槽或钢管中	70
	双方都在接地的金属线槽或钢管中	101
380 V 电力电缆容量 2~5 kVA	与信号线缆平行敷设	300
	有一方在接地的金属线槽或钢管中	150
	双方都在接地的金属线槽或钢管中	80
380 V 电力电缆容量大于 5 kVA	与信号线缆平行敷设	600
	有一方在接地的金属线槽或钢管中	300
	双方都在接地的金属线槽或钢管中	150

注：1. 当 380 V 电力电缆的容量小于 2 kVA，双方都在接地的线槽中，且平行长度≤10 m 时，最小间距可为 10 mm；2. 双方都在接地的线槽中，系指两个不同的线槽，也可在同一线槽中用金属板隔开。

表 6-14　电子信息系统线缆与电气设备的最小净距

名称	最小净距/m	名称	最小净距/m
配电箱	1.00	电梯机房	2.00
变电室	2.00	空调机房	2.00

6.3.3.5　过电压保护（SPD 的安装）

1）设计说明

SPD 即浪涌保护器（电涌保护器），浪涌保护器是至少应包括一个非线性电压限制组件，用于限制暂态过电压和分流浪涌电流的装置。按照浪涌保护器在电子信息系统多功能，可分为电源浪涌保护器、天馈浪涌保护器和信号浪涌保护器。

这种含有浪涌阻绝装置的产品也叫防雷保护器，是一种为各种设备、仪器仪表、通信线路提供安全防护的电子装置。当电气回路或者通信线路中因为外界的干扰突然产生尖峰电流或者电压时，浪涌保护器能在极短的时间内导通分流，从而避免浪涌对回路中其他设备的损害。

2）设计依据

依据《建筑物防雷设计规范》GB 50057—2010 第六章（防雷击电磁脉冲）第四节（安装和选择电涌保护器的要求）；《建筑物电子信息系统防雷技术规范》GB 50343—2004 第五部分（防雷设计）5.4（防雷与接地），第六部分（防雷施工）6.5（浪涌保护器）中的相关要求设计。按照《防雷与接地安装》99（03）D501-1~4 标准图集进行施工。

3）设计方法

站房的过电压保护设计主要是对电源线路、信号线路以及信息设备进行保护。

（1）电源线路过电压保护

根据规范要求及保护需要，电源线路过电压保护采取三级保护。

一级保护：在清江流域水质监测站各站房总配电箱的电源线路上，并联加装 LKX-BC380/B+C 三相电源防雷箱，并采用 25 mm^2 黄绿相间色标多股铜线接地（表 6-15）。

表 6-15　浪涌保护器（SPD）连接线最小截面积

防护级别	SPD 的类型	导线截面积/mm^2	
		SPD 连接相线铜导线	SPD 接地端连接铜导线
第一级	开关型或限压型	16	25
第二级	限压型	10	16
第三级	限压型	6	10
第四级	限压型	4	6

注：组合型 SPD 参照相应保护级别的截面积选择。

二级防护：在 UPS 前端，串联加装 LKX-B380/60 三相电源防雷箱，并采用 16 mm^2 黄绿相间色标多股铜线接地。

三级防护：在各个信息电子设备的进线插座前端加装机架式防雷插座 LKX-E220。

一级电源 SPD 的相线连接导线采用 16 mm^2 红色色标多股铜线，中性线采用 16 mm^2 蓝色色标多股铜线；二级电源 SPD 的相线连接导线采用 10 mm^2 红色色标多股铜线，中性线采用 10 mm^2 蓝色色标多股铜线。电源 SPD 的接地均就近接至接地端子处，连接导线长度不应小于 0. 5 m，且应尽量短而直；一、二级防护之间的电源线路长度不小于 10 m，二、三级电源线路长度不小于 5 m。

电源线路浪涌保护器冲击电流参数推荐值详见表 6-16。

表 6-16　电源线路浪涌保护器冲击电流参数推荐值

<table>
<tr><th rowspan="4">雷电防护等级</th><th colspan="2">总配电箱</th><th>分配电箱</th><th colspan="2">设备机房配电箱和需要特殊保护的电子信息设备端口处</th></tr>
<tr><th colspan="2">LPZ0 与 LPZ1 边界</th><th>LPZ1 与 LPZ2 边界</th><th colspan="2">LPZ2 与 LPZ3 以及后续防护区的边界</th></tr>
<tr><th>10/350 μs
Ⅰ类试验</th><th>8/20 μs
Ⅱ类试验</th><th>8/20 μs
Ⅱ类试验</th><th>8/20 μs
Ⅱ类试验</th><th>1. 2/50 μs 和 8/20 μs
复合波Ⅲ类试验</th></tr>
<tr><th>Iimp/kA</th><th>In/kA</th><th>In/kA</th><th>In/kA</th><th>Uoc（kV）/Isc（kA）</th></tr>
<tr><td>A</td><td>≥12. 5</td><td>≥60</td><td>≥40</td><td>≥20</td><td>20/10</td></tr>
<tr><td>B</td><td>≥12. 5</td><td>≥60</td><td>≥40</td><td>≥20</td><td>20/10</td></tr>
<tr><td>C</td><td>≥10</td><td>≥40</td><td>≥20</td><td>≥10</td><td>≥10/≥5</td></tr>
<tr><td>D</td><td>≥10</td><td>≥40</td><td>≥20</td><td>≥10</td><td>≥10/≥5</td></tr>
</table>

注：SPD 分级应根据保护距离、SPD 连接导线长度、被保护设备耐冲击电压额定值 Uw 等因素确定。

（2）信号线路过电压保护

该工程信号线路过电压保护，采取二级防护措施。

一级防护：在信号光缆入户端的金属接头、金属挡潮层、金属加强芯等做可靠接地处理。

二级防护：在中心站计算机和省控中心笔记本信号传输 RJ45 接口前端，分别串联加装 LKX-SC1000-RJ45 型单口的信号防雷器，在室外和室内监控摄像头的进线前端分别加装 LKX-SV3 的视频信号防雷器，并采用 6 mm^2 黄绿相间色标多股铜线接地。

需做说明的是，电源 SPD 的连接导线长度不应大于 0. 5 m，接地线应尽量短而直；电话线路 SPD 的接地线亦应短而直。

6. 3. 3. 6　等电位连接

1）设计说明

等电位连接就是将设备、组件和元器件的金属外壳或构架在电器上连接在一起，形成一个电器连续的成体。这样就可以避免在不同金属外壳或构架将出现电位差，而这种电位差往往是产生电磁干扰和造成雷电反击的原因。

在现代建筑物中，为了节省室内空间，电子信息系统中各设备的布置往往是相当紧凑的，设备之间难以隔开足够的空间距离。这样一来，在建筑物受到雷击时，其防雷系统各部分均会出现暂态电位升高，引起雷电反击而使设备损坏。而在 IEC 1024-1 中也有声明，“在需要防雷的空间内防止发生生命危险的最重要的措施就是等电位连接”。

而针对电子信息系统，由于其设备较多和防护要求较高，所以在针对电子信息系统等电位连接时，所有外露导电部分应通过已建立的等电位连接网络进行等电位连接。

2）设计依据

依据《建筑物防雷设计规范》GB 50057—2010 第六章（防雷击电磁脉冲）第三节（屏蔽、接地和等电位连接的要求）；《建筑物电子信息系统防雷技术规范》GB 50343—2004 第五部分（防雷设计）5.2（等电位连接与共享接地系统设计）中的相关要求设计。按照《防雷与接地安装》99（03）D501-1~4 标准图集进行施工。

3）设计方法

①站房等电位连接设计，设备房间内沿墙边敷设一圈等电位连接铜排，当作局部等电位连接端子板。

②等电位连接措施为：将电气和电子设备的金属外壳、机柜、机架、金属管、槽、屏蔽线缆外皮、信息设备防静电接地、安全保护接地、浪涌保护器（SPD）接地端均应与最短的距离与等电位连接铜排连接，采用 35 平方标准 RVVZ 电缆。

6.3.3.7 接地系统

1）设计说明

接地系统是将各部分防雷装置、建筑物金属构件、低压配电保护线（PE）、等电位连接带、设备保护地、屏蔽接地体、防静电接地及接地装置等连接在一起的接地系统。

接地系统中最为重要的部分是接地装置（地网），接地装置的优劣与接地方式有关，环形接地方式优于独立式接地方式。环形接地的冲击阻抗小于独立式接地的阻抗，并有利于改善建筑物内的地电位分布，减少跨步电压。此外，环形接地便于与各种入户金属管道相连，并可利用自然接地体降低综合的接地电阻。

防雷和电力设备接地的目的均以安全为主，其手段是降低接地阻抗和维持等电位。防雷接地的阻抗必须考虑冲击阻抗，尽量采用环网的接地形式，凡是能够与防雷共享接地的电气设备均宜直接将两个系统的接地导体相连，这是维持等电位的最好方法。

2）设计依据

依据《建筑物防雷设计规范》GB 50057—2010 第四章第三节（接地装置）相关要求；《建筑物电子信息系统防雷技术规范》GB 50343—2004 第五部分（防雷设计）5.4（防雷与接地），第六部分（防雷施工）6.2（接地装置）中的相关要求设计。按照《防雷与接地安装》99（03）D501-1~4 标准图集进行施工。

3）设计方法

站房的防雷接地采用联合接地系统，根据规范要求，直击雷接地系统的冲击接地电阻不大于 10 Ω，感应雷接地已有良好的接地线路，冲击接地电阻不大于 4 Ω，联合接地的冲击接地电阻不大于 1 Ω。

站房的接地系统可利用站房基础内钢筋作为接地体，结构柱内主钢筋作为引下线，若在实际施工过程中，联合接地的冲击接地电阻不能满足上述要求，则还需增加接地体，直至达到要求。

增加接地体的制作：结合该实际及参照《防雷技术标准规范》，采用 50 mm×50 mm×5 mm×1 500 mm 镀锌角钢以及 LKX-LJD 电解离子接地极，间距以 3 m 为适宜来构建地网。

地网主要供清江流域水质监测站各站房的接地之用。

①设计接地装置的垂直接地体用 50 mm×50 mm×5 mm×1 500 mm 镀锌角钢，桩与桩之间间隔为 3 000 mm，水平接地体用 40 mm×4 mm×6 000 mm 的热镀锌扁钢以及 LKX-LJD 电解离子接地极，水平接地体与垂直接地体须焊接牢固。

②垂直接地体按接地装置剖面布置图开坑，挖深 1 000 mm，宽 600 mm，桩基处开挖长、宽各 800 mm，然后垂直打入地下 1 400 mm，使接地电极的顶部高出地面 100 mm。

③水平接地体应钝角弯曲引上地面上 300 mm，然后与引下线焊接，引下线为直径 12 mm的热镀锌圆钢。

④接地体在焊接时，扁钢搭接长度为宽度的 2 倍，并应焊接 3 个棱边，各焊接处的搭接长度不小于 100 mm。

⑤接地体的焊接点或无镀锌部分，均应做防腐处理，涂沥青油或防锈漆防腐。

接地体安装完成后，逐层回填泥土，在接地体周围不得填入砖石、焦渣、垃圾之类的杂物，与此同时进行检测，并保证接地体阻值达到规范要求。

6.4　在线监测站建设案例分析——绕阳河站点

6.4.1　站点概况

6.4.1.1　排污状况

绕阳河位于盘锦市盘山县境内，是辽河干流最大的支流，绕阳河呈西北—东南流向。

红旗闸坐落于绕阳河上，东临苇海蟹滩风景区，周边为辽河油田区域采油油井和农场，站点附近绕阳河河道宽度约为 60 m，河岸两边为淤泥质。红旗闸附近河道基本无枯水期，从 11 月至翌年 3 月存在冰期。

绕阳河污染物排放主要为农业污染物排放及油田开采活动造成的污染。

2016 年 11 月 3—4 日国家海洋局北海海洋环境监测中心委托大连中心站鲅鱼圈海

洋站对站点附近水质环境进行了 25 h 两个潮周期内表层水的水质调查，调查结果显示，该站点盐度变化范围为 1.01～2.09，水深变化范围为 4.9～7.3 m，流速变化范围为 1.3～91.2 cm/s。

24 h 的两个完整潮周期，向海流入时间约为 18 h，向陆流入时间约为 6 h。相应水质情况见表 6-17。

表 6-17　高低潮位水质情况

时间	潮位	水深/m	盐度	COD/（mg/L）	石油类/（μg/L）
11：00	高潮	6.2	1.01	75.6	31.0
20：00	低潮	5.4	1.83	78.0	50.7
22：00	高潮	6.3	1.78	99.6	44.9
07：00	低潮	4.9	2.09	113	52.7

6.4.1.2　在线监测站位踏勘

站点坐标为 41.128 317°N，121.800 734°E，站点位于绕阳河红旗闸旁，站点选取当地水利部门房屋，站点与河道之间为自然冲刷形成的河岸护堤，站点相较旁边河岸护堤地势低约 1 m，周围芦苇较多，约 30 km 后向南流入渤海（图 6-70）。

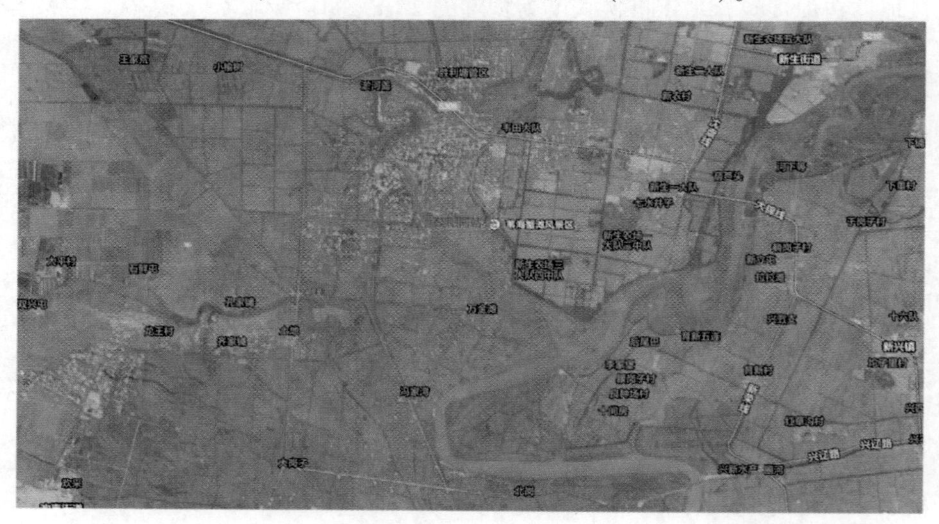

图 6-70　绕阳河站点位置

在线监测站位现场拍摄的八方位图见图 6-71 所示。

6.4.1.3　建设必要性

绕阳河为辽河入海河口上游径流量最大的入海分支河流，对渤海污染贡献较大。

图 6-71　绕阳河站点八方位图

该站点周边存在较多大规模农场以及辽河油田采油油井，当地群众较为关注该河流污染状况。

该排污口之前为地方政府为监测该河流污染状况设置的红旗闸监测站，红旗闸距离下游红海滩较近，当地政府高度关注该河流污染物排海对下游红海滩的环境影响。

通过对该站点的监测，可以获得绕阳河入海排污总量，可以直观反馈周边油田开采活动及农业活动对绕阳河造成的污染物总量。

6.4.2　在线监测站房建设

6.4.2.1　站房选址原则

站房选址遵循以下原则：

（1）站址便利性。具备土地、交通、通信、电力、自来水及良好的地质等基础条件；

（2）数据代表性。能较好地表征排污口入海水质状况及污染物入海总量；

（3）监测长期性。不受城市、农村、水利等建设的影响，具有比较稳定的现场条件，保证系统长期运行；

（4）系统安全性。在线监测站周围环境条件安全、可靠，尽量避免自然灾害对在线监测站的影响；

（5）运行经济性。便于监测站日常运行和管理。

6.4.2.2　建设依据

站房建筑设计参照 GB 50096—1999、JGJ 91—93、GB 50011—2001、GB 50015—2003、JGJ T16—92、GB 50016—2006、GB 50343—2004 中的相应要求。

6.4.2.3　站房设计

站房建设由地基、道路、站房、河岸护坡、通风、供暖、给水、排水、供电、防雷接地和消防安全等站房相关内容组成（图 6-72）。

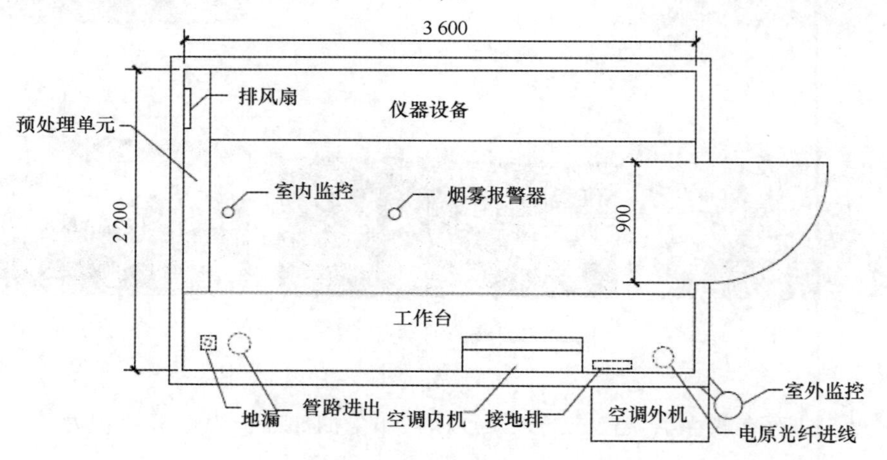

图 6-72　站房平面布置示意图（单位：mm）

站房单元包括站房和护栏。站房采用彩钢夹芯板为围护保温结构，避免其直接处于气候影响下，为内部水质监测设备提供机械和环境保护；外部保障条件包括引入清洁水，通电、通信和开通道路，平整、绿化和固化站房所辖范围的土地，方便人员进入站房内部操作、安装及数据采集、维护等活动。

站房基于吊装式集装箱概念进行设计，便于现场一体化吊装，现场安装容易；其使用面积以满足仪器设备安装及保证操作人员方便操作和维修仪器设备为原则，满足用户进行氨氮、总磷和高锰酸盐指数监测的水质自动监测系统布置要求，并预留空间便于增加监测因子。同时站房设计规格尺寸考虑了整体运输方便性及经济性。

站房设计充分考虑防盐、防腐、防雨、防虫、防尘、防火、防雷、防洪、抗震、防盗、防电磁干扰等措施，配置照明、通风等设施；配置来电自启动冷暖空调，使站房内温度保持在 5~30℃；站房设有工作台，并配有洗手池，方便工作人员的安装、维护和测试工作。

6.4.2.4 主要技术指标

1）建筑尺寸及寿命

使用面积不小于 10 m²，层高 2 900 mm。设计寿命不小于 20 年。站房正面示意图如图 6-72 所示。

2）主体结构

站房主体采用型钢的框架结构，符合模块化，一体化拼装或整体吊装的要求。钢框架经过电镀处理，户外部分用环氧漆喷涂，墙板和屋面板紧固在钢框架上，赋予机房强大的结构强度，有效抗击各种外力的破坏毁损。

3）板材

站房墙体和屋面板材料采用彩钢夹芯板，内外表层采用金属板，中间夹层采用保温隔热层，具有很好的隔热性、强度及稳定性。夹芯板材燃烧性能不低于《建筑材料燃烧性能分级方法》GB 8624—2006 中规定的 B1 级。

4）站房门、地面及屋顶

站房门采用单门、外开式防盗门，尺寸为 900 mm×2 400 mm。屋面采用坡屋顶，自由排水形式（图 6-73~图 6-75）。室内地面采用防静电地面。

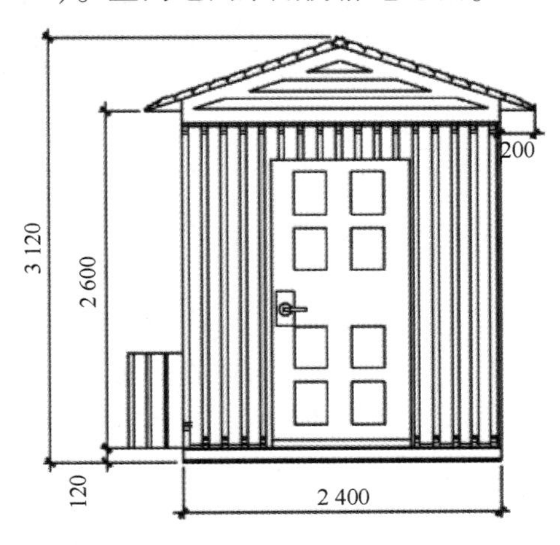

图 6-73 站房侧面示意图（单位：mm）

墙面上方配有单红 LED 显示器，0.5 m×2 m，用于显示相关信息。

防盗门上方配有“中国海洋环境监测”标识。

5）站房护栏

站房周围护栏长 5.9 m，宽 3.5 m，总长度 18.8 m（包括 1.2 m 的门宽）。

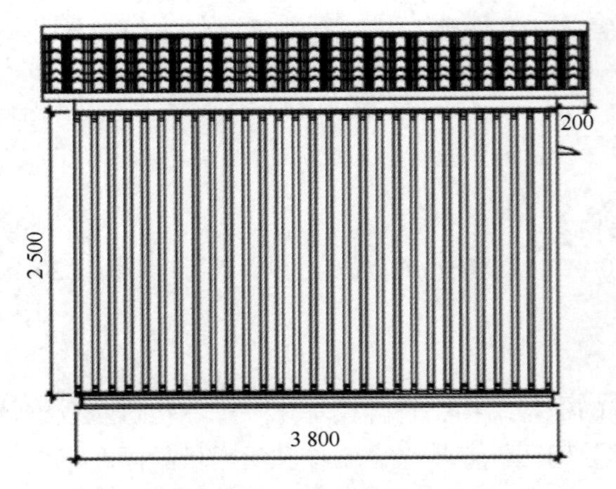

图 6-74　站房正面示意图（单位：mm）

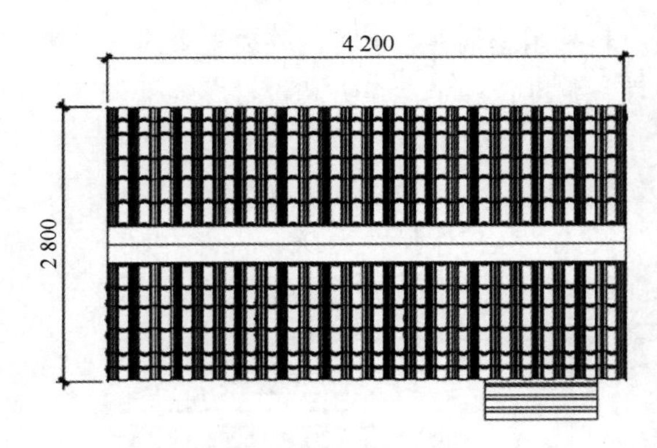

图 6-75　站房俯视示意图（单位：mm）

6）站房基础

站房基础采用 C25 混凝土基础，厚 300 mm，平面尺寸 3 100 mm×4 600 mm（见图 6-76）。场区地质情况较差，存在软弱层时，应采取换填处理等措施。墙后填土分层压实，压实度不小于 0.94。为防止洪涝灾害，要求站房建成完毕后站房离地高度不低于 30 cm，站房顶部不能有积水、渗漏。站房地面标高能够抵御 50 年一遇的洪水。在线监测站实物效果图见图 6-77。

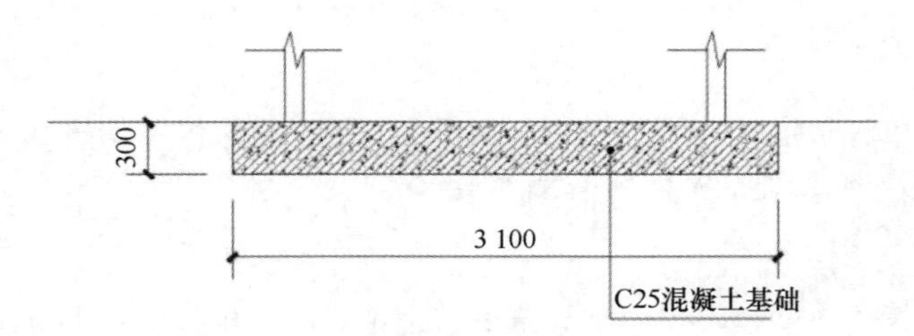

图 6-76　站房基础布置示意图（单位：mm）

图 6-77　在线监测站效果图

6.4.3　站点采配水系统建设

6.4.3.1　采水代表性

1）盐度代表性

站位所在位置应尽可能靠近入海口处，所采水样尽量不与海水混合，原则上监测位置盐度小于 2。监测的结果能代表监测水体的水质状况、变化趋势和评估入海总量。

2）水动力代表性

监测断面一般选择在水质分布均匀，流速稳定的平直位置，尽可能选择在原有的常规监测断面上，以保证监测数据的连续性；取水口位置一般应设在河段顺直、河岸稳定、水流平稳、河底平整的入海河流凸岸（冲刷岸），避开漫滩处、死水区、缓流区、回流区。

3）断面水质误差

采水点水质与所在断面平均水质的误差原则上不大于 10%。图 6-78 为站点采水实景图。

6.4.3.2　采水系统设计

绕阳河站点采水较为简单，充分利用桥墩，最高水位不会到达红旗闸横梁，可采取桥墩式采水方式。示意图见图 6-79。

图 6-78　站点采水实景示意图

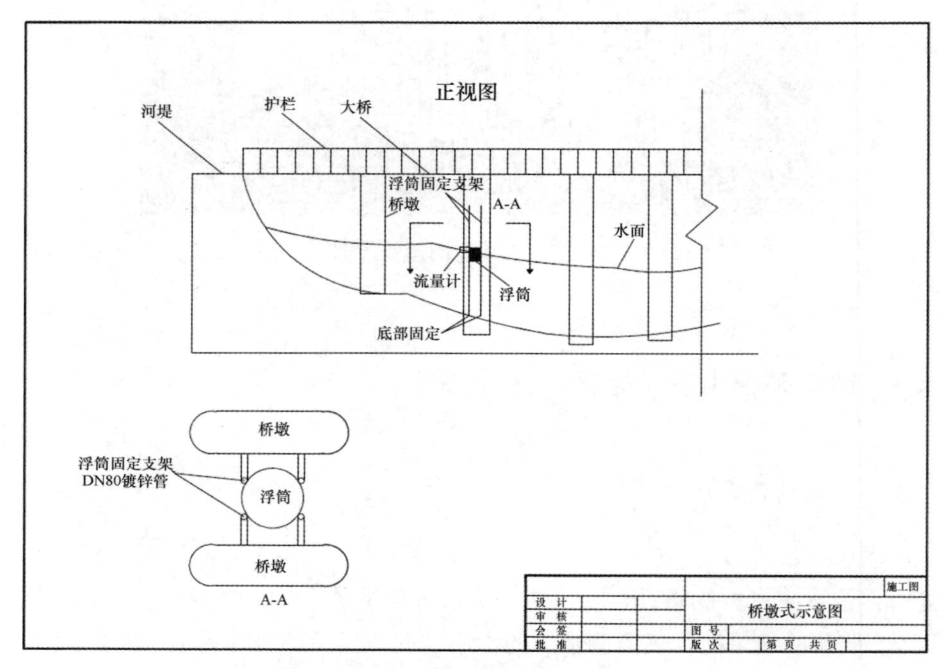

图 6-79　桥墩式采水示意图

采水管路从站房出来后连至地面，后通过挖沟槽埋地铺设至红旗闸西侧，然后沿桥面下沿横梁露天铺设管，在距离桥面中间点西侧约 5 m 处向下引入河道采水。绕阳河冬天会出现结冰现象，故采水管路中安装伴热管，外套保温棉和防护管。防止恶劣天气对管路的影响。

借助固定滑轨或桥墩安装流速、水深监测仪器。流速测定仪器安装前需针对该监测断面进行高密度采样垂线布设，并根据采样垂线各测点流速计算平均流速，然后根据确定安装的流速测定仪器位置建立测定流速和断面平均流速的关系曲线，并以此建立流速校正模型。

管路布设遵循“尽量缩短管路”以及“尽量减少弯折”的原则，保证管路取水水样的代表性。

采水处上方利用红旗闸两个桥墩，在桥墩上安装浮筒固定滑轨，桥墩通过滑轨连接浮筒，浮筒随水位变化通过滑轨自动调整高度。采水点水位低点与站房垂直距离超过 4 m，因而采水采用潜水泵。桥面离水面考虑 6 m 的距离，留有水位变化余量后，采水管路长度约 70 m。

6.4.3.3　配水系统

配水单元满足各仪器对样品的要求。各仪器配水管路采用并联配水方式，每台仪器都要设有旁路系统，通过手动阀进行调节，保证单台仪器、过滤器损坏或者需要维护时，不影响其他仪器的正常工作。

管路易于拆卸清洗和安装，方便维护；具有辅助调节流量及判断配水单元工作状态的功能；预留多个仪器扩展接口，方便升级扩展。

配水单元应当设置清洗和杀菌除藻功能。该功能应当能够遍及全部系统管路和相关设备，但不能损害仪器和设备，也不能对分析结果构成影响。配水单元不能对环境造成污染。对分析单元排放的废液应当回收处理。配水单元能够在停电时自我保护，再次通电时自动恢复。

6.4.4　监测项目自动化

6.4.4.1　监测项目确定原则

（1）与总体布局衔接：充分考虑与《国家海洋环境实时在线监测系统建设思路与总体布局》等相关文件的衔接，将必测项目水温、pH、溶解氧、电导率、盐度、浊度、化学需氧量和氨氮等纳入。

（2）与国家环保部监测项目衔接：将国家环保部信息公开的监测项目 pH、化学需氧量和氨氮。

（3）考虑特征污染物：红旗闸排污口位于油田区，选择石油类作为特征污染物。

（4）与海洋环境衔接：近几年北海区海洋环境公报显示辽东湾近岸海域主要污染物为无机氮和活性磷酸盐，选择硝氮、总氮和总磷。

（5）试图建立化学需氧量评估方法：同时选择 COD_{Mn}、COD_{Cr} 进行同步监测，通过长期自动监测数据建立铬法和锰法的关系模型，为下一步 COD 入海总量评估建立方法。

（6）传感器技术可行：除石油类外，其他在线监测仪器均符合行业相关标准，技术成熟可行；石油类作为监测预警指标，目前的技术也可保证有效实施。

6.4.4.2　监测项目及频率

监测项目为水温、pH、溶解氧、电导率、盐度、浊度、COD（铬法和锰法）、氨氮、流量（流速、水深）、石油类、总氮、总磷和硝氮等。设置这些监测项目的同时，还应为叶绿素、微生物及毒理监测指标接口。

监测频率为每 4 h 监测 1 次，在污染物浓度发生剧烈变化或有应急事件发生时为 1 次/h。

6.4.4.3 在线分析仪选型要求

1）参数

参数包括水温、pH、溶解氧、电导率、盐度和浊度。

工作环境温度 0~40℃；可浸没式安装，防护等级达到 IP68；高强度防水线缆和可分离式接口，能有效避免接口或针脚折损并易于更换；主机、传感器需配置高强度防水线缆和可分离式接口，性能稳定可靠，便于快速更换传感器。各水质参数及相应技术指标详见表 6-18~表 6-29。

表 6-18　水质监测技术指标

仪器名称	水质参数	测量范围	重复性	准确度	分辨率
水质多参数分析仪	温度	-5~50℃	≤0.1℃	±0.1℃	0.01℃
	pH	0~+14 pH	≤0.1 pH	±0.1 pH	0.01 pH
	溶解氧	0~20 mg/L	≤2%	±2%	0.01 ppm
	电导率	0~70 mS/cm	≤2%	±2%	0.01 mS/cm
	盐度	0~50	≤2%	±2%	0.01
	浊度	0.001~4 000 NTU	≤2%	≤2%	0.1 NTU

2）COD_{Mn}

表 6-19　COD_{Mn}监测技术指标

项目	技术指标
测量原理	高锰酸钾氧化法
测量范围	0~20 mg/L，可扩展
超量程分析	样品浓度超量程时，具备稀释再次分析功能
重复性	≤3%
分辨率	0.1 mg/L
检出限	0.3 mg/L
零点漂移	±5% F.S
量程漂移	±5% F.S
工作环境温度	5~40℃
机箱防护等级	具有密封防护箱体及防潮功能，防护等级达到 IP55

注：主要应用于地表水；根据盐度选择酸性法和碱性法，酸性法（常规地表水，氯离子浓度小于 300 mg/L），也可以碱性法（入海口，氯离子浓度大于 300 mg/L）。

3）COD_{Cr}

表 6-20　COD_{Cr}监测技术指标

项目	技术指标
测量原理	重铬酸钾氧化法
测量范围	0~500 mg/L，可扩展
超量程分析	样品浓度超量程时，具备稀释再次分析功能
重复性	5%
检出限	5 mg/L
零点漂移	±5% F. S
量程漂移	±5% F. S
准确度	±10%
工作环境温度	5~40℃
机箱防护等级	具有密封防护箱体及防潮功能，防护等级达到 IP55

4）氨氮

表 6-21　氨氮监测技术指标

项目	技术指标
水质参数	氨氮
测量原理	分光亮度法
测量范围	氨氮：0~20 mg/L，可扩展
重复性	≤3%
分辨率	0. 01 mg/L
检出限	1% F. S
零点漂移	<5% F. S/24 h
量程漂移	<5% F. S/24 h
准确度	≤±3%
工作环境温度	5~40℃
机箱防护等级	具有密封防护箱体及防潮功能，防护等级达到 IP55

5）硝氮

表 6-22　硝氮监测技术指标

项目	技术指标
水质参数	硝氮
测量原理	分光亮度法，紫外吸收法
测量范围	0~10 mg/L，可扩展

续表

项目	技术指标
重复性	≤5%
分辨率	0.001 mg/L
检出限	0.01 mg/L
零点漂移	±5% F.S
量程漂移	±5% F.S
准确度	±10%
工作环境温度	5~40℃
机箱防护等级	具有密封防护箱体及防潮功能，防护等级达到 IP55

6）总氮

表 6-23　总氮监测技术指标

项目	技术指标
水质参数	总氮
测量原理	分光亮度法
测量范围	0~100 mg/L，可扩展
重复性	≤3%
分辨率	0.01 mg/L
检出限	0.05 mg/L
零点漂移	±5% F.S
量程漂移	±5% F.S
准确度	<5% F.S 或 0.03 mg/L，取较大值
浊度补偿	具备良好的浊度补偿功能，有效消除水样浊度的干扰
工作环境温度	5~40℃
机箱防护等级	具有密封防护箱体及防潮功能，防护等级达到 IP55

7）总磷

表 6-24　总磷监测技术指标

项目	技术指标
水质参数	总磷
测量原理	分光亮度法
测量范围	0~5 mg/L，可扩展
重复性	≤3%
分辨率	0.01 mg/L

续表

项目	技术指标
检出限	0. 01 mg/L
零点漂移	<5% F. S/24 h
量程漂移	<5% F. S/24 h
准确度	<5% F. S 或 0. 01 mg/L ，取较大值
浊度补偿	具备良好的浊度补偿功能，有效消除水样浊度的干扰
工作环境温度	5～40℃
机箱防护等级	具有密封防护箱体及防潮功能，防护等级达到 IP55

8）石油类

表 6-25　石油类监测技术指标

项目	技术指标
水质参数	石油类
测量原理	紫外荧光法
测量范围	0. 01～30 mg/L
重复性	1%
分辨率	0. 002 mg/L
检出限	0. 01 mg/L
零点漂移	±5% F. S
量程漂移	±5% F. S
准确度	±10%
工作环境温度	5～40℃
机箱防护等级	具有密封防护箱体及防潮功能，防护等级达到 IP55

9）总有机碳（TOC）

表 6-26　TOC 监测技术指标

项目	技术指标
水质参数	总有机碳
测量原理	紫外光/过硫酸盐氧化法或燃烧催化氧化/NDIR
测量范围	0～5 mg/L，特殊行业可扩展
重复性	≤3%
检出限	≤0. 015 mg/L
零点漂移	±5%F. S
量程漂移	±5%F. S

续表

项目	技术指标
准确度	±3%
缺试剂报警	具有诊断是否缺少水样及药剂功能，并自动报警
工作环境温度	5~40℃
机箱防护等级	具有密封防护箱体及防潮功能，防护等级达到 IP55

10）流速

表 6-27　流速监测技术指标

项目	技术指标
测量参数	流速
测量原理	声学多普勒法、电磁法
测量范围	-6~6 m/s
重复性	≤2%
准确度	流速：±1%
分辨率	流速：0.002 m/s

11）水深

表 6-28　水深监测技术指标

项目	技术指标
测量参数	水深
测量原理	声学法、压力法
测量范围	0.2~20 m
重复性	≤2%
准确度	±0.5%
分辨率	0.01 m

12）超标留样系统

表 6-29　超标留样系统技术指标

项目	技术指标
留样瓶数	≥24 个
留样瓶体积	≥1 L
冷藏功能	具备样品冷藏功能，温度在 4~10℃ 范围内可设
控制通信	具备数字通信串口，可自行设置阈值，可被外部控制系统触发
信息记录功能	具备留样时间、超标参数记录和标签打印功能
人机界面	彩色图形化触摸屏操作界面，方便使用操作

6.4.5　通电通水方案

红旗闸及旁边水利局房屋建设，电路已接入站房。

由于该处距离市区较为偏远，且周边无居民聚居区，因而尚未接入自来水，目前该处水利局工作人员生活用水是通过 500 kg 装水桶运输的方式。为方便今后站房用水，在水利局房屋院内建一个 2 m×2 m×1.5 m 的储水槽。

6.4.6　视频监控方案

6.4.6.1　主要构成

配置一套视频监控系统，并与软件平台联网，实时捕捉异常情况，视频存储容量应大于连续 30 d 时间。视频监控系统主要包括网络摄像头、传输交换系统、网络视频录像和监控显示部分（图 6-80）。视频监控系统要保证对站房内所有在线监测仪器设备的实时视频监控，同时还应包括院区安防监控系统和采水点附近污染源监控，保证采水点、站房及站房周边 24 h 实时高清视频监控。

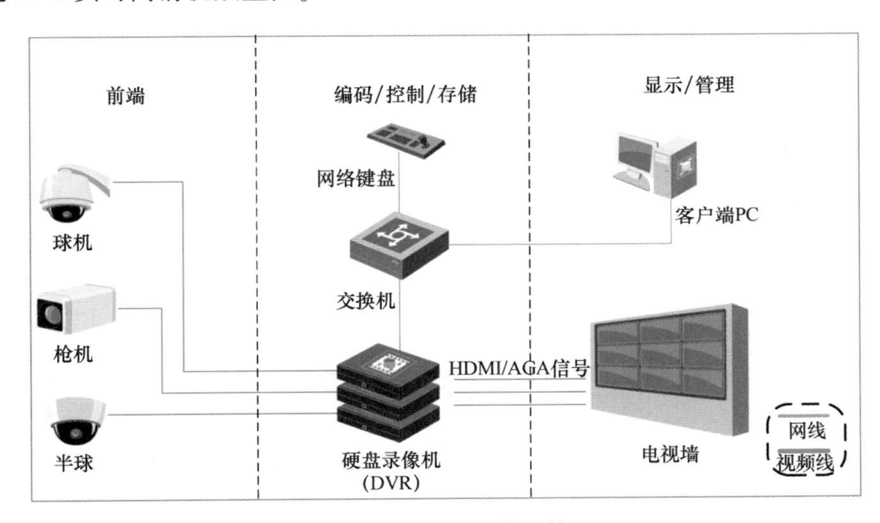

图 6-80　视频监控系统

6.4.6.2　像素要求

站房内部及周边采用至少 200 万像素摄像头，采水点摄像头应达到 600 万像素的高清数字智能球型摄像机，支持 H.264/MJPEG 视频压缩算法，支持多级别视频质量配置。

6.4.6.3 主要功能

支持透雾、强光抑制，采用高效红外阵列灯，低功耗，照射距离至少 20 m。具有 Smart IR 功能，根据镜头焦距大小智能改变红外灯亮度，使红外补光均匀，近处物体不过爆，远处物体不遗漏。

视频监控系统显示屏能够至少 4 路分屏显示现场监控画面，解码器提供高清视频解码，将实时监控图像解码传输到显示屏，同时还能异地远程查看现场监控画面。

视频监控系统有区域入侵侦测、智能报警功能，报警信号线装设信号防雷器，报警电源装设电源防雷器。

6.4.7 通信方案

6.4.7.1 网络状况

该站点选址位置被 3G、4G 信号覆盖，信号强度良好。在线监测站采用 3G/4G VPDN 传输方式传输，分别传输至中心站和海区中心两个终端。中心站终端能够实现对数据的实时采集、监测站房仪器设备的基本控制，海区中心能够现象对数据的实时采集、质控分发、应急控制等指令。

6.4.7.2 数据采集与控制

1）基本要求

（1）对采水、配水、管路清洗等单元以及仪器的校准和同步启动等工作模式进行自动控制，并对故障或异常事件进行处理。

（2）对仪器的分析结果进行采集、处理和存储。

（3）与仪器间通信推荐采用基于 RS485 的现场总线方式，并采用开放的通信协议。

（4）数据采集与传输应完整、准确、可靠，采集值与仪器测量值误差不大于仪器量程的 1%。

2）系统控制

（1）可现场或远程对系统设置连续或间歇的运行模式。

（2）控制系统应能对仪器进行一些基本功能的控制，如待机控制、工作模式控制、校准控制、清洗控制、停水保护等。

（3）应在满足现场控制点的基础上具有 10%以上的备用控制点，以备日后控制单元的修改和升级。

（4）断电、断水或设备故障时的安全保护性操作。

（5）具备自动启动和自动恢复功能。

（6）断电后可继续工作时间不小于 12 h。

3）数据采集与存储

数据采集和控制单元应同时具备数据存储能力，可作为现场数据传输的备用设备，在现场监控和数据传输单元无法正常工作时，应能保证历史数据的正常传输。

（1）具备16通道以上模拟量采集功能，并具有可扩展性。

（2）数据采集精度：不小于16 Bit；采集频率：不小于1 Hz。

（3）断电后能自动保护历史数据和参数设置。

（4）数据储存量：不小于400组。

6.4.7.3　数据传输

1）通信协议

采用HTTP协议，实现在线监控设备数据采集传输仪与服务平台之间的通信。HTTP协议采用请求/响应模型，所有的请求都由服务平台发起，请求报文包含在URL中，数据采集传输仪返回JSON格式的应答报文。请求的频率可以在服务平台动态设置。

可供选择的通信链路包括支持VPDN的3G/4G网络，为最大程度保证数据传输的安全性，信号强度同等条件下优先选择电信VPDN。

2）数据格式

数据报文采用轻量级的JSON（JavaScript Object Notation）文本数据交换格式，全部采用字符编码。

3）服务接口

数据采集传输仪应实现基于HTTP协议的服务接口，供位于海区监控中心的服务平台获取信息和远程控制。接口定义应符合《海洋环境在线监测数据传输与交换技术规范》中的相关要求。具体接口应包括以下内容。

（1）监测站点接口

用于获取以下信息：

①站点名称、站点简介、站点类型位置定位、站点编码、建设单位、维护单位、监测参数、监测仪、正式运行时间等属性信息；

②运行状态、供电状态、网络状态、监测仪状态、子系统设备状态、数据存储状态等状态信息；

③执行结果等状态信息。

（2）设备仪器接口

用于获取以下信息：

①设备名称、编码、生产商、维护周期、简介、运行状态、运行模式、运行持续时间、运行间隔时间等属性信息；

②执行结果等状态信息。

（3）监测仪器接口

用于获取以下信息：

①监测仪名称、编码、生产商、接口类型、监测参数、维护周期、参数名称、数据类型、测量范围、精度、报警上限、报警下限等属性信息；

②执行结果等状态信息；

③序号、参数名称、数据类型、数据值、检测时间等结果信息。

（4）系统接口

用于获取以下信息：

授时、仪器校准、设备清洗等设置信息。

6.4.8 质量保证方案

6.4.8.1 考核指标

每季度有效数据获取率不小于90%（除去停水停电，性能测试及其他不可抗拒因素引起的故障），以每站每季度统计。

每季度质控样核查合格率不小于90%，质控样核查相对误差要求：pH≤±0.1，其他仪器不大于±10%，以每站每月统计。溶解氧、浊度不作要求。

每季度实验室比对合格率不小于80%，实验室比对相对误差要求符合《国家地表水自动监测站运行管理办法》，以每站每月统计。

6.4.8.2 数据质量要求

中标方每周对在线监测仪器至少进行一次质控样核查，准确度相对误差要求：pH≤±0.1，其他仪器不大于±10%（溶解氧、浊度不作要求），并将结果报海区控制系统（中心站和海区中心）。

中标方对在线监测仪器进行校准，并将结果报海区控制系统（中心站和海区中心）。

中标方每月按要求送样比对，并将结果报海区控制系统（中心站和海区中心）。

中标方每季度一次接受业主方的标准样品考核，准确度相对误差：pH≤±0.1，其他仪器不大于±10%。

中标方及时对校准、质控和异常等数据做出标识，并于每周一的12：00之前将上周原始数据（做出标识的）报海区控制系统（中心站和海区中心）。

6.4.8.3 数据数量要求

采用间歇测定情况下（每4 h测量1次），五参数、氨氮、化学需氧量、总磷和总氮等各主要监测指标至少每周保证有36组日均值数据，不足36组以实验室手工数据补充，但不能作为有效数据统计。

6.4.9　安全保障方案

重视在线监测站运行的安全保障，首先是运维管理人员的安全消防培训和安全教育，从思想上提高安全生产意识。通过培训使每一位运维管理人员具有满足要求的消防技能，可以应对一般性火灾处置。

在监测站建设和设备安装期间，努力提高预防措施消除安全隐患；建立健全监测站安全生产管理制度，责任落实到人；为监测站安全运行配备充足的消防和安全器材；坚持定期进行安全检查，经常进行安全教育，防患于未然，确保在线监测站安全正常的运行。

6.4.10　运行维护方案

秉承“三分建设、四分管理、三分信息化”的理念，为在线监测站承担运营维护的企业应建立健全监测站运维管理制度；建立健全检测测量质量保障体系；为在线监测站运行配备充足的人力、物力资源和技术力量；通过测量数据监控、设备运行状态监控、设备和传感器校正、取水及管路清洗、设备定期维护，设备故障自动报警等技术手段，提供 24 小时全天候技术服务，保障监测站长期、稳定、准确、正常运行。

6.4.10.1　运维管理制度建设和资源配置

按照在线监测站环境要求，有针对性地建立健全运维管理和运维后勤保障制度，加强运维人员的素质教育和技术培训，做到管理责任落实到人；确保运维管理所需备品备件、药品试剂、检修器材、维护装备落实到位，保障各项应急装备和器材准备齐备。从管理制度和教育培训方面，为在线监测站的长期运行做好各项技术和物资准备。

6.4.10.2　人员和技术保障

加强在线监测站管理人员运维管理技术培训，加强设备检修技术人员技术培训，使之熟悉每一台监测（观测）仪器设备、各类传感器、采水和水样分配系统以及数据采集和发送单元，深入了解整个系统，为维护检修打好基础，创造条件。

通过监测数据质控培训，使技术人员深入了解各类监测（观测）数据，采用常用数据分析软件进行数据质量控制，使之具备发现问题，提出解决，完成设备维修和日常维护工作的能力，保障自动在线监测站各台设备的正常运行。

6.4.10.3　备品备件储备管理

做好备品备件储备工作，建立常用备品备件信息库，认真落实各类备品备件采购信息。根据以往经验，参照在线监测站的实际运行情况，进行各类备品备件的及时采购，保障备品备件储备充足，满足技术服务协议的各项要求。

定期检查和统计备品备件消耗和储备情况，定期进行补充，动态调整备品备件储备，确保各监测设备长期稳定运行所需的备品备件满足实际需求。

6.4.10.4 应急处置计划

主要应急情况包括：断电，断网；恶劣天气；仪器设备故障；水样分配系统故障。应急情况处置方法如下：

（1）采用太阳能加备用畜电池方案，在出现断电情况时，保障可进行主要检测要素检测和数据发送；

（2）在出现断网情况时，采集发送系统可存储不少于 3 d 的检测数据。一方面在网络回复后发送至接收端，另一方面可由运维管理人员人工发送数据；

（3）通过天气预报及时掌握天气情况，在恶劣天气时采用有人值守方式应对恶劣天气情况，降低在恶劣天气时可能出现的故障；

（4）在出现仪器设备故障时，由人工采集保留检测时次水样，并及时修复故障的仪器设备，在仪器设备修复后进行水样分析，并作为补充资料发送；

（5）在水样采集系统出现故障时，采用人工值守方式采集水样，并将分析数据作为补充资料发送。

6.4.10.5 技术支撑

充分利用海洋生态效应实验室开展在线监测技术保障工作，在线监测设备主要传感器（氨氮、COD）安装调试前，应由仪器公司在生态效应实验室开展第三方检验工作。

6.4.10.6 主要维护指标

1）室内外管路和过滤器清洗

维护周期及目标：2 次/月，确保取水池清洁，无泥沙藻类附着。

维护要求：手动拆卸阀门、弯头、过滤头和取样水杯等部件，用试管刷清洗，清洗后原样装回。检查管路进水塑胶软管脏污情况，必要时更换。

2）取水系统综合测试

维护周期及目标：1 次/月，确保系统取水正常。

维护要求：完成上述测试后复原所有阀门到正确位置。检查各个接头是否松动。检查无误情况下，系统复电，检查整个取水流程是否正常。

3）工控机检查

维护周期及目标：每两个月 1 次。

维护要求：检查开机过程中硬件自检过程是否有异常数据传输和报警。强制切断电源并复电后工控机是否可以自动启动，并运行操作系统、加载现场监控软件，传输接口连接是否正常。断电后拆下工控机，打开后盖，用细毛刷清除电源、CPU 板、内存和各个串口上的灰尘清除。检查各个功能卡接口是否连接牢固。检查硬盘连接线是否松动。

4）通信检查

维护周期及目标：1 次/周，确保控制和数据上传通道畅通。

维护要求：确保工控机各个串口和数采仪、分析仪器连接一一对应正确且牢固。通过现场监控软件测试工控机及各个仪器之间是否连接正确。

5）配电板状态检查

维护周期及目标：1 次/周，确保各开关功能正常。

维护要求：检查确保配电板上各个接线接头不松动，并清除锈蚀接头。确保各个接触器和继电器工作正常。规整好数据线和电源线，不外露。

6）自动分析仪维护

维护周期及目标：1 次/周，确保监测仪器所需试剂充足，仪器运行稳定。

维护要求：检查数据传输和报警模块是否正常。保持机箱外壳清洁无灰尘沉积。夏季不超过 15 d 更换一次试剂，冬季可不超过 20 d 更换一次试剂；此外，试剂更换频率也要根据具体监测工作量确定。每月清洗仪器管路一次。保持测量室清洁，更换必要易损配件。确保各个阀门工作正常。若有废液及时清理避免因废液造成仪器外箱的腐蚀和污染。对水深、流速等原位监测设备每月进行至少 1 次防生物附着处理。每半年进行至少 1 次流速校正。

7）停机维护

维护周期及目标：每次停机后。

维护要求：停机时间小于 24 h，一般关机即可，再次运行时仪器需重新校准。连续停机时间超过 24 h，关闭分析仪器和进样阀，关闭电源。并用蒸馏水清洗分析仪器的管路以及试剂管路；清洗测量室并排空；对于测量电极，应取下，并将电极头浸入保护液中存放。按照仪器操作说明书要求执行。

8）仪器自校验

按照仪器自校验要求完成每台设备的自校验报告。

9）冬季结冰期维护

冬季结冰无法继续工作的，经招标方书面同意后，中标方进行相关设备的回收存放。

10）春季融冰期维护

春季融冰后满足工作条件的，经招标方书面同意后，中标方组织恢复现场监测工作。

第 7 章　主要监测指标自动化

水质监测项目有常规五参数分析仪（水温、pH、溶解氧、电导率、浊度）、常用监测项目（COD_{Mn}、COD_{Cr}、总有机碳、亚硝氮、硝氮、氨氮、总氮和总磷等）、毒性指标监测项目（石油类、重金属、氰化物等）和微生物指标参数（叶绿素、大肠杆菌等）等，这些项目国内分析仪生产厂有 100 多家，笔者选取其中一些较具代表性的仪器供读者参考。

7.1　常规指标在线监测

主要包括五参数、COD_{Mn}、COD_{Cr}、总有机碳 TOC、亚硝氮、硝氮、氨氮、磷酸盐、总氮、总磷等。

7.1.1　常规五参数分析仪

常规五参数分析仪是指包括温度、pH、溶解氧、电导率、浊度等常规参数在内的在线监测分析仪器。

主要仪器：SC1000 多参数分析仪（图 7-1）。

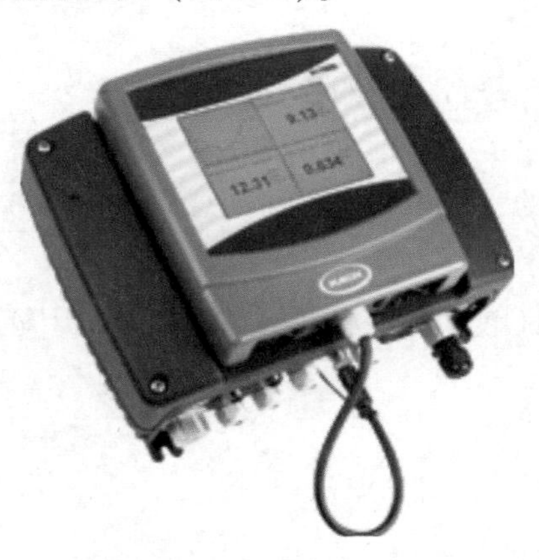

图 7-1　SC1000 多参数通用控制器

探头输入：4~8 路多通道，传感器与控制器可即插即用，无须校准；最多 12 个模拟 0~20 mA 输入，额外的输入可通过增加探头模块实现；最多 12 路 0/4~20 mA 输出，4 个继电器输出；额外输出增加探头模块实现，可选数字通信（MODBUS 或 PROFIBUS DP）输出。

7.1.1.1　温度

1）测量原理

温度传感器法。

2）特性优点

自动温度补偿。

3）指标参数

温度范围：-5~70℃；准确度：±0.1℃。

7.1.1.2　pH

1）测量原理

玻璃电极法。

2）特性优点

差分电极（图 7-2），带双阶参比电极（接地电极和参比电极），自动温度补偿；可更换盐桥，延长传感器寿命。

图 7-2　GLI PHD™差分 PH/T 电极

3）指标参数

测量范围：0~14 pH；

灵敏度：±0.01 pH；

分辨率：0.01 pH；

响应时间：0.5 min 以内；

重复性误差：±0.1 pH；

漂移（pH=4，7，9）：≤±0.1 pH。

7.1.1.3　溶解氧

1）测量原理

化学荧光法（无膜法溶解氧电极见图 7-3）。

2）特性优点

无膜、无阴阳电极、无电极液，抗 H_2S、金属离子、油污染；清洗频率降低、维护简

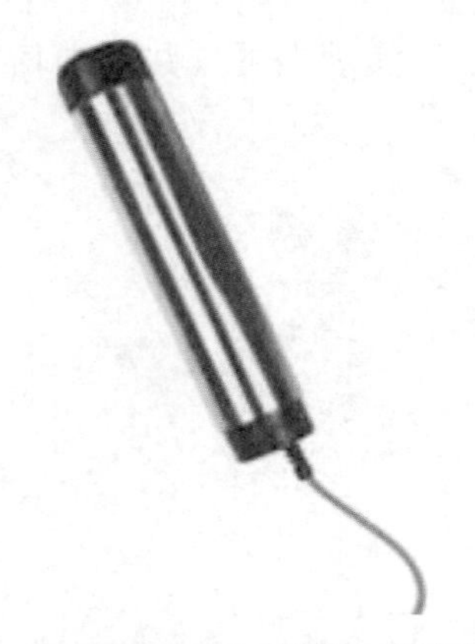

图 7-3 HACH LDOTM 荧光法无膜溶解氧电极

单，无须校准。

3）指标参数

测量范围：0~20.00 mg/L 或 0~200%饱和度；

测量精度：<5 ppm 时，±0.1 ppm；>5 ppm 时，±0.2 ppm；温度：±0.2℃；

分辨率：0.01 mg/L；

自动温度补偿：0~50℃，带温度自动补偿；

重复性：±0.1 ppm（mg/L）；

零点漂移：≤±0.3 mg/L；

量程漂移：≤±0.3 mg/L。

7.1.1.4 电导率

1）测量原理

电导池法（图 7-4）。

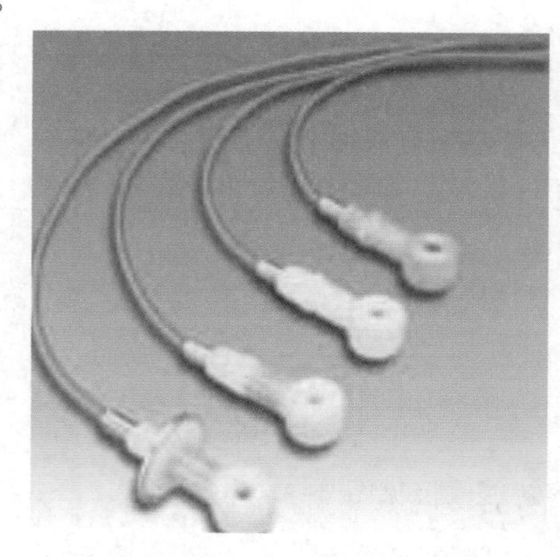

图 7-4 3 700 sc 电导率电极

2）特性优点

坚固的、无污染设计；维护量低；极化、油污和污染等问题都不会影响无电极传感器的性能。

3）指标参数

测量范围：0~2 000 000 μS/cm；

温度范围：-10~200℃；

准确度：读数值的±0.01%；

分辨率：≤0.01 μS/cm；

重复性误差：≤±1%；

零点漂移：≤±1%；

量程漂移：≤±1%。

7.1.1.5　浊度

1）测量原理

双光束近红外光/散射光法（图 7-5）。

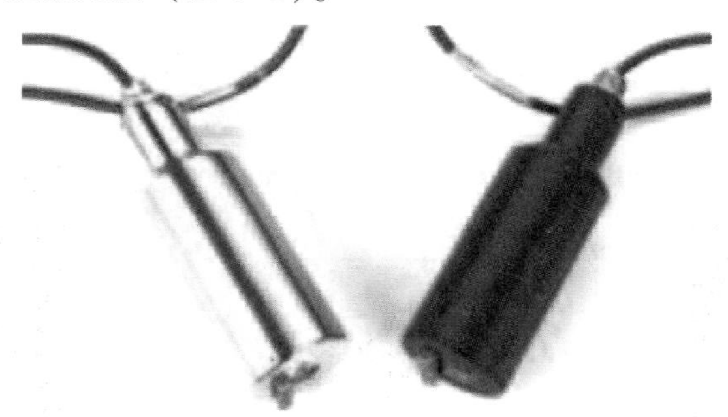

图 7-5　SOLITAX™sc 浊度/悬浮物（污泥浓度）电极

2）特性优点

既可以检测浊度，还可以检测悬浮物（或污泥）浓度；探头具有自清洗功能。

3）指标参数

测量范围：0.001~4 000 NTU；

精度：小于读数的 1%，或±0.001 NTU；两者中之较大者；

重复性：小于读数的 1%；

检测限：测量浊度时：0.001 NTU；

响应时间：1 s；

形式：316 不锈钢或 PVC 材质，具有自诊断功能和机械式刮片自清洗功能；

零点漂移：<±3%；

量程漂移：<±3%。

7.1.2 COD_{Mn}

COD_{Mn}即高锰酸盐指数，是指在一定条件下，以高锰酸钾（$KMnO_4$）为氧化剂，处理水样时所消耗的氧化剂的量。以高锰酸钾溶液为氧化剂测得的化学耗氧量，以前称为锰法化学耗氧量。我国新的环境水质标准中，已把该值改称高锰酸盐指数，而仅将酸性重铬酸钾法测得的值称为化学需氧量。国际标准化组织（ISO）建议高锰酸钾法仅限于测定地表水、饮用水和生活污水，不适用于工业废水。

7.1.2.1 K301 型 COD_{Mn}分析仪（图 7-6）

1）测量原理

德国科泽 COD 全自动分析仪是基于全自动电位返滴定法原理。它是通过在温度 95℃时用高锰酸钾对待测水样进行氧化的方法来测定 COD 的，该氧化是在酸性条件下完成的，这种方法被称作“酸性高锰酸盐指数测定法”。

绝大多数有机物和某些无机物会被酸性条件下的高锰酸钾氧化，在氧化氧化亚铁化合物、亚硝酸盐和硫化氢的同时也需消耗高锰酸钾，本分析仪是通过测定此过程中高锰酸钾的消耗来测定 COD 的。

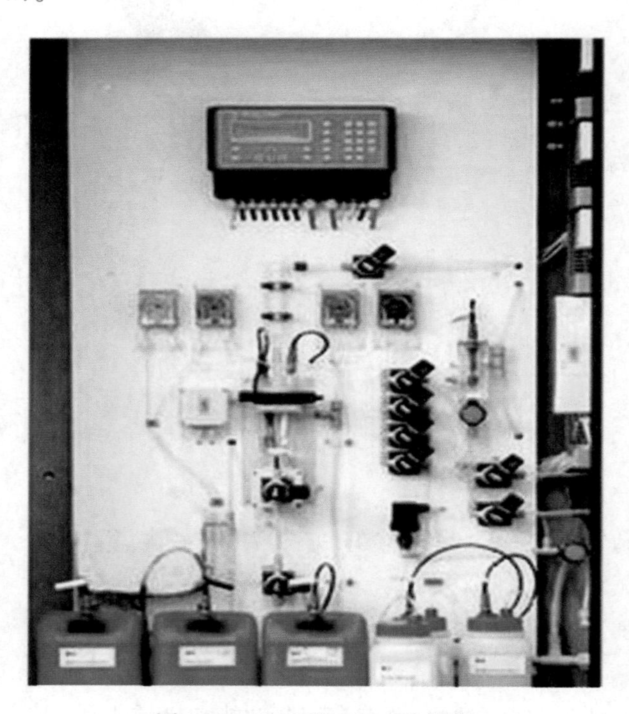

图 7-6　K301 型 COD_{Mn}分析仪

2）特性优点

① OPR 判断反应终点，不受水体浊度色度干扰；

② 自动清洗和标定；

③ 自动性能检查；

④ 远程清洗功能，每次测量前后自动清洗；

⑤ 远程事件设置功能，可根据需要任意设定监测频率；

⑥ 仪器状态远程显示功能；

⑦ 远程设置仪器参数；

⑧ 远程标定并记录标定状态。

3）指标参数

量程：0~20 mg/L O_2（其他量程可选）；

精度：± 3% F. S；

再现性：±2% F. S；

分辨率：0. 1 mg/L；

最低检出限：0. 3 mg/L；

最小测定周期：≤30 min；

通信接口：RS485；

控制：2 个设置点及 1 个警报（3 个继电器）；

输出：0/4~20 mA，电流绝缘；

显示：数字式 LCD 显示；

尺寸：高 1 500 mm，宽 800 mm，厚 500 mm；

功率：285 W；

电源：230 V AC，+10%~15%，40~60 Hz；

温度：5~40℃（工作），-20~65℃（储存）；

湿度：最大 90%（无凝结）；

重量：约 89 kg（不含化学试剂）。

7. 1. 2. 2　COD 203A 型 COD_{Mn} 分析仪（见图 7-7）

1）测量原理

COD_{Mn}（高锰酸盐指数）/COD 锰法分析仪是在 100℃环境下，采用酸性高锰酸钾法或碱性高锰酸钾法，以氧化还原电位滴定法进行测量。

2）特性优点

① COD_{Mn}（高锰酸盐指数）/COD 锰法分析仪采用氧化还原电位滴定法进行点源监测；

② COD_{Mn}/COD 锰法分析仪不使用电磁阀，每次测定前对管路进行反冲洗，防止了出现管路堵塞等事故；

③ COD_{Mn}/COD 锰法分析仪具有 LCD 液晶显示，中文界面；

④ 数据可保存 14 d；

⑤ 空气喷嘴，避免滴定管堵塞；

⑥ 维护量低。

图 7-7　COD 203A 型 COD_{Mn}分析仪

3）指标参数

测量范围：0~20 mg/L；0~2 000 mg/L；

测量周期：1，2，…，6 h 1 次，连续周期性测量；手动发出指令立即测量；

显示：LCD 液晶显示；

重现性：0~20 mg/L 时，± 1% F. S；20~200 mg/L 时，± 2% F. S；200 mg/L 以上时，±5% F. S；

稳定性：零点漂移，±3% F. S；

量程漂移：0~20 mg/L 时，±3% F. S；20~200 mg/L 时，±4% F. S；200 mg/L 以上时，± 5% F. S；

操作环境：室内安装。温度，5~40℃；湿度，85%以下；

样品条件：温度，5~40℃；压力，大气压；耗量，500 mL/次测量；

模拟输出：4~20 mA，负载 600 ohm；

电源：220 V AC，50/60 Hz；

功耗：550 VA，平均 200 VA 数据通信：RS485 串行端口；

外形尺寸：600 mm×600 mm×1 600 mm；

重量：150 kg。

7.1.2.3　SIA-2000（IMN）型高锰酸盐指数在线分析仪

1）测量原理

SIA-2000（IMN）型高锰酸盐指数在线分析仪（图7-8）采用高锰酸钾氧化-亮度滴定法检测原理，经预处理的水样在恒温条件下被高锰酸钾氧化消解，然后在恒温环境中加入还原剂，再用高锰酸钾溶液滴定过量的还原剂，通过吸亮度判断滴定终点，仪器采用的测量方法符合《水质高锰酸盐指数的测定》（GB 11892—1989）。

图7-8　SIA-2000（IMN）型高锰酸盐指数在线分析仪

2）特性优点

① 专利的在线顺序注射平台，试剂消耗为常规技术的1/10~1/5，运行维护工作量低；

② 高精度注射泵的非接触式液体定量设计，样品/试剂体积定量稳定，无须频繁更换泵管；

③ 亮度滴定技术，测量结果与国标方法一致性好；

④ 仪器实时监控试剂余量，及时提示用户补充，有效避免仪器无试剂空转；

⑤ 周期、定时等多样的测量模式，可根据排水情况灵活设定，方便现场应用。

3）指标参数

分辨率：0.01 mg/L；

最低检出限：0.4 mg/L；

准确度：±10%；

重现性：≤3%；

量程：（0~10/20/50）mg/L。

7.1.3 COD_{Cr}

化学需氧量（COD）表示在强酸性条件下重铬酸钾氧化 1 L 污水中有机物所需的氧量，可大致表示污水中的有机物量。COD 是指示水体有机污染的一项重要指标，能够反映出水体的污染程度。所谓化学需氧量，是在一定的条件下，采用一定的强氧化剂处理水样时，所消耗的氧化剂量。它是表示水中还原性物质多少的一个指标。水中的还原性物质有各种有机物、亚硝酸盐、硫化物、亚铁盐等，主要的是有机物。因此，化学需氧量（COD）又往往作为衡量水中有机物质含量多少的指标。化学需氧量越大，说明水体受有机物的污染越严重。化学需氧量（COD）的测定，随着测定水样中还原性物质以及测定方法的不同，其测定值也有不同。

目前应用最普遍的是酸性高锰酸钾氧化法与重铬酸钾氧化法。高锰酸钾（$KMnO_4$）法，氧化率较低，但比较简便。在测定水样中有机物含量相对比较大时，可以采用重铬酸钾（$K_2Cr_2O_7$）法，其氧化率高，再现性好，适用于测定水样中有机物的总量。有机物对工业水系统的危害很大。严格地来说，化学需氧量也包括了水中存在的无机性还原物质。通常，因废水中有机物的数量大大多于无机物的数量，因此，一般用化学需氧量来代表废水中有机物的总量。在测定条件下水中不含氮的有机物质易被高锰酸钾氧化，而含氮的有机物质就比较难分解。因此，高锰酸钾（$KMnO_4$）法适用于测定天然水或含容易被氧化的有机物的一般废水，而成分较复杂的有机工业废水则常测定化学需氧量（重铬酸钾法）。

7.1.3.1 MICROMAC C 水质在线分析仪（COD_{Cr}）

1）测量原理

样品经过滤后，被泵入消解管中，添加重铬酸钾、硫酸银、硫酸及硫酸汞后加热到175℃，待完全消解后，分析仪在 460 nm 处测量生成绿色物质的 OD 值，并依据存储在分析仪里的校正因数计算出样品中 COD 的浓度（见图 7-9）。

2）特性优点

①稳定、可靠。根据工业和环境在线的要求，将电气部分和流路模块部分完全，这种简单稳定的 LFA 系统结构确保了分析仪在电气、流路等方面的高度稳定性，保证了分析仪可以长时间稳定运行。

②便于安装。分析仪安装时只需连接药剂管、样品管道、纯水管道、废液管道和电源线，设定好参数即可启动。

③自动校正。分析仪根据用户设定的校正时间和校正类型来进行校正。校正所得结果将与原分析仪储存的校正结果进行比较，若小于用户设置的误差限值，则接受并替换原有校正参数，若大于用户设置的限制，则不替换原有校正参数并有报警信号输出。

④自动稀释。可自动对高浓度样品进行稀释。

⑤测量间隔可根据实际情况自由设定。用户可以设定测量时间间隔，在两次测量间隔

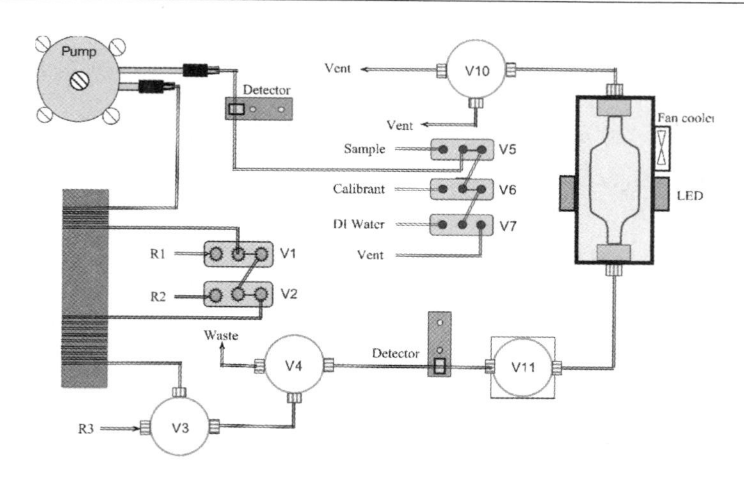

图 7-9　测量流程图

分析仪保持在待机模式，避免了药剂浪费。

⑥超量程自动稀释再分析。

⑦漏液自动检测报警。

⑧汉化版触摸屏操作界面，操作维护简洁。

⑨具有自诊断功能，能识别是否缺少水样或药剂。

⑩长时间自控，低维护量，低运行成本。

⑪药剂消耗量低，预备时间短。

⑫断电后，具有来电自启动功能。

⑬测量进程实时显示。

⑭双光路检测，吸亮度实时显示。

⑮浊度/色度干扰自动补偿。

⑯紫外+高温高压双路消解，效率更高。

⑰校准方式设置灵活，校准点及时间可设。

⑱支持 USB、TF 卡、miniUSB 等多接口设计，方便数据存取。

⑲低功耗产品设计，节能环保。

3）指标参数

测量原理：重铬酸钾氧化亮度法；

检测器：460 nm 双光路 LED 亮度计；

测量类型：用户手动或设定间隔自动分析；

测量间隔：可根据实际情况自由编程；

测量范围：0~100/500；

重复性：<3%；

零点漂移：±5 mg/L；

量程漂移：±5%；

分辨率：0.001；

信号输出：标准 4~20 mA 模拟输出，标准 RS232 数字接口；

信号输入：1 路分析，1 路校正；

报警：1 路高限报警，1 路校正，1 路常规报警；

药剂更换：4~5 周，具体取决于环境温度；

环境温度：5~40℃；

防护等级：IP55；

供电电源：220 V AC，50/60 Hz；

重量：33 kg（不包括药剂）；

尺寸：800 mm×450 mm×300 mm；

人机交互界面：工业级触摸屏，含汉化版操作软件。

7.1.3.2 CODmax Ⅱ

1）测量原理

采用重铬酸钾法高温消解，用亮度法测量样品吸亮度，通过吸亮度与水样 COD 值的线性关系进行分析测定（图 7-10）。

图 7-10 CODmax Ⅱ

2）特性优点

①活塞泵技术和抗腐蚀的管路设计；

②安全防护面板；

③自动清洗功能；

④自动校准功能；

⑤自我泄露监测；

⑥自我状态诊断；

⑦低维护量，每月仅需 1 h 的维护时间。

3）指标参数

测量范围：0~5 000 mg/L；

重现性：5%；

准确度：10%；

消解时间：自动，3 min、5 min、10 min、20 min、30 min、40 min、60 min、80 min、100 min 或 120 min 可选；

测量间隔时间：连续测量、1~24 h 间隔测量、触发启动测量。

7.1.3.3　CODmax plus sc 铬法 COD 分析仪

CODmax plus sc 是哈希公司针对中国市场对 COD 分析仪/COD 检测的需求，基于前一代 CODmax 产品的用户使用经验及反馈，投入大力量研发而成的第二代铬法 COD 分析仪/COD 在线检测仪（图 7-11）。

图 7-11　CODmax plus sc 铬法 COD 分析仪

该仪器可连接哈希 sc 系列控制器，为客户提供更好的扩展性。优化的内部结构及新增的系统功能进一步提高了测试准确性。尤其使在线数据与实验室滴定法比对更为方便。此外，CODmax plus sc 在操作方便以及减小仪器维护量方面也做了大量的改进。

1）测量原理

水样、重铬酸钾、硫酸银溶液（催化剂使直链芳香烃化合物氧化更充分）和浓硫酸的混合液在消解池中被加热到 175℃，在此期间铬离子作为氧化剂从Ⅵ价被还原成Ⅲ价而改变了颜色，颜色的改变度与样品中有机化合物的含量呈对应关系，仪器通过比色换算直接将样品的 COD 显示出来。主要干扰物为氯化物，加入硫酸汞形成络合物去除。

2）特性优点

COD 分析仪/COD 在线检测仪可连接哈希 sc 控制器：

①连接哈希的通用控制平台，为用户提供更好的参数可扩展性；

②凭借 sc 平台良好的通信能力，为用户的数据传输提供了方便（sc200 及 sc1000 可提供支持通信协议）；

③历史数据的管理及读取更加方便快捷（sc 系列支持使用 SD 卡读取历史数据）；

④使用户操作更方便，减少操作错误发生的可能（通用的 sc 操作界面简单、清晰）。

COD 分析仪/COD 在线检测仪精度更高，与实验室滴定法 COD 测试可以更好地比对：

①CODmax plus sc 的测量精度要优于现有其他在线 COD 测量产品；

②新增可由用户输入的 5 点校准功能，使校准曲线更准确；

③氯离子干扰修正功能，可以修正一定范围的由于水样中氯离子干扰造成的偏差；

④可定制系统配置，可以为不同应用环境定制系统各项检测参数。

COD 分析仪/COD 在线检测仪系统所需维护量更少，维护成本更低：

①专门针对上一代 CODmax 产品中的不足进行了内部结构的优化。

提高了零部件长期运行的可靠性，减少了维护量及维护成本：

①可连接哈希 sc200 及 sc1000 控制器；

②更精准的测量能力；软硬件更新；

③更易于在线数据与实验室数据的比对；

④更低的系统维护量；

⑤经典重铬酸钾氧化高效的消解相结合——符合中国国标的铬法 COD 测试原理；

⑥活塞泵技术和抗腐蚀的管路设计；

⑦精确的光学计量系统；

⑧ 10~5 000 mg/L 三挡量程自动切换；

⑨自动校准功能——确保测量的准确；

⑩自动清洗功能——降低维护量。

3）指标参数

测试方法：重铬酸钾高温消解，比色测定；

测试量程：10~5 000 mg/L；

示值误差：（邻苯二甲酸氢钾试验）±8%；

重复性：≤3%；

零点漂移（24 h）：±5 mg/L；

量程漂移（24 h）：±10 mg/L；

消解时间：自动，3 min、5 min、10 min、20 min、30 min、40 min、60 min、80 min、100 min 或 120 min 可选；

测量间隔时间：连续测量、1~24 h 间隔测量、触发启动测量，自定义间隔；

校准：可选择不校准，自动校准或用户自定义校准（最多 5 点）；

用户维护：每月仅需 1 h 的维护时间；

试剂消耗：在连续测量、消解时间为 30 min、校正时间间隔为 24 h 的情况下，每套试剂可用 1 个月；

输出：2 路电流输出：0/4～20 mA，负载 500 Ω；

2 个多功能输出继电器：24 V、1 A；

通过 SD 卡在 sc200 或 sc1000 控制器读取；

服务接口：RS232；

数字通信：MODBUS 或 Profibus，通过 sc200 或 sc1000 控制器；

显示方式：通过 HACH sc200 或 sc1000 显示；

环境温度：+5～+40℃；

电源：220 VAC ± 10%/50～60 Hz；

功耗：约 100 VA；

尺寸：535. 80 mm × 711. 5 mm × 376 mm；

重量：约 38 kg（不包括试剂）。

7. 1. 4　TOC

总有机碳（TOC）是指水体中溶解性和悬浮性有机物含碳的总量。水中有机物的种类很多，目前还不能全部进行分离鉴定。常以 TOC 表示。TOC 是一个快速检定的综合指标，它以碳的数量表示水中含有机物的总量。但由于它不能反映水中有机物的种类和组成，因而不能反映总量相同的总有机碳所造成的不同污染后果。由于 TOC 的测定采用燃烧法，因此能将有机物全部氧化，它比 BOD_5 或 COD 更能直接表示有机物的总量。通常作为评价水体有机物污染程度的重要依据。

某种工业废水的组分相对稳定时，可根据废水的总有机碳同生化需氧量和化学需氧量之间的对比关系来规定 TOC 的排放标准，这样能够大大提高监测工作的效率。测定时，先用催化燃烧或湿法氧化法将样品中的有机碳全部转化为二氧化碳，生成的二氧化碳可直接用红外线检测器测量，亦可转化为甲烷，用氢火焰离子化检测器测量，然后将二氧化碳含量折算成含碳量。

7. 1. 4. 1　Hach BioTector 在线 TOC 分析仪器（见图 7-12）

1）测量原理

取样：将具有代表性、未经过滤的样品用泵输送到分析仪里。样品注入阀会自动选择与测量范围相应的样品体积。

TIC：加入酸以降低 pH，使无机碳以 CO_2 的形式被吹扫出来。检测总无机碳（TIC）的目的是确保其没有被带入 TOC 中。

氧化：BioTector 的专利氧化法（TSAO）用于实现样品完全和彻底的氧化，包括有机碳转化为 CO_2，氮化合物转化为硝酸盐，磷化合物转化为磷酸盐。TSAO 利用氢氧化钠结合通过臭氧发生器的氧气产生的羟基自由基作为氧化剂。

TOC：为去除氧化生成的 CO_2，需将样品的 pH 再次降低。将二氧化碳吹扫出来，并由特别开发的 NDIR CO_2检测器进行测量。结果以总有机碳（TOC）方式予以显示。

COD、BOD：与标准实验室方法关联后，BioTector 经过设置还可显示化学需氧量（COD）或生化需氧量（BOD）测量值。上述算法适用于通过总有机碳、氮和磷测量结果计算 COD/BOD。

图 7-12　Hach BioTector 在线 TOC 分析仪器

2）特性优点

拥有专利的自清洁氧化技术，确保 BioTector 分析仪能够轻松处理各类样品，显著降低维护量，同时大大降低与传统在线测量相关的成本费用。BioTector 分析仪能够消除因盐分、颗粒物、脂肪、油脂等沉积而引起的测量结果漂移和高维护量等问题。

BioTector 分析仪可以实现可靠、持续性的环境监测和实时工艺控制，促使工厂降低化学加药量、最大限度减少垃圾产生、缩减抽样过程以及降低整个工厂的运营成本，为工厂优化工艺流程做出贡献。BioTector 产品拥有超过 15 年的悠久历史，经过实践一再证明，不管是要求最简单还是最严苛的应用领域，运用 BioTector 无疑都能够获得精准的测量结果。

卓越的可靠性——正常运行率高达 99.7%。

极高的可靠性——专利二级先进氧化（TSAO）技术能够沉着应对最富有挑战的应用

领域。

智能化设计——自清洁技术和超大型管道设计，无需过滤，防止管道堵塞和样品污染现象。

TN：TOC 分析完成后，将反应器中经过氧化的样品流送入测量池。在这里，亮度计分析出了适用于硝酸盐的波长。结果以总氮（TN）方式予以显示。

TP：针对缩聚磷酸盐浓度较大的应用领域，需要借助加酸水解获得总磷（TP）结果。经过氧化的样品流置于 TP 锅炉中，并将其以 100℃ 温度酸煮 15 min。该工艺流程将缩聚磷酸盐复合物分解为活性磷酸盐。经过水解的样品与 TP 试剂混合。反应生成磷钼钒杂多酸复合物，随即送入 TP 测量池。在这里，亮度计分析出了适用于磷的波长。结果以总磷（TP）方式予以显示。

技术对比如表 7-1。

表 7-1　技术对比

方法	二级先进氧化法（TSAO）	燃烧法	UV 过硫酸盐
钙、盐	可以测量含氯化物 30% 和含钙质 12% 的样品	因熔炉中未氧化微粒堆积，导致分析仪故障	会将过硫酸盐浓度降低至 0.05%，以降低过硫酸盐氧化电势
藻类生长	由于分析仪带有自动化自清洁功能，因而藻类生长不会影响分析仪功能	在进样桶的堆积，造成堵塞	
微型过滤器和预过滤系统	可处理最大 2 mm 的颗粒物，而无需对 3.2 mm 的样品管进行过滤操作	需要过滤，防止细小的样品管（0.5 mm）和微量进样器发生堵塞	需要过滤，防止细小的样品管和微型滑阀发生堵塞
对于含油、脂、膏等样品	12～24 min 自清洁	必须定期关闭分析仪，进行清洁和维护作业	损失 12～24 h 的正常运行时间
测量结果漂移	由于采用 TSAO 法且数据质量可靠，因此，可以每隔 6 个月进行一次校正	由于加热炉污染物堆积以及红外试验台污染，需要每隔 2～3 d 进行 1 次校正	由于 UV 光源强度变化会引起不完全氧化和漂移，所以需要每隔 2～3 d 进行 1 次校正
自动化自清洁功能	全部清洗均自动进行，包括自动化清洁反应器以及参与每次反应的进样系统	不具备该项功能。需要分析仪离线 1 h，进行手动清洁	

3）指标参数

Hach BioTector 在线 TOC 分析仪指标参数如表 7-2 所示。

表 7-2　指标参数表

标准功能		TOC	TN	TP
测量参数		总有机碳	总氮测定以下组分总和	总磷测定以下组分总和
		不可吹扫有机碳（NPOC）和可吹扫有机碳（POC）	化合态（有机和无机）氮	正磷酸盐（PO_4-P）
		运用 BioTector 的 TOC 模式测定 NPOC	氨态氮（NH_4-N）	化合态（有机和无机）磷
		运用 BioTector 的 TOC/VOC 模式测定 NPOC 和 POC	硝态氮（NO_3-N）	聚磷酸盐
			硝酸盐氮（NO_2-N）	其他活性磷酸盐分（PO_2-P，PO_3-P 等）
				其他磷化合物，例如，磷酸盐、亚磷酸盐等
氧化方法		采用羟基自由基的专利二级先进氧化法（TSAO）		
检测方法		氧化后运用红外测定法测定 CO_2	氧化后运用直接分光亮度测定法测定硝酸盐	氧化后运用亮度测定法（采用标准钒钼酸盐法测量）测定磷酸盐
自动量程范围选择（在每区间都有 3 个范围）	低量程	0～5 mgC/L 至 0～1 250 mgC/L	0～5 mgN/L 至 0～1 250 mgN/L	0～5 mgP/L 至 0～1 250 mgP/L
	标准型	0～10 mgC/L 至 0～10 000 mgC/L	0～10 mgN/L 至 0～10 000 mgN/L	0～10 mgP/L 至 0～10 000 mgP/L
	高量程	0～15 mgC/L 至 0～15 000 mgC/L	0～15 mgN/L 至 0～15 000 mgN/L	0～15 mgP/L 至 0～15 000 mgP/L
	超高量程	0～20 mgC/L 至 0～100 000 mgC/L	0～20 mgN/L 至 0～100 000 mgN/L	0～20 mgN/L 至 0～100 000 mgN/L
	量程组合	提供 TOC、TN 和 TP 宽量程组合		
	标准输出	4～20 mA		
	数字输出	2 个无电势触点，可编程	1 个无电势断层触点，可编程	
		1 个无电势断层触点，可编程	1 个无电势触点，可编程	
	串行接口	RS232 接口输出，用于连接打印机或数据存储		
	显示屏	高对比度 40×16 像素 CFL 背光 LCD		
	重复性	读数的 ±3% 或 0.3 mg，取较大值，有自动范围选择（多范围）功能		

续表

标准功能	TOC	TN	TP
循环时间（通常情况下）	TOC：低于 6.5 min	TOC TN：7 min	P：25 min
		TOC、TN、TPR：8 min	
样品体积	可达 8.0 mL		
颗粒尺寸	可达 2 mm 直径，软颗粒物		
过滤要求	不需要		
信号漂移	每年< 5%		
样品流速	每个样品最低 100 mL		
样品入口温度	2～60℃（36～140°F）		
环境温度	5～40℃（41～104°F）		

7.1.4.2　MICROMAC C 水质在线分析仪（总有机碳）

1）测量原理

样品由蠕动泵泵进分析仪，复合药剂通过一个微脉冲泵添加到样品中。分析的第一步是总无机碳测量，样品和药剂混合后被送到吹脱器内将无机碳转化为 CO_2，NDIR 检测器可以测量 CO_2 从而测量 TIC 的峰值，剩下不含无机碳的样品被泵回 UV 反应器，反应器的氧化温度为 80℃。UV 和高温可以促进样品的氧化，氧化结束后，样品被送到吹脱器内，CO_2 再次被从样品中吹脱，并由 NDIR 检测器检测，分析仪可以测量 TOC 的峰值。每次分析结束后将执行自行清洗（图 7-13）。

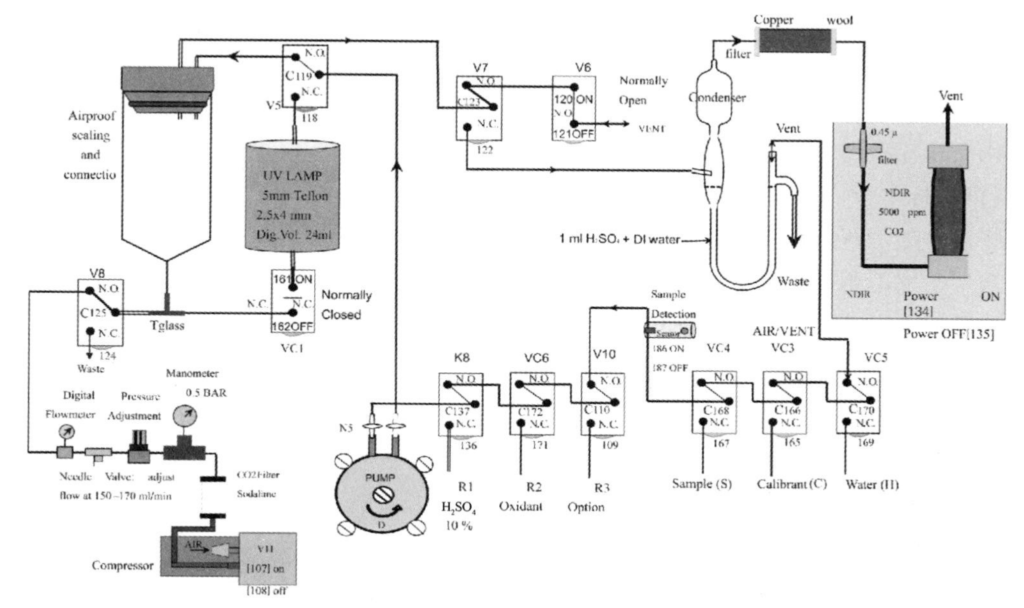

图 7-13　MICROMAC C 水质在线分析仪流程图

2）特性优点

①稳定、可靠。根据工业和环境在线的要求，将电气部分和流路模块部分完全分开，这种简单稳定的LFA系统结构确保了分析仪在电气、流路等方面的高度稳定性，保证了分析仪可以长时间稳定运行。

②便于安装。分析仪安装时只需连接药剂管、样品管道、纯水管道、废液管道和电源线，设定好参数即可启动。

③自动校正。分析仪根据用户设定的校正时间和校正类型来进行校正。校正所得结果将与原分析仪储存的校正结果进行比较，若小于用户设置的误差限值，则接受并替换原有校正参数，若大于用户设置的限制，则不替换原有校正参数并有报警信号输出。

④自动稀释。可自动对高浓度样品进行稀释。

⑤测量间隔可根据实际情况自由设定。用户可以设定测量时间间隔，在两次测量间隔分析仪保持在待机模式，避免了药剂浪费。

⑥内置抽气泵及载气清洁器，无须外接载气设备。

⑦超量程自动稀释再分析。

⑧漏液自动检测报警。

⑨汉化版触摸屏操作界面，操作维护简洁。

⑩具有自诊断功能，能识别是否缺少水样或药剂。

⑪长时间自控，低维护量，低运行成本。

⑫药剂消耗量低，预备时间短。

⑬断电后，具有来电自启动功能。

⑭测量进程实时显示。

⑮浊度/色度干扰自动补偿。

⑯校准方式设置灵活，校准点及时间可设。

⑰支持USB、TF卡、miniUSB等多接口设计，方便数据存取。

18低功耗产品设计，节能环保。

3）指标参数

测量原理：紫外催化氧化NDIR检测；

测量类型：用户手动或设定间隔自动分析；

测量间隔：可根据实际情况自由编程；

测量范围：0~5 mg/L，可扩展；

检测限：0.1 mg/L；

重复性：<2%；

零点漂移：±5%；

量程漂移：±5%；

分辨率：0.001 mg/L；

信号输出：标准4~20 mA模拟输出，标准RS232数字接口；

信号输入：1 路分析，1 路校正；
报警：1 路高限报警，1 路校正，1 路常规报警；
药剂更换：3~4 周，具体取决于环境温度；
环境温度：5~40℃；
载气：由内部压缩机供给，内置空气清洁器；
供电电源：220 V AC，50/60 Hz；
重量：33 kg（不包括药剂）；
尺寸：800 mm×450 mm×300 mm（高×宽×深）；
人机交互界面：工业级触摸屏，含汉化版操作软件。

7.1.5　亚硝氮

以亚硝酸根离子（NO^{2-}）及其盐类形态存在的含氮化合物。

7.1.5.1　bbe NO_2-PWRⅡ（见图 7-14）

1）测量原理
对氨基苯磺酰胺分光亮度法。
2）特性优点
①全自动分析、自动清洗、周期任意设定；
②自动校准、手动校准、网络远程校准；
③超低检出限；
④超高精度蠕动泵实现液体输送，确保超高的测量重现性；
⑤模块化设计、维护简单、量程可调节可扩展；
⑥具备质控样核查验证、工作状态远程监控及数据可靠性诊断功能；
⑦触摸屏操作显示，菜单式操作界面；
⑧故障报警、出错报警、来电自启功能；
⑨支持 4~20 mA、RS232/485 数据传输以及 MODBUS/TCP 等通信方式。
3）指标参数
测量范围：0~0.2/5/10 mg/L，更多量程可选；
准确度：<±3%或 0.000 6 mg/L，取较大值；
重复性：<1%；
检出极限：0.000 2 mg/L（最小量程）；
测量时间：8 min；
零点漂移（24 h）：<1%；
量程漂移（24 h）：<1%；
分辨率：0.000 2 mg/L（最小量程）；

电源：220±10% V；

防护等级：IP54；IP65。

图 7-14 bbe NO_2-PWR Ⅱ

7.1.5.2 WTW ON510（见图 7-15）

1）测量原理

采用 Azo Dye（偶氮染料）结合参考光束法，当往样品中加入显色剂后，NO_2离子使溶液变成粉红色。由亮度计感测变色量，再与参考值比对，利用两者的差值计算出 NO_2离子的浓度。

2）特性优点

具有独特的等比例背景修正代数换算功能，可补偿色度的影响。

3）指标参数

测量范围：NO_2-N：0.005～1.200 mg/L；0.40～90 μmol/L；

NO_2^-：0.020～4.000 mg/L；0.40～90 μmol/L；

分辨率：0.005～1.200 mg/L：0.001 mg/L；

0.020～4.000 mg/L：0.001 mg/L；

0.40～90.00 μmol/L：0.1 μmol/L；

准确度：±2%测试值±0.05 mg/L NO_2-N；

反应时间：<5 min；

测试间隔：5 min、10 min、15 min、20 min 可选；或通过触发信号实现间歇运行（2 h、4 h、6 h、12 h、24 h）；

校正：自动，2 点校正，校正间隔可调。

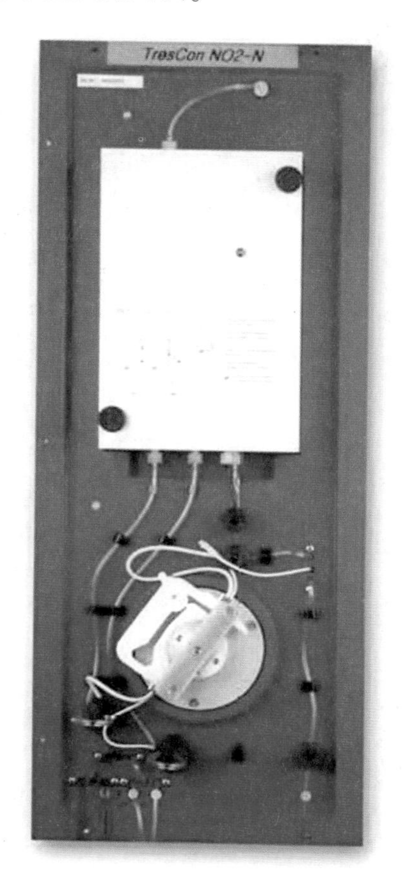

图 7-15　WTW ON510

7.1.6　硝氮

硝态氮是指硝酸盐中所含有的氮元素。水和土壤中的有机物分解生成铵盐，被氧化后变为硝态氮。

硝氮主要测量仪器为 Nitratax sc（见图 7-16）。

1）测量原理

紫外光吸收法，210 nm 紫外光吸收技术测量水中亚硝酸盐和硝酸盐含量，无须化学试剂。

2）特性优点

①无须样品预处理，反应分析速度快；

②不需要任何试剂，无须取样设备；

图 7-16　Nitratax sc 硝氮分析仪

③传感器带有自清洗功能；

④自动补偿浊度和有机物干扰。

3）指标参数

工作温度：2~40℃；

测量范围：0.1~25 mg/L，0.1~50 mg/L，0.1~100 mg/L 硝氮（NO_2-N+NO_3-N）；

精度：读数的±3%或±0.5 mg/L；取大者；

响应时间：1 min；

测量间隔：1 min（T100）；

自清洗：机械式刮片自清洗装置。

7.1.7　氨氮

氨氮是指水中以游离氨（NH_3）和铵离子（NH_4^+）形式存在的氮。

7.1.7.1　科泽 K301 NH_4A（MPS）（见图 7-17）

1）测量原理

采用水杨酸分光亮度法。

2）特性优点

① 采用最新的大型仪表控制技术；

② 配备超高精度的分光亮度计；

③ 全自动分析、自动标定和清洗、周期任意设定、故障自动报警；

④ 扩展功能：可外接电极测量 pH、电导率、浊度等参数；

⑤ TCP/IP 通信，可通过 LAN、W-LAN、GPRS 和 UMTS 实现远程通信；

⑥ 全触摸屏操作，图形化界面。

图 7-17　科泽 K301 NH_4A（MPS）

3）指标参数

测量范围：0~0. 5/4/40/100 mg/L，更多量程可选；

准确度：≤±3%或 0. 001 5 mg/L，取较大值；

重复性：<2% F. S；

检出极限：0. 003 mg/L；

测量时间：15 min；

零点漂移（24 h）：<1%；

量程漂移（24 h）：<1%；

分辨率：0. 000 1 mg/L；

输出信号：0/4~20 mA；

电源：220 V；

防护等级：IP54；IP65。

7. 1. 7. 2　Amtax Compact Ⅱ氨氮分析仪（见图 7-18）

1）测量原理

将分析的样品和反应试剂混合后，将溶液中的 NH_4 离子转化成氨气（NH_3），氨气从被分析的样品中释放出来。然后将氨气转移到装有指示剂的测量池中，重新溶解在指示剂之中。这将引起溶液颜色的改变，利用比色计进行比色法测量，最后计算并得出氨氮的浓度值。

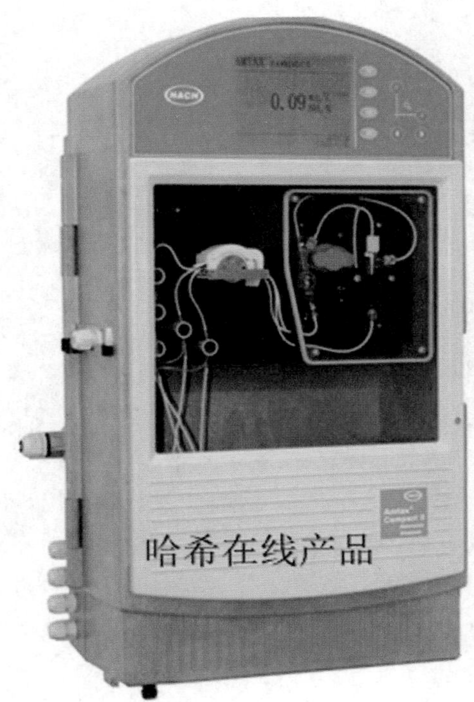

图 7-18　Amtax Compact Ⅱ氨氮分析仪

2）特性优点

（1）更友善

支持中文操作界面，及更好的历史数据显示界面。便于用户更直观地操作。

（2）更稳定

增加了恒温模块，保证仪器在温度变化的环境下也能保持稳定。不需再额外设置恒温装置。

（3）更便利

在实际水样的测量间隙中，可以插入标液测量，确保仪器的稳定性得到监控。

（4）更多量程选择

除了维持前一代大量程范围 0. 2～1 200 mg/L NH_4-N。Amtax Compact Ⅱ更将低量程扩展为 0. 20～30. 00 mg/L 满足了广大污水处理厂出口标准的使用和有效性审核的要求。

（5）易于维护

通过蠕动泵和捏阀的机械装置来输送试剂和水样。因为和试剂不直接接触，因此不需要频繁清洁和维护。极大地减少了因频繁更换部件，而造成人力的浪费。

（6）自动泄漏侦测

仪表内设有湿度感应器，湿度感应器能感应分析仪外壳底部的液体。如果有液体被感应到，感应器会把分析仪关掉，并且显示“漏液故障”在显示屏的左下角。

自动化的泄漏侦测，能辅助操作人员及早发现泄漏。

（7）自清洗功能

分析仪有一个使用逐出溶液的自动清洁的循环过程。清洁循环的频率可以通过“设置”菜单设置。能确保每次的测量更准确，并减少人工维护量。

3）指标参数

测量范围：

0. 2~1 200 mg/L NH_4-N。根据试剂的不同，分为以下几段：

0. 20~12. 00 mg/L；

0. 20~30. 00 mg/L；

2. 0~120. 0 mg/L；

20~1 200 mg/L。

准确度：

（0. 20~12. 00）mg/L ：±（5%+0. 1 mg/L）；

（0. 20~30. 00）mg/L：≤12. 0 mg/L：±（ 2. 5%+0. 1 mg/L）；

>12. 0 mg/L ：±（5%+0. 1 mg/L）；

（2. 0~120）mg/L：±（2. 5%+1 mg/L）；

（20~1 200）mg/L：±（5%+5 mg/L）。

测量下限：0. 2 mg/L。

重复性：≤3%（根据国家相关检定规程）。

稳定性：±10%（根据国家相关检定规程）。

零点漂移：±5% F. S（根据国家相关检定规程）。

测量间隔：13 min、30 min，1 h、2 h、4 h、6 h、24 h 或者用户自定义。

自动校正周期：关闭，1 d，2 d，…，7 d 可选。

保存温度范围：0~50℃。

操作范围：10~40℃。

相对湿度：40℃温度情况下 90%。

7. 1. 8 总磷总氮分析仪

总磷是水样经消解后将各种形态的磷转变成正磷酸盐后测定的结果，以每升水样含磷毫克数计量。

总氮是水中各种形态无机和有机氮的总量。包括 NO_3^-、NO_2^- 和 NH_4^+ 等无机氮和蛋白质、氨基酸和有机胺等有机氮，以每升水含氮毫克数计算。

7.1.8.1 MODEL 9850（总氮）（图 7-19）

1）测量原理

MODEL 9850 总氮（TN）水质在线自动监测仪是北京雪迪龙研制的具有完全自主知识产权的自动监测仪器，仪器依据国家标准 GB 11894—89《水质-总氮的测定　碱性过硫酸钾消解紫外分光亮度法》分析原理，通过比色法测量水中的总氮浓度的在线分析仪器，能够长期无人值守地自动监测各种水体中的总氮。其创新的测量方法和装置可以监测较低或较高浓度的总氮。

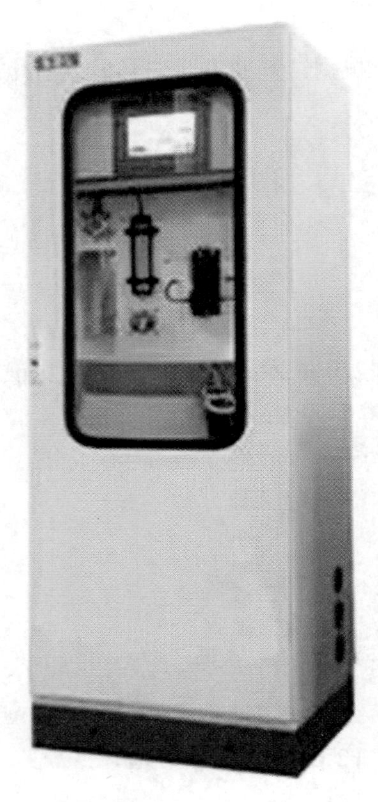

图 7-19　MODEL 9850（总氮）

2）特性优点

①采用 PLC 控制，可靠性高，抗干扰能力强，适用于恶劣的工作环境；

②智能故障自诊断功能，仪器管理和维护十分方便；

③断电保护设计，具有断电、再上电的数据自动恢复功能；

④有超标报警功能，与采样器配合使用，实现超标留样；

⑤具有网络功能，通过网络平台，可实现数据共享及远程控制；

⑥采用自主研制的多信道阀，防腐性能强，使用寿命长，安全可靠；

⑦强大的数据存储功能，数据存储达 30 000 组以上；
⑧便捷的数据导出功能，U 盘直接导出历史数据报表；
⑨具有量程自动切换功能，无须人工设定。
3）指标参数
测量方法：碱性过硫酸钾消解紫外分光亮度法；
测量范围：0~120 mg/L（可根据客户要求扩展）；
准确度：±10%（示值误差）；
重复性：≤5%；
零点漂移：±2%；
量程漂移：±2%；
分辨率：0. 1 mg/L；
测量周期：最小测量周期 60 min；
测量间隔：间隔模式 1~9 999 min，外部控制模式，整点模式（24 h 任意设置）；
校正方式：手动/自动模式；
服务接口：RS232 或 RS485；
显示：彩色触摸屏；
操作菜单：中文；
数据存储：30 000 条；
模拟输出：4~20 mA；
电源：（220±22）V AC，（50±1）Hz；
尺寸：1 600 mm×600 mm×600 mm。

7. 1. 8. 2　NPW-160（见图 7-20）

1）测量原理
总磷：（符合 GB 11893—89）：过硫酸钾做氧化剂，在 120℃条件下消解 30 min，将磷化物转化成磷酸根离子，钼蓝法吸光亮度法（测量波长：700 nm）。
总氮：过硫酸钾做氧化剂（符合 GB 11893—89）：过硫酸钾做氧化剂，在 120℃条件下消解 30 min，将氮化物转化成硝酸根离子，样品溶液的 pH 调节为 2~3；紫外光吸光亮度法检测（测量波长：220 nm，275 nm 浊度补正：A = A220-A275×2）COD（UV）：双波长吸光亮度法（紫外线 254 nm，可见光 546 nm）。
2）特性优点
①哈希公司的 NPW-160 在线监测仪采用一体化设计，简化了管线连接；
②运行成本低，二次污染少；
③独立设计的加热分解装置。
3）指标参数
总磷：0~0. 5（0~20 mg/L 可选）；

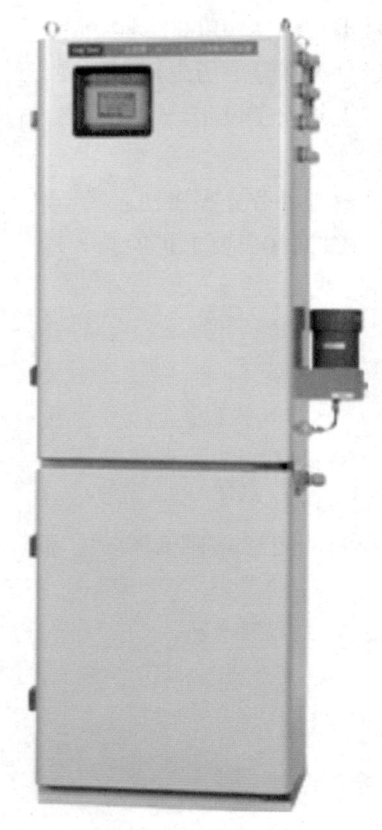

图 7-20　NPW-160

总氮：0~20 mg/L（0~200 mg/L 可选）；

COD（UV）：0~500 mg/L。

重复性：±3%F. S。

测量周期：1~6 h，可任意设定。

7.1.8.3　MICROMAC C 水质在线分析仪（总磷和总氮）（见图 7-21）

1）测量原理

总磷：样品经过滤后被泵入消解罐，然后注入酸溶液、氧化剂混匀后再被泵入 UV 消解管内进行紫外消解，把有机磷化物氧化成正磷酸盐；然后再把样品泵入消解罐内进行加热消解，将所有无机磷转化为正磷酸盐。之后依次加入显色剂和还原剂，生成蓝色络合物，分析仪在 880 nm 处测量这种蓝色的物质。并依据存储在分析仪里的校正因数计算出样品的浓度。

总氮：测量完总磷后，样品被泵入消解罐里。然后注入氧化剂加热消解，消解完成后再被泵入 UV 消解管内，进行紫外消解。将样品中的有机氮、氨氮、亚硝酸盐最终转化为硝酸盐，然后被泵入紫外分光亮度计内进行检测，并根据吸亮度计算出样品浓度。

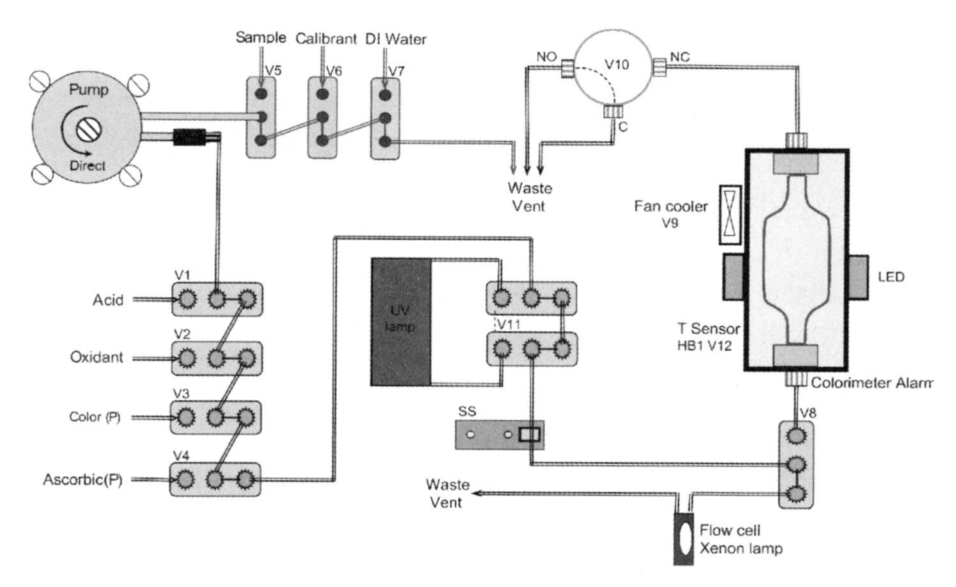

图 7-21　MICROMAC C 水质在线分析仪（总磷和总氮）

2）特性优点

①稳定、可靠。根据工业和环境在线的要求，将电气部分和流路模块部分完全，这种简单稳定的 LFA 系统结构确保了分析仪在电气、流路等方面的高度稳定性，保证了分析仪可以长时间稳定运行。

②便于安装。分析仪安装时只需连接药剂管、样品管道、纯水管道、废液管道和电源线，设定好参数即可启动。

③自动校正。分析仪根据用户设定的校正时间和校正类型来进行校正。校正所得结果将与原分析仪储存的校正结果进行比较，若小于用户设置的误差限值，则接受并替换原有校正参数，若大于用户设置的限制，则不替换原有校正参数并有报警信号输出。

④自动稀释。可自动对高浓度样品进行稀释。

⑤测量间隔可根据实际情况自由设定。用户可以设定测量时间间隔，在两次测量间隔分析仪保持在待机模式，避免了药剂浪费。

⑥超量程自动稀释再分析。

⑦漏液自动检测报警。

⑧汉化版触摸屏操作界面，操作维护简洁。

⑨具有自诊断功能，能识别是否缺少水样或药剂。

⑩长时间自控，低维护量，低运行成本。

⑪药剂消耗量低，预备时间短。

⑫断电后，具有来电自启动功能。

⑬测量进程实时显示。

⑭双光路检测，吸亮度实时显示。

⑮浊度/色度干扰自动补偿。
⑯紫外+高温高压双路消解，效率更高。
⑰校准方式设置灵活，校准点及时间可设。
⑱支持 USB、TF 卡、miniUSB 等多接口设计，方便数据存取。
⑲低功耗产品设计，节能环保。
3）指标参数
测量原理：钼酸盐-过硫酸钾氧化紫外分光亮度法；
检测器：总磷 880 nm 双光路 LED 亮度计；
总氮：紫外分光亮度计；
测量类型：用户手动或设定间隔自动分析；
测量间隔：可根据实际情况自由编程；
测量范围：0~0.5/5 mg/L（TP）；0~4/10 mg/L（TN），可扩展；
重复性：2%；
零点漂移：±5%；
量程漂移：±5%；
分辨率：0.001 mg/L；
信号输出：标准 4~20 mA 模拟输出，标准 RS232 数字输出；
信号输入：1 路分析，1 路校正；
报警：1 路高限报警，1 路校正，1 路常规报警；
药剂更换：3~4 周，具体取决于环境温度；
环境温度：5~40℃；
防护等级：IP55；
供电电源：220 VAC，50/60 Hz；
重量：33 kg（不包括药剂）；
尺寸：800 mm×450 mm×300 mm（高×宽×深）；
人机交互界面：工业级触摸屏，含汉化版操作软件。

7.2 毒性指标在线监测

毒性指标主要是指石油类、重金属（铜、铅、锌、铬、砷）、氰化物、硫化物等。

7.2.1 水中油分析仪

水中油是指的水中微量油（碳氢化合物）的浓度。海水中石油污染毒害水产资源，破坏生态平衡，危害人类健康，所以及时准确检测排海污水中石油类含量具有重要意义。

7.2.1.1　FP360 sc

FP360 sc 是一款运行稳定的紫外荧光亮度计（图 7-22）。微型设计且具有长期的稳定性，使其非常适合应用在工业领域中的芳香族碳氢化合物监测以及所有的水质监测和废水监测领域中。

图 7-22　FP360 sc

1）测量原理

紫外荧光分析法是一种非常灵敏的方法，可以测定水中多环芳烃的浓度，与水中油的含量有非常强的相关性。被测的是来自水样中的辐射强度，它可以在较短的波长下吸光，在较长的波长下发射光（荧光）。不同类型的油具有不同的辐射特性。FP360 sc 是一款运行稳定的紫外荧光亮度计。微型设计且具有长期的稳定性，使其非常适合应用在工业领域中的芳香族碳氢化合物监测以及所有的水质监测和废水监测领域中。

2）特性优点

①检测溶解性和乳化性的油。

②电子的日光补偿。

③测量不受水中悬浮颗粒物的影响。

④灵敏度高。

⑤运行范围广。

3）指标参数

量程：0.1～150 mg/L（水中油）；低量程 0～50 ppb/0～500 ppb（PAH），0.1～1.5 ppm/0.1～15 ppm（oil）；高量程 0～500 ppb/0～5 000 ppb（PAH），0.1～15 ppm/0.1～150 ppm（oil）；

精度：读数的±5%或满量程的±2%；

重现性：读数的±2.5%；

响应时间：10 s（T90）；

分辨率：最低量程范围内 1 ppb（PAH）；

最低检出限：1 ppb（PAH）。

7.2.1.2 XHOIL-91A 型水质石油类自动监测仪

XHOIL-91A 型水质石油类自动监测仪（河北先河环保科技股份有限公司）采用紫外荧光法（图 7-23）。

图 7-23 XHOIL-91A 型水质石油类自动监测仪

目前紫外荧光法已在美国、加拿大、瑞士、俄罗斯等发达地区和国家广泛应用并被列为国家标准。我国国家标准《海洋监测规范》GB 17378.3—1998 也采用荧光法测量海水中的石油类。

1）测量原理

紫外荧光分析法是一种非常灵敏的方法，可以测定水中多环芳烃的浓度，与水中油的含量有非常强的相关性。被测的是来自水样中的辐射强度，它可以在较短的波长下吸光，在较长的波长下发射光（荧光）不同类型的油具有不同的辐射特性。

2）特性优点

①与红外法相比，仪器采用正己烷做萃取剂，不使用剧毒的四氯化碳，且每次测量仅需 0.6 mL，大幅度降低对于环境和人体的危害。

②采用荧光法测量水中石油类污染物的含量，检出限低，分析速度快，灵敏度高。

③重复性较高，达到 1%。

④脉冲氙灯作为光源，寿命长；背景光自动校正功能，防止外界杂散光对测定结果的影响。

⑤配置自主专利的自动柱状采样器，可以自动采集从水面至水面下 5~30 cm 处的柱状水样，可以采集到漂浮油、分散油、乳化油和溶解油四种形式的全部油分，同时不破坏水体水文状态，确保水样的代表性和客观性，符合石油类采样标准。

3）指标参数

检出限：0.01 mg/L；

准确度：±5%；

测量范围：0.01～30 mg/L；

重复性：1%。

7.2.2　氰化物

氰化物特指带有氰基（CN）的化合物，其中的碳原子和氮原子通过三键相连接。这三键给予氰基以相当高的稳定性，使之在通常的化学反应中都以一个整体存在。因该基团具有和卤素类似的化学性质，常被称为拟卤素。工业中使用氰化物很广泛。如从事电镀、洗注、油漆、染料、橡胶等行业人员接触机会较多。日常生活中，桃、李、杏、枇杷等含氢氰酸，其中以苦杏仁含量最高，木薯亦含有氢氰酸。氰化物中毒主要是通过呼吸道，其次在高浓度下也能通过皮肤吸收，对人体危害性极大。

7.2.2.1　bbe Cn-PWR Ⅱ（图 7-24）

1）测量原理

吡啶-巴比妥酸分光亮度法。

图 7-24　bbe Cn-PWR Ⅱ

2）特性优点

①全自动分析、自动清洗、周期任意设定；

②自动校准、手动校准、网络远程校准；

③超低检出限；

④超高精度蠕动泵实现液体输送，确保超高的测量重现性；

⑤模块化设计、维护简便、量程可调可扩展；

⑥具备质控样核查验证功能、仪表状态远程监控及数据可靠性诊断功能；

⑦故障报警、出错报警、来电自启动功能；

⑧触摸屏操作界面，操作维护简洁；

⑨支持 4~20 mA、RS232/485 数据传输以及 MODBUS/TCP 等通信方式。

3）指标参数

测量原理：吡啶-巴比妥酸亮度法；

测量范围：0~0.05/0.5/10/100 mg/L，更多量程可选；

准确度：<±3%或 0.000 2 mg/L，取较大值；

重复性：<1%；

检出限：0.000 4 mg/L（最小量程）；

测量时间：8 min；

零点漂移（24 h）：<1%；

量程漂移（24 h）：<1%；

分辨率：0.000 1 mg/L；

输出信号：4~20 mA RS232/485 MODBUS/TCP；

电源：（220±10%）V，（50±2%）Hz；

防护等级：IP54；IP65。

7.2.2.2 MICROMAC C 水质在线分析仪（总氰化物）（见图 7-25）

1）测量原理

样品经过过滤后，被泵入反应器里。在反应器里，样品先经过稀释，再注入 pH 缓冲液调整 pH，然后加入氯胺 T 将氰化物转化为氯化氰，最后与吡啶和巴比妥酸反应生成红紫复合物，分析仪在 592 nm 处测量这种红紫色的物质。并依据存储在分析仪里的校正因数计算出样品的浓度。

2）特性优点

①稳定、可靠。根据工业和环境在线的要求，将电气部分和流路模块部分完全，这种简单稳定的 LFA 系统结构确保了分析仪在电气、流路等方面的高度稳定性，保证了分析仪可以长时间稳定运行。

②便于安装。分析仪安装时只需连接药剂管、样品管道、纯水管道、废液管道和电源线，设定好参数即可启动。

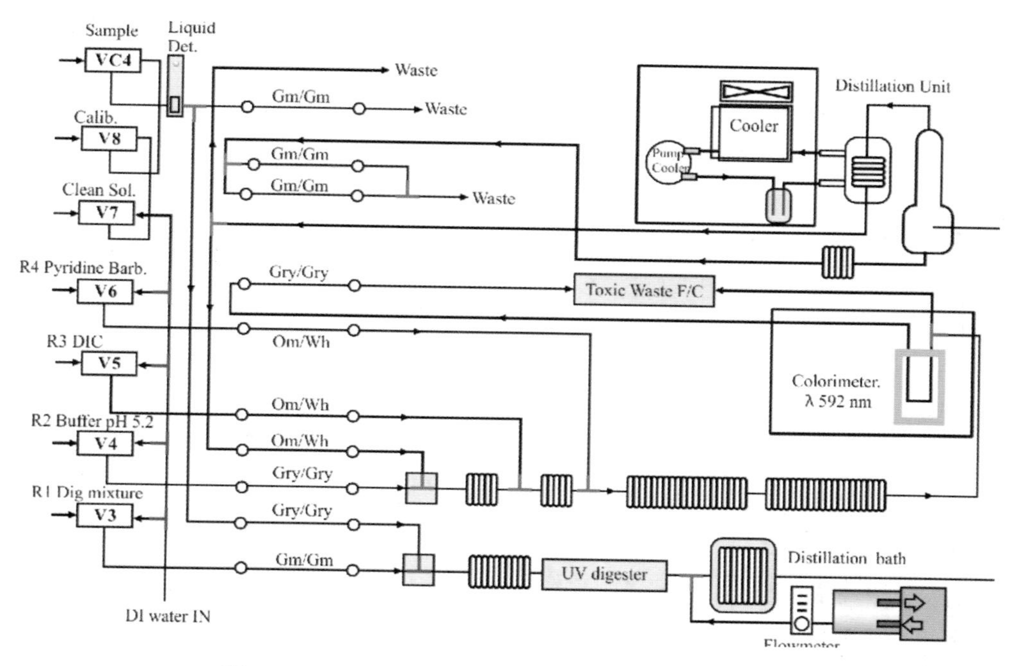

图 7-25　MICROMAC C 水质在线分析仪（总氰化物）

③自动校正。分析仪根据用户设定的校正时间和校正类型来进行校正。校正所得结果将与原分析仪储存的校正结果进行比较，若小于用户设置的误差限值，则接受并替换原有校正参数，若大于用户设置的限制，则不替换原有校正参数并有报警信号输出。

④自动稀释。可自动对高浓度样品进行稀释。

⑤测量间隔可根据实际情况自由设定。用户可以设定测量时间间隔，在两次测量间隔分析仪保持在待机模式，避免了药剂浪费。

⑥超量程自动稀释再分析。

⑦漏液自动检测报警。

⑧汉化版触摸屏操作界面，操作维护简洁。

⑨具有自诊断功能，能识别是否缺少水样或药剂。

⑩长时间自控，低维护量，低运行成本。

⑪药剂消耗量低，预备时间短。

⑫断电后，具有来电自启动功能。

⑬测量进程实时显示。

⑭双光路检测，吸亮度实时显示。

⑮浊度/色度干扰自动补偿。

⑯紫外+高温高压双路消解，效率更高。

⑰校准方式设置灵活，校准点及时间可设。

⑱支持 USB、TF 卡、miniUSB 等多接口设计，方便数据存取。

⑲低功耗产品设计，节能环保。

3）指标参数

测量原理：吡啶-巴比妥酸亮度法。

检测器：592 nm 双光路亮度计。

测量类型：用户手动或设定间隔自动分析。

测量间隔：可根据实际情况自由编程。

测量范围：0~0.5 mg/L，可扩展。

重复性：<2%。

零点漂移：±5%。

量程漂移：±5%。

分辨率：0.001。

信号输出：标准 4~20 mA 模拟输出，标准 RS232 数字输出。

信号输入：1 路分析，1 路校正。

报警：1 路高限报警，1 路校正，1 路常规报警。

药剂更换：3~4 周，具体取决于环境温度。

环境温度：5~40℃。

防护等级：IP55。

供电电源：220 V AC，50/60 Hz。

重量：33 kg（不包括药剂）。

尺寸：800 mm×450 mm×300 mm（高×宽×深）。

人机交互界面：工业级触摸屏，含汉化版操作软件。

7.2.3 总铜

铜（Cu）是人体必不可少的元素，成人每日需要 1.5~3.0 mg 的铜用于合成一些氧化酶。水中铜含量达 0.01 mg/L 时，对水体自净有明显的抑制作用；超过 3.0 mg/L，会产生异味；超过 15 mg/L，就无法饮用。铜对水生生物毒性很大，铜对水生生物的毒性与其在水体中的形磁性有关，总铜包括游离态铜离子及络合态铜，游离态铜离子的毒性比络合态铜要大得多。铜的主要污染源有电镀、冶炼、五金、石油化工和化学工业等部门排放的废水。

7.2.3.1 K301 TCu 总铜在线分析仪（见图 7-26）

1）测量原理

电热消解光谱法。

2）特性优点

①在线监测分析；

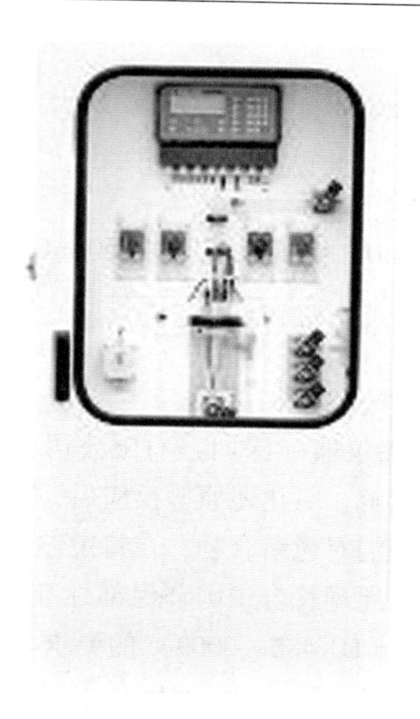

图 7-26　K301 TCu 总铜在线分析仪

②双光束设计测量更准确；
③自动清洗和标定；
④自动性能检查；
⑤维护简便；
⑥标准模块化结构；
⑦远程清洗功能；
⑧远程时间设置功能，可根据需要任意设定监测频率；
⑨仪器状态远程显示功能；
⑩远程设置仪器参数；
⑪远程标定并记录标定的状态。
3）指标参数
量程：0~1 mg/L Tcu（其他量程可选）。
精度：±5%F. S。
再现性：±3%F. S。
最低检出限：0. 05 mg/L。
输出：0/4~20 mA，电流绝缘。
显示：数字式 LCD 显示 5。
通信接口：RS485。
控制：2 个设置点及 1 个警报（3 个继电器）。
进水要求：

流速：10～50 L/h；

压力：0.05～0.1 MPa；

出水：无压力，自由排放。

消耗水量（被测水）：约250 mL/h。

出水情况：出水温度：20～30℃；成分：300～400 mL/h。

7.2.3.2 C310总铜在线分析仪（图7-27）

1）测量原理

C310总铜在线分析仪是中兴仪器（深圳）有限公司自主研发的基于比色法测量水中的总铜含量的产品。水样经过消解、氧化还原等反应后，加入掩蔽剂掩蔽水样中的一些干扰因素，加入显色剂使生成稳定的有色络合物，在特定波长处测定吸亮度值，通过计算得到水样中铜的浓度。仪器的方法原理符合中国环保部标准《水质　铜的测定　2，9-二甲基-1，10-菲啰啉分光亮度法》（HJ 486—2009）的要求。并符合广东省地方标准《铜水质自动在线监测仪技术要求》DB44/T 1719—2015的要求。

图7-27　C310总铜在线分析仪

2）特性优点

①精准的微量计量，保证试剂消耗量小。试剂余量监控及预警，及时提示客户更换试剂；

②水样适用性强，通过改变消解方式和改变掩蔽剂，可以掩蔽多种干扰因素；

③仪表小型化，集成程度高，便于运输和安装；

④平台化和模块化设计，易于维护和快速修复，通用模块达95%以上；

⑤具备网络化质控功能，远程标样核查，仪表状态远程监控及软件远程在线升级；

⑥自动/手动/网络远程测量、清洗与校准；
⑦专利光程加长及精准的温控等技术，保证测量的准确性；
⑧故障报警、试剂余量预警、上电自检、断电保护功能；
⑨采用进口触摸屏，中文界面显示，完善的用户权限管理；
⑩支持 4~20 mA、RS232、RS485 通信接口以及 MODBUS 通信方式。
3）指标参数（表 7-3）

表 7-3　指标系数

测量方法	2，9-二甲基-1，10-菲啰啉分光光度法	单次测量试剂消耗量	约 2.0 mL
测量范围	0~2.0/5.0 mg/L（可扩展）	校准模式	自动校准（可设置校准间隔）、手动/远程触发校准
精密度	≤3%	测量模式	间隔测量（1~9 999 min）、整点测量、手动/远程触发测量
准确度	±5%	通信接口	4~20 mA RS232/RS485
平均无故障连续运行时间	≥1 440 h/次	电源要求	220 VAC±10%，50~60 Hz
零点漂移	±5%	工作环境	5~45℃，RH≤90%
量程漂移	±5%	功耗	≤80 W
定量下限	0.05 mg/L	尺寸	540 mm（高）×250 mm（宽）×370 mm（深）
实际水样比对实验	相关误差≤20%（0.10 mg/L≤浓度≤0.50 mg/L）相关误差≤15%（浓度>0.5 mg/L）	重量	约 15 kg（不含试剂）

7.2.4　总铅

铅是环境中一种重要的神经毒物，对人神经系统影响很大，特别是对婴幼儿和儿童神经行为和智力影响较大，铅可以经呼吸和饮食进入人体，铅进入人体后主要储存在血和骨质中，肾是铅的主要排泄器官，铅能通过胎盘和血脑屏障，美国疾控中心规定儿童铅中毒诊断标准血铅不小于 100 μg/L，而不管是否有相应症状和其他血液生化学变化，这一标准已为各国学者所接受。铅通过陆源入海会经过食物链进入水生生物尤其是鱼、虾、贝类等可供人类食用的动物体内，人类食用铅超标的海鲜，铅进入人体后，仅有少部分会随着身体代谢排出体外，其余大量则会在体内沉积，对人类机体的神经、造血、消化、肾脏、心血管和内分泌等多个系统造成危害，若含量过高则会引起铅中毒。

主要测量仪器为 Hach XOS 总铅在线分析仪。

Hach XOS 总铅在线分析仪（图 7-28）是一款测定水中铅含量的在线分析仪器。此款分析仪采用的创新型单色波长色散 X 射线荧光（MWD XRF）技术，确保了分析仪既有极佳的检测性能和检测精度，且使用方便，操作可靠，是一款有别于市面上重金属分析仪的划时代高科技产品。

图 7-28 Hach XOS 总铅在线分析仪

1）测量原理

采用创新型单色波长色散 X 射线荧光（MWD XRF）技术。

2）特性优点

①创新型单色波长色散 X 射线荧光（MWD XRF）技术；

②极佳检测性能及精度，定量下限低至 0.025 ppm（铅），0.015 ppm（砷）；

③非传统比色法，无色度浊度干扰问题；

④不需消耗试剂及化学品，无二次环境污染；

⑤直接测量，无样品处理；

⑥可更换风冷低功耗（50 W）X 光管；

⑦即插即用，使用普通电源；

⑧操作简单，无须专业人员；

⑨可选择测量时间（10~50 min）；

⑩用户友好型触屏界面；

⑪极低的维护要求。

3）指标参数

Hach XOS 总铅在线分析仪规格

电源：230 V AC ± 10%，50~60 Hz。

功耗：400 VA。

额定保险丝：独立断路器，4 A，250 V，带漏电保护（漏电流 30 mA）。
额定 X 光管电压：50 kV。
最大 X 光管电流：1 mA。
设备交流电源要求：90~264 V AC，47~63 Hz。
测量技术：单色激发波长色散 X 射线荧光（MWDXRF）。
分析范围：0.03~10 mg/L。
检测下限：0.03 mg/L。
水样流速：50~80 mL/min。
样品压力：5~50 psi。
防护等级：IP53。
通信功能：RS-485。
测量时间：仪器自动选择 10~50 min。高浓度：10 min；极低浓度：50 min。
测量间隔：1 h。
相对湿度：30%~85%。
外观尺寸：1 040 mm× 600 mm×437.16 mm（高×宽×深）。
操作温度：10~40℃。
继电器：220 V，3 A，2 路。
重复性：1.5%，1 ppm（铅）。

7.2.5　总锌

锌是人体健康不可缺少的元素，它广泛存在于人体肌肉及骨骼中，但是含量甚微，如果超量就会发生严重后果。含锌废水的排放对人体健康、水生生物和工农业活动具有严重危害，具有持久性、毒性大、污染严重等危害，一旦进入环境后不能被生物降解，大多数参与食物链循环，并最终在生物体内积累，破坏生物体正常生理代谢活动，危害人体健康。

7.2.5.1　MICROMAC C 水质在线分析仪（总锌）（见图 7-29）

1）测量原理

样品经过滤后，被泵入反应器里。先稀释样品获得合适浓度，添加硝酸并进行高温消解，然后添加缓冲溶液调节 pH 为 9，再添加 Zincon（锌试剂）进行显色反应，分析仪在 609 nm 处测量混合物的 OD 值，并依据存储在分析仪里的校正因数计算出样品的浓度。

2）特性优点

①稳定、可靠。根据工业和环境在线的要求，将电气部分和流路模块部分完全，这种简单稳定的 LFA 系统结构确保了分析仪在电气、流路等方面的高度稳定性，保证了分析仪可以长时间稳定运行。

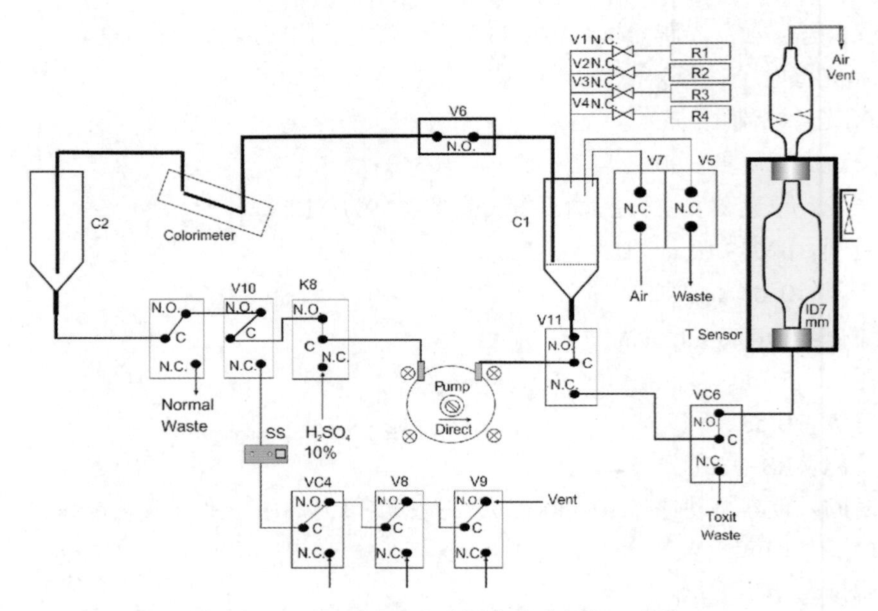

图 7-29　MICROMAC C 水质在线分析仪（总锌）

②便于安装。分析仪安装时只需连接药剂管、样品管道、纯水管道、废液管道和电源线，设定好参数即可启动。

③自动校正。分析仪根据用户设定的校正时间和校正类型来进行校正。校正所得结果将与原分析仪储存的校正结果进行比较，若小于用户设置的误差限值，则接受并替换原有校正参数，若大于用户设置的限制，则不替换原有校正参数并有报警信号输出。

④自动稀释。可自动对高浓度样品进行稀释。

⑤测量间隔可根据实际情况自由设定。用户可以设定测量时间间隔，在两次测量间隔分析仪保持在待机模式，避免了药剂浪费。

⑥超量程自动稀释再分析。

⑦漏液自动检测报警。

⑧汉化版触摸屏操作界面，操作维护简洁。

⑨具有自诊断功能，能识别是否缺少水样或药剂。

⑩长时间自控，低维护量，低运行成本。

⑪药剂消耗量低，预备时间短。

⑫断电后，具有来电自启动功能。

⑬测量进程实时显示。

⑭双光路检测，吸亮度实时显示。

⑮浊度/色度干扰自动补偿。

⑯校准方式设置灵活，校准点及时间可设。

⑰支持 USB、TF 卡、miniUSB 等多接口设计，方便数据存取。

⑱低功耗产品设计，节能环保。

3）指标参数

测量原理：锌试剂亮度法；

检测器：609 nm 双光路亮度计。

测量类型：用户手动或设定间隔自动分析。

测量间隔：可根据实际情况自由编程。

测量范围：0~1 mg/L，可扩展。

重复性：<2%。

零点漂移：±5%。

量程漂移：±5%。

分辨率：0.001 mg/L。

信号输出：标准 4~20 mA 模拟输出，标准 RS232 数字输出。

信号输入：1 路分析，1 路校正。

报警：1 路高限报警，1 路校正，1 路常规报警。

药剂更换：3~4 周，具体取决于环境温度。

环境温度：5 ~ 40℃。

防护等级：IP55。

供电电源：220 V AC，50~60 Hz。

重量：33 kg（不包括药剂）。

尺寸：800 mm×450 mm×300 mm（高×宽×深）。

人机交互界面：工业级触摸屏，含汉化版操作软件。

7.2.5.2　C310 总锌在线分析仪（见图 7-30）

1）测量原理

C310 总锌在线分析仪是中兴仪器（深圳）有限公司自主研发的基于比色法测量水中的总锌含量的产品。在弱碱性条件下，锌离子与特异性显色剂反应生成有颜色的稳定络合物，其在特定波长处有吸收，通过比色测定，测量其吸亮度并计算出水样中锌的浓度。

2）特性优点

①多种消解方式和掩蔽剂组合，可以掩蔽多种干扰因子，保证不同行业水样的精准测量；

②仪表微型化，集成度高，体积只有电脑主机大小，便于运输和安装；

③仪器应用场所广泛，如实验室、在线监测移动车等场所均能灵活使用；

④试剂消耗少，废液排放量低，节约运营成本；

⑤整套管路系统采用防腐蚀材料，并且前向维护，故障率低，维护量少，使用寿命延长；

⑥平台化和模块化设计，易于维护和快速修复，通用模块达 95%以上；

图 7-30　C310 总锌在线分析仪

⑦整套管路系统采用防腐蚀材料，并且前向维护，故障率低，维护量少，使用寿命延长；

⑧具备网络化质控功能，远程标样核查，仪表状态远程监控及软件远程在线升级；

⑨自动/手动/网络远程测量、清洗与校准；

⑩故障报警、试剂余量预警、上电自检、断电保护功能；

⑪采用进口触摸屏，中文界面显示，完善的用户权限管理；

⑫支持 4~20 mA、RS232、RS485 通信接口以及 MODBUS 通信方式。

3）指标参数

测量原理：锌试剂亮度法。

测量范围：0~2. 0/5. 0/10. 0 mg/L（可扩展）。

精密度：≤5%。

准确度：±5%。

平均无故障连续运行时间：≥1 440 h/次。

零点漂移：±5%。

量程漂移：±5%。

定量下限：0. 1 mg/L。

实际废水样比对实验：≤15%。

7. 2. 6　总铬

铬是一种蓝白色多价金属元素，常见的有二价铬、三价铬和六价铬，总铬是水中铬元素的总量，包括二价铬、三价铬、六价铬等。其毒性与存在的价态有关，其中六价铬毒性最强，其他价态的铬在一定条件下可以转化为六价铬。

7.2.6.1　K301 TCr 总铬在线分析仪（图 7-31）

总铬分析仪为在线非连续测量。分析仪为自动标定，标定周期可设置（机器默认值：每 24 h 为一个标定周期）。通过专用软件，用户可利用 RS485 接口通过电话通信网络在中央控制室对现场的分析仪进行远程控制，内容包括分析仪的标定、开关以及分析仪中央控制器 Anacon2000 的调节（开关、标定、错误诊断、功能检查等）。

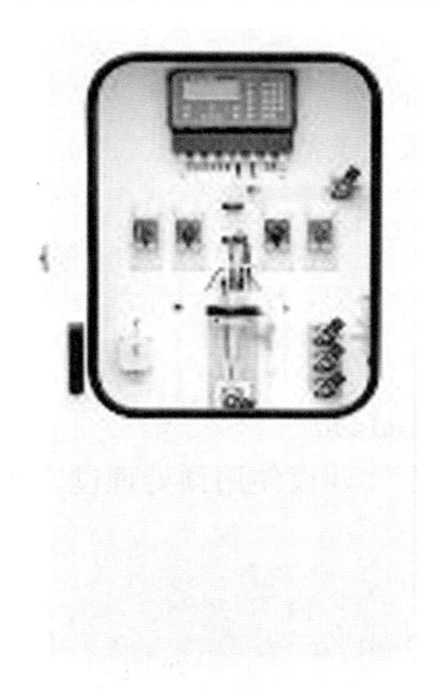

图 7-31　K301 TCr 总铬在线分析仪

1）测量原理

采用比色法。

2）特性优点

①在线监测分析；

②自动清洗和标定；

③自动性能检查；

④维护简便；

⑤标准模块化结构；

⑥远程清洗功能；

⑦远程时间设置功能，可根据需要任意设定监测频率；

⑧仪器状态远程显示功能；

⑨远程设置仪器参数；

⑩远程标定并记录标定的状态。

3）指标参数

量程：0~3 mg/L Cr（其他量程可选）。

精度：±5%F. S。

再现性：±3%F. S。

最低检出限：0. 05 mg/L。

输出：0/4~20 mA，电流绝缘。

显示：数字式 LCD 显示。

通信接口：RS485。

控制 ：2 个设置点及 1 个警报（3 个继电器）。

进水要求：

流速：10~50 L/h；

压力：0. 05~0. 1 MPa。

出水：无压力，自由排放。

消耗水量（被测水）：约 250 mL/h。

进水应不含有不溶的固体颗粒（建议使用预处理过滤装置）。

出水情况：

出水温度：20~30℃；

成分：含酸，Mn^{2+}：300~400 mL/h。

7. 2. 6. 2　MICROMAC C 水质在线分析仪（总铬）（见图 7-32）

样品经过适合的过滤后，样品被泵入消解罐，然后注入硫酸和氧化剂混匀。将样品泵入 UV 消解管中进行紫外消解，然后再泵入消解罐中进行加热消解，使样品中的有机物铬、无机三价铬均被氧化成六价铬，再向消解罐内注入显色剂，六价铬与显色剂发生反应生成紫红色物质，分析仪于 525 nm 波长检测该物质的吸亮度值，并根据吸亮度算出样品中总铬浓度。

1）测量原理

二苯碳酰二肼亮度法。

2）特性优点

①稳定、可靠。根据工业和环境在线的要求，将电气部分和流路模块部分完全，这种简单稳定的 LFA 系统结构确保了分析仪在电气、流路等方面的高度稳定性，保证了分析仪可以长时间稳定运行。

②便于安装。分析仪安装时只需连接药剂管、样品管道、纯水管道、废液管道和电源线，设定好参数即可启动。

③自动校正。分析仪根据用户设定的校正时间和校正类型来进行校正。校正所得结果将与原分析仪储存的校正结果进行比较，若小于用户设置的误差限值，则接受并替换原有校正参数，若大于用户设置的限制，则不替换原有校正参数并有报警信号输出。

图 7-32　MICROMAC C 水质在线分析仪（总铬）

④自动稀释。可自动对高浓度样品进行稀释。

⑤测量间隔可根据实际情况自由设定。用户可以设定测量时间间隔，在两次测量间隔分析仪保持在待机模式，避免了药剂浪费。

⑥超量程自动稀释再分析。

⑦漏液自动检测报警。

⑧汉化版触摸屏操作界面，操作维护简洁。

⑨具有自诊断功能，能识别是否缺少水样或药剂。

⑩长时间自控，低维护量，低运行成本。

⑪药剂消耗量低，预备时间短。

⑫断电后，具有来电自启动功能。

⑬测量进程实时显示。

⑭双光路检测，吸亮度实时显示。

⑮浊度/色度干扰自动补偿。

⑯紫外+高温高压双路消解，效率更高。

⑰校准方式设置灵活，校准点及时间可设。

⑱支持 USB、TF 卡、miniUSB 等多接口设计，方便数据存取。

⑲低功耗产品设计，节能环保。

3）指标参数

检测器：525 nm 双光路亮度计。

测量间隔：可根据实际情况自由编程。

测量范围：0~0.5 mg/L，可扩展。

重复性：<2%。

零点漂移：±5%。

量程漂移：±5%。

分辨率：0.001 mg/L。

信号输出：标准4~20 mA模拟输出，标准RS232数字输出。

信号输入：1路分析，1路校正。

报警：1路高限报警，1路校正，1路常规报警。

药剂更换：3~4周，具体取决于环境温度。

环境温度：5 ~ 40℃。

防护等级：IP55。

供电电源：220 V AC，50/60 Hz。

重量：33 kg（不包括药剂）。

尺寸：800 mm×450 mm×300 mm（高×宽×深）。

人机交互界面：工业级触摸屏，含汉化版操作软件。

7.2.7 总砷

砷是一种有毒元素，总砷包括无机砷和有机砷。无机砷俗称砒霜，会导致周围神经系统障碍、造血机能受阻、肝脏肿大和色素过度沉积；有机砷对人体的危害同样不容忽视，会导致中枢神经系统失调、脑病和视神经萎缩的发病率提高。

7.2.7.1 K301 As总砷分析仪

1）测量原理

分光亮度法（符合国标标准）。

2）特性优点

①总砷分析仪K301 As为非连续测量的分光亮度法，如每2 h测量一次。

②分析仪可以自动清洗，自动标定，标定周期可设置（机器默认值：每24 h为一个标定周期）。

③通过专用软件，用户可利用RS485接口通过电话通信网络在中央控制室对现场的分析仪进行远程控制，内容包括分析仪的标定、开关以及分析仪中央控制器Anacon2000的调节（开关、标定、错误诊断、功能检查等）。

3）指标参数

量程：0~1 mg/L As（其他量程可选）。

精度：±5%F.S。

再现性：±3%F.S。

检测限：0.02 mg/L。

控制：2个设置点及1个警报（3个继电器）。

测量范围：0~2 mg/L，特殊行业可扩展。

重复性：≤3%。

分辨率：0.001 mg/L。

检出限：0.01 mg/L。

零点漂移：±5%F.S。

量程漂移：±5%F.S。

准确度：±10%。

信号输出：标准 4~20 mA 模拟输出；标准 RS232 数字接口。

缺试剂报警：具有诊断是否缺少水样及药剂功能，并自动报警。

工作环境温度：5~40℃。

机箱防护等级：具有密封防护箱体及防潮功能，防护等级达到 IP55。

供电电源：220 V AC，50/60 Hz。

7.2.7.2　Hach XOS 总砷在线分析仪（图 7-33）

Hach XOS 总砷在线分析仪是一款测定水中铅含量的在线分析仪器。此款分析仪采用的创新型单色波长色散 X 射线荧光（MWD XRF）技术，确保了分析仪既有极佳的检测性能和检测精度，且使用方便，操作可靠。是一款有别于市面上重金属分析仪的划时代高科技产品。

图 7-33　Hach XOS 总砷在线分析仪

1）测量原理

采用创新型单色波长色散 X 射线荧光（MWD XRF）技术。

2）特性优点

①创新型单色波长色散 X 射线荧光（MWD XRF）技术；

②极佳检测性能及精度，定量下限低至 0.025 ppm（铅），0.015 ppm（砷）；

③非传统比色法，无色度浊度干扰问题；

④不需消耗试剂及化学品，无二次环境污染；

⑤直接测量，无样品处理；

⑥可更换风冷低功耗（50 W）X光管；

⑦即插即用，使用普通电源；

⑧操作简单，无须专业人员；

⑨可选择测量时间（10~50 min）；

⑩用户友好型触屏界面；

⑪极低的维护要求。

3）指标参数

Hach XOS 总砷在线分析仪规格：

电源 Powersource：230 V AC±10%，50~60 Hz。

功耗 Powerconsumption：400 VA。

额定保险丝 Fuserating：独立断路器，4 A，250 V，带漏电保护（漏电流 30 mA）。

设备交流电源要求 FacilityACpower：90~264 V AC，47~63 Hz（hertz）。

测量技术 Measuringtechnique：单色激发波长色散 X 射线荧光（MWDXRF）。

分析范围 Analyticalranges：砷-0. 02~5 mg/L。

检测下限 Limitsofdetection：砷-0. 02 mg/L。

水样流速（Flowrate）：50~80 mL/min。

样品压力（Samplepressure）：5~50 psi。

防护等级（IPrating）：IP53。

通信功能（communication）：RS-485（Modbus）。

测量时间：仪器自动选择 10~50 min。高浓度：10 min；极低浓度：50 min。

测量间隔：1 h。

相对湿度 Relativehumidity：30%~85%。

外观尺寸 Externaldimensions：1 040 mm×600 mm×437. 16 mm（高×宽×深）。

操作温度 Operatingtemperature：10~40℃。

继电器（Relays）：220 V，3 A，2 Channels。

重复性（Repeatability）：1. 8% at 0. 5 ppmforAs。

7. 3 微生物指标在线监测

综合考虑国家监测需要及在线监测传感器发展技术水平等多方面因素，国家海洋局北海环境监测中心在线监测目前实施过程中重点考虑常规在线监测指标，并考虑加快推进毒性指标的在线监测，针对微生物指标的在线监测，仅就叶绿素进行前期探索，待条件成熟时再进行其他微生物指标的在线监测。

7.3.1 叶绿素

叶绿素是一类与光合作用有关的最重要的色素。为镁卟啉化合物，包括叶绿素 a、叶绿素 b、叶绿素 c、叶绿素 d、叶绿素 f 以及原叶绿素和细菌叶绿素等。

7.3.1.1 在线叶绿素/蓝绿藻分析仪

bbe 在线叶绿素/蓝绿藻分析仪能够用于检测多种水体中的蓝绿藻叶绿素浓度及总叶绿素浓度。该设备能够实现实时检测，无须制备样品，直接浸入水中即可进行在线监测。

1）测量原理

基于藻类细胞中的自然荧光特性，依据藻类的特征光谱及其强度，对藻类进行定量分析。

2）特性优点

①分析快速，整个检测过程小于 20 s；

②高度灵敏；

③测量无须样品制备；

④自动浊度补偿；

⑤内置充电电池。

3）指标参数

测量参数：蓝绿藻叶绿素浓度、总叶绿素浓度、浊度。

测量范围：0~200 μg chl-a/L。

分辨率：0.01 μg/L μg chl-a/L。

波长：450 nm，525 nm，610 nm。

电源：110/230 V 50/60 Hz 12 V DC。

样本温度：0~30℃。

浊度补偿：0~200 FTU。

保护等级：IP68。

深度范围：10 m/100 m。

数据传输：RS232/SDI12（可选）。

7.3.1.2 hydrolab（哈希）（见图 7-34）

1）测量原理

荧光法。

2）特性优点

①低废液；

②低试剂消耗；

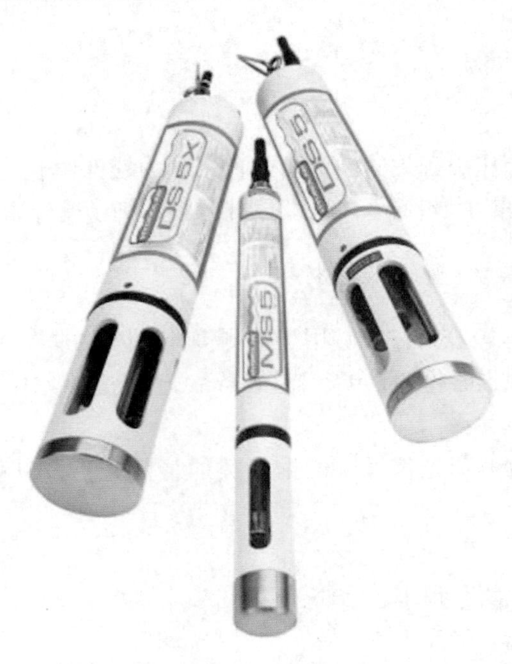

图 7-34　hydrolab（哈希）

③自动量程，自动稀释；

④自动反冲洗样品过滤器，每次检测后自动清洗。

3）指标参数

范围：低灵敏度：0.03～500 μg/L；中灵敏度：0.03～50 μg/L；高灵敏度：0.03～5 μg/L。

精度：±3%。

分辨率：0.01 μg/L。

第8章　数据传输标准化

为贯彻《中华人民共和国海洋环境保护法》，指导排污口在线监控（监测）系统的建设，规范数据传输，保证各种环境监控监测仪器设备、传输网络和环保部门应用软件系统之间的联通，将数据传输标准化。

8.1　数据传输系统构成

8.1.1　排污口在线监控（监测）系统

由对排污口主要污水排放实施在线监控（监测）的自动监控监测仪器设备和监控中心组成，是数据传输系统的总体，主要包括监控中心、在线监控设备、数据采集传输仪。

8.1.2　监控中心

安装在各级海洋监测部门，有权限通过传输线路与自动监控设备连接，对其发出查询和控制等本标准规定指令的数据接收和数据处理系统，包括计算机信息终端设备及计算机软件等。

8.1.3　在线监控设备

安装在排污口现场，用于监控、监测排污口排污状况及完成与上位机的数据通信传输的单台或多台设备及设施，包括排污口排放监控（监测）仪器、流量（速）计和数据采集传输仪等，是监督陆源入海污染物的重要组成部分。

8.1.4　数据采集传输仪

采集各种类型监控仪器仪表的数据、完成数据存储及与上位机数据通信传输功能的单片机、工控机、嵌入式计算机、嵌入式可编程自动控制器（PAC）或可编程控制器等。

8.2 系统结构

排污口自动监控系统从底层逐级向上可分为现场机、传输网络和上位机 3 个层次，如图 8-1 所示。

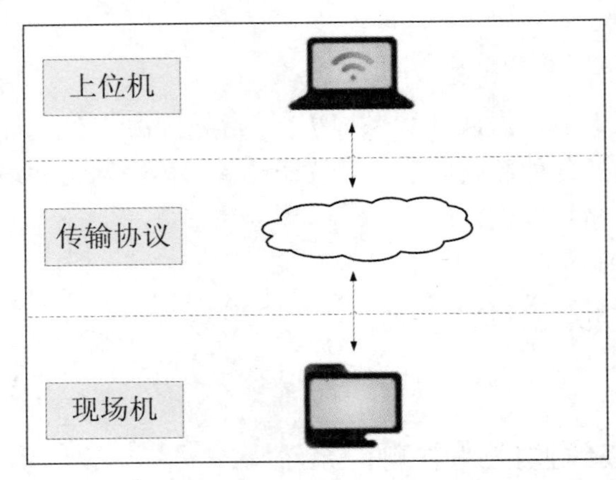

图 8-1 自动监控设备

上位机通过传输网络与现场机交换数据、发起和应答指令。

自动监控设备有两种构成方式：

（1）一台（套）现场机集自动监控（监测）、存储和通信传输功能为一体，可直接通过传输网络与上位机相互作用。

（2）现场有一套或多套监控仪器、仪表，监控仪器、仪表具有模拟或数字输出接口，连接到独立的数据采集传输仪，上位机通过数据采集传输仪实现数据交换和收发指令。

数据传输不规定监测站内部数据采集传输仪与监控仪器仪表的通信方式，推荐采用 ModBus（现场总线协议的一种，使用 RS-232C 兼容串行接口，它定义了连接口的针脚、电缆、信号位、传输波特率、奇偶校验等）标准。

8.3 通信协议

通信协议结构如图 8-2 所示。

数据传输采用 HTTP/1.1 协议，HTTP 协议由 IETF RFC7230-7235 定义。现场机与上位机通信接口应满足选定的传输协议的要求，数据传输对通信接口不作限制。

8.3.1. 基于 HTTP 协议

传输数据以 JSON（JavaScript Object Notation）格式进行传输，请求报文采用 URL 的

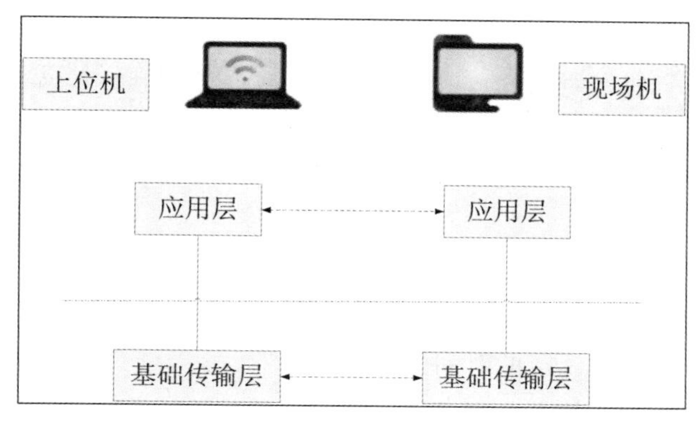

图 8-2　协议结构图

形式传递数据。

JSON（JavaScript Object Notation）是一种轻量级的数据交换格式。它基于 ECMAScript 的一个子集。JSON 采用完全独立于语言的文本格式，但是也使用了类似于 C 语言家族的习惯（包括 C、C++、C#、Java、JavaScript、Perl、Python 等）。

JSON 格式如下：

{
"Status"：// 接口访问成功或者失败的状态码
"Message"：// 接口访问错误的时候返回的错误提示文字，访问成功的时候为空字符串
"Data"：{// 服务端实际返回的数据
"QN"："20160916010101",
"ST"："PWK",
"CN"："1072",
"PW"："123456",
"MN"："88888880000001",
"CP"：[
{
"YS2402"："xx. xx",
"YS2408"："xx. xx"
}
]
}
}

1）应答模式

完整的命令由请求方发起，响应方应答组成，具体步骤如下：

①请求方发送请求命令给响应方；

②响应方接到请求命令后应答，请求方收到应答后认为连接建立；

③响应方执行请求的操作；

④响应方通知请求方请求执行完毕，没有应答按超时处理；

⑤命令完成。

2）超时重发机制

（1）请求回应的超时

一个请求命令发出后在规定的时间内未收到回应，认为超时。超时后重发，重发规定次数后仍未收到回应认为通信不可用，通信结束。超时时间根据具体的通信方式和任务性质可自定义。超时重发次数（默认3次）根据具体的通信方式和任务性质可自定义。

（2）执行超时

请求方在收到请求回应（或一个分包）后规定时间内未收到返回数据或命令执行结果，认为超时，命令执行失败，结束，见表8-1。

表8-1　默认超时定义表（可扩充）

通信类型	默认超时定义/s	重发次数
4G	5	3
GPRS	10	3
PSTN	5	3
CDMA	10	3
ADSL	5	3
短信	30	3

8.3.2　基础传输层

采用GPRS（3G、4G及以上）方式传输，现场机数据通过互联网或专网上传到上位机。

8.3.3　通信流程

（1）请求命令（四步）见图8-3；

（2）上传命令（三步）见图8-4。

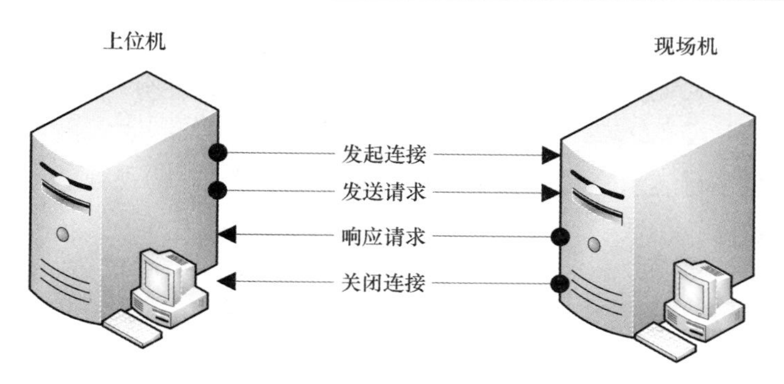

图 8-3　请求命令（四步）

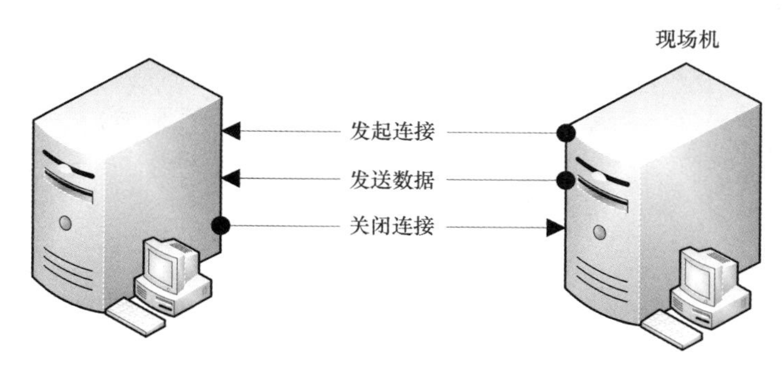

图 8-4　上传命令（三步）

8.4　数据定义

8.4.1　编码规范

1）设备编码

设备编码使用大写字母和数字表示，由 4 个层次构成，其中第一层是所在海区，第二层是所在行政区域，第三层是设备类型，第四层是设备编号。

编码结构如图 8-5 所示。

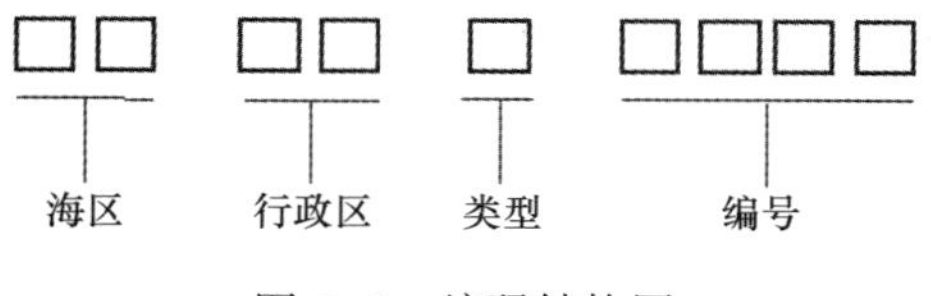

图 8-5　编码结构图

海区：用2位字母表示，其中北海区为BH，东海区为DH，南海区为NH。

行政区域：用2位数字表示，代表设备所属的海洋局各分局或沿海地方省市海洋部门。

类型：用1位字母表示，其中A为浮标，B为岸基站，C为视频。

编号：用4位阿拉伯数字表示，即0001~9999。

2）参数编码

参考《HY/T 075—2005 海洋信息分类与代码》。

编码遵循大类码+子类码+代码的原则见表8-2。

表8-2 海洋要素代码

联合码	大类名称	代码	中类名称	联合码
32	海洋水文	01	温度	3201
		02	盐度	3202
		03	密度	3203
		04	海流	3204
		05	海浪	3205
		06	透明度	3206
		07	水色	3207
		08	潮汐	3208
		09	海平面	3209
		10	观测深度	3210

编码库建设字段包括但不限于以下字段：编码、监测指标、数据格式、计量单位、备注。

8.4.2 服务接口

（1）监测站点接口（见表8-3）。

表 8-3　监测站点接口

类别	项目	子项目	指令	输入字段	返回参数
监测站点 MGSN	信息 IN		查询 QY	站点名称、站点简介、站点类型、位置定位、站点编码、建设单位、维护单位、监测参数、监测仪、正式运行时间	站点名称、站点简介、站点类型位置定位、站点编码、建设单位、维护单位、监测参数、监测仪、正式运行时间
	状态 SS		查询 QY	运行状态、供电状态、网络状态、监测仪状态、子系统设备状态、数据存储状态	运行状态、供电状态、网络状态、监测仪状态、子系统设备状态、数据存储状态
		运行状态 RGSS	设置 ST	N1：0 停止，1 运行，2 手动运行，3 自动运行； 指令执行时间； 指令运行持续时间	执行结果提示

（2）设备接口（见表 8-4）。

表 8-4　设备接口

类别	项目	子项目	指令	输入字段	返回参数
设备 DE	信息 IN		查询 QY	设备名称、编码、生产商、维护周期、简介、运行状态、运行模式、运行持续时间、运行间隔时间	设备名称、编码、生产商、维护周期、简介、运行状态、运行模式、运行持续时间、运行间隔时间
	状态 SS	运行状态 RGSS	设置 ST	N1：0 停止，1 运行，2 手动运行，3 自动运行； 指令执行时间； 指令运行持续时间	执行结果提示

（3）监测仪器接口（见表8-5）。

表8-5 监测仪器接口

类别	项目	子项目	指令	输入字段	返回参数
监测仪 IT	信息 IN		查询 QY	监测仪名称、编码、生产商、接口类型、监测参数、维护周期	监测仪名称、编码、生产商、接口类型、监测参数、维护周期
	监测参数 AT		查询 QY	参数名称、数据类型、测量范围、精度、报警上限、报警下限	参数名称、数据类型、测量范围、精度、报警上限、报警下限
		上限 URLT	设置 ST	上限值； 指令执行时间； 指令运行持续时间	执行结果提示
		下限 LRLT	设置 ST	下限值； 指令执行时间； 指令运行时间； 指令运行持续时间	执行结果提示
	状态 SS	运行状态 RGSS	设置 ST	N1：0停止，1运行，2手动运行，3自动运行； 指令执行时间； 指令运行持续时间	执行结果提示
	检测结果 RT		查询 QY	查询模式：最新数量、时间范围	序号、参数名称、数据类型、数据值、检测时间
		数量 TLQY	查询 QY	时间范围	数据量

（4）系统接口（见表8-6）。

表8-6 系统接口

类别	项目	子项目	指令	输入字段	返回参数
系统 SM			设置 ST	授时、仪器校准、设备清洗	结果显示

编码请见本节3“数据编码”。

（5）状态码。

状态码用以说明：对于服务平台下达的查询或控制指令，现场端是否成功响应。若响应失败，指明失败原因。状态码以1字节 Hex 数据表示。

状态码见表8-7。

表 8-7　状态码

类别	编码	说明
成功响应	00	接口调用成功，指令正确执行
接口调用失败	01	服务类型不支持
	02	权限验证错误
	03	语法错误
	04	网络异常
指令执行失败	10	站点无响应
	11	站点不存在
	20	设备无响应
	21	设备不存在
	30	监测仪无响应
	31	监测仪不存在
	32	监测数据不存在
	33	请求的监测数据量过大
其他	FF	其他异常，错误未知

8.4.3　数据编码

（1）命令编码（见表 8-8）。

表 8-8　命令编码

编码	编号	中文名称	英文名称
QY	02	查询	Query
ST	03	设置	Set
MGSN	01	监测站点	Monitoring Station
IN	05	信息	Information
SS	33	状态	Status
RGSS	18	运行状态	Running Status
URLT	69	上限	Upper Limit
LRLT	70	下限	Lower Limit
IT	23	监测仪	Instrument
SM	40	系统	System

（2）字段编码。

①站点信息查询见表 8-9。

表 8-9　站点信息

编码	编号	中文名称	英文名称
SNNE	01	站点名称	Station Name
SNCE	02	站点编码	Station Code
SNPN	03	站点位置	Station Position
SNIE	04	站点简介	Station Introduce
SNTE	05	站点类型	Station Type
CR	06	建设单位	Constructor
BR	07	承建单位	Builder
MT	08	维护单位	Management
DECS	09	设备编码集合	Device Codes
RGTE	10	正式运行时间	Running Time
DNME	11	配电方式	Distribution Mode

②站点状态查询见表 8-10。

表 8-10　站点状态

编码	编号	中文名称	英文名称
RGSS	12	运行状态	Running Status
PYSS	14	供电状态	Powersupply Status
NKSS	15	网络状态	Network Status
ITSS	16	监测仪状态	Instrument Status
SESS	17	数据存储状态	Storage Status

③站点及设备运行状态见表 8-11。

表 8-11　站点及设备运行状态

状态标识	含义
00	停止
01	正常运行
02	自动运行
03	手动运行

④设备仪器信息查询见表 8-12。

表 8-12　设备仪器信息

编码	编号	中文名称	英文名称
ITNE	18	设备名称	Instrument Name
ITCE	19	设备编码	Instrument Code
ITPR	20	生产商	Instrument Poducer
IETE	21	接口类型	Interface Type
MDTE	22	测量方法类型	Method Type
MYPS	23	监测参数集合	Monitory Parameters
MEPD	24	维护周期	Maintenance Period

⑤监测仪信息查询见表 8-13。

表 8-13　监测仪信息

编码	编号	中文名称	英文名称
URLT	25	上限	Upper Limit
LRLT	26	下限	Lower Limit
PR	27	监测参数	Parameter
RE	28	监测范围	Range
AY	29	监测精度	Accuracy
MDTE	30	测量方法类型	Method Type

⑥设备控制见表 8-14。

表 8-14　设备控制

编码	编号	中文名称	英文名称
SMSS	31	系统状态	System Status
SESS	32	采样系统运行状态	Sample Status
STDN	33	系统关机	Shutdown
MTPD	34	系统测量周期	Measurement Period

⑦监测数据查询见表 8-15。

表 8-15　监测数据

编码	编号	中文名称	英文名称
ITNE	35	监测仪名称	Instrument Name
ITCE	36	监测仪编码	Instrument Code
QYPR	37	查询的参数	Query Parameters
QYTE	38	查询类型	Query Type
QYSE	39	查询条件范围	Query Scope

⑧系统设置见表 8-16。

表 8-16　系统设备

编码	编码	中文名称	英文名称
SM	40	系统	System
TS	41	授时	Time Service
IC	42	仪器校准	Instrument Calibration
DC	43	设备清洗	Device Cleaning

（3）站点类型编码。

采用 2 位数字编码，其中 0X 段为本规范定义的站点类型编码，1X 段为扩展编码见表 8-17。

表 8-17　站点类型

编号	站点类型名称
01	岸基站
02	浮标

第9章　平台建设信息化

9.1　概述

为贯彻落实“十三五”国家海洋环境实时在线监控系统建设和“智慧海洋”总体部署，国家和地方海洋管理部门积极统筹现有工作基础，推进海洋环境实时在线监测网、实时数据传输网、实时动态监控信息系统的建设。综合运用岸基、浮标、视频、遥感等在线监测技术手段及物联网等高新技术和信息化手段，展开对主要排海污染源、重点海域环境质量的实时监控，以期达到实时监测、实时评价、即时预警、动态管控的目的。

据初步统计，截至2015年底，国家海洋局局属有关单位、沿海省市海洋部门共建设海洋生态环境在线监测设备120套，其中，沿海地方82套，局属单位38套，已在重点海域环境保障、赤潮灾害预警预报、环境质量趋势分析、应对突发污染事故中初步发挥了作用。

国家海洋生态环境监督管理系统共建设有各类视频监控设备167套，包括：在34个国家级海洋保护区投入使用133套视频摄像头，其中48套接入专网；在11个石油平台上布设视频监控设备34套。此外，全国共安装489台倾废记录仪，倾废船视频监控覆盖率100%。国家海域动态监管系统通过地方海洋部门建设有各类远程视频监控设备共409套，其中234套已接入海域专网，包括港口码头68套、工业企业10套、海岛34套、河口海湾47套、浴场度假区43套、其他32套。主要对重点项目用海、区域用海规划以及用海密集区域等进行实时视频监控，快速获取海域现状信息，全程监控用海过程，及时掌握海域开发利用动态变化情况。

通过建立北海区海洋环境实时在线监控系统，构建设备运行实时监控、在线数据实时传输、多源信息实时处理的海洋环境实时在线监控系统；实现海洋环境从状态监测到过程监控的转变，从现状监测到预警预报的转变；提升国家和地方海洋部门对主要污染源、重点海湾、重要功能区、生态区、环境风险区、人为活动等的实时在线监测和动态管控能力。

健全海洋环境实时在线监测网，实现对主要排海污染源全过程监督；实现海洋环境实时数据传输网全覆盖，保障数据传输效率和安全，满足各级监测监管机构的数据存储和管理需求。

9.2 需求分析

9.2.1 技术需求

9.2.1.1 符合国家有关标准规范

系统设计必须参照国家电子政务标准、国家标准、海洋行业标准，满足《海洋环境质量在线监测平台建设技术要求》（草案）的要求。

9.2.1.2 接口必须标准、开发必须通用

实现对外数据交换的接口规范统一性。外部接口采用标准统一的数据交换格式，制定并遵循海洋生态环境在线监测数据传输与交换技术规范。

9.2.2 功能需求

通过岸基、浮标、视频监控和遥感等在线监测手段，对入海河流及河口区、排污口及邻近海域、海洋保护区、重大海洋开发活动排污实施实时在线监控。实现对主要污染物排海状况及对邻近海域环境影响的全过程实时在线监督监测。针对主要排海污染源和重点监控海域，建设海洋环境实时在线监测网，提升对主要监控目标动态变化信息的获取能力。

9.2.2.1 海洋环境实时监控

实现对在线监视监测数据的自动化实时展示、分析评价和即时报警，并提供对海洋环境保护和综合管理的辅助决策支持。

针对不同监控目标，实现自动化实时展示、分析评价、即时预警功能，对超标、超限、瞬时异常信息、长期恶化趋势等信息可以即时定向发布预警信息，为海洋环保执法、管理提供技术支持。

浮标在线监控站监测对象具体包括波浪、海流、气压、气象、风、水文、水质等；岸基在线监控站监测指标具体包括水质五参数、COD、溶解氧、氨氮、总磷、总氮、石油类等。

9.2.2.2 监测业务管理

实现海洋环境实时在线监测设备“一张图”管理，可视化展示在线监测设备的接入情况、实时运行状况以及相关运行参数，及时发现设备故障并发出报警维修通知，建立并管理在线设备运维日志。

定期对在线设备进行远程或现场质控校准。

定期生成季度、年度业务进程统计报告和设备故障率统计报告。

9.2.2.3　监测数据展示与发布

构建实时监控信息产品体系，提供海洋环境状况在线评价、超标预警、警示信息推送等服务功能。

基于 GIS 在专网上建立二维信息展示平台，实现数据和产品的展示，重点展示监测站实时数据、设备运行状态、数据评价分析结果与警报信息。

实现重点海域三维虚拟仿真，实时展示重点河口区域地形地貌等基础信息、重点海域生态环境压力、状态和风险，以及人为活动影响和管理成效等。

公网展示平台包括网站、微信公众号、移动应用等途径，为政府和公众提供信息和产品共享服务。着力完善信息发布内容、发布流程和审核机制，丰富面向公众的信息服务。

9.2.2.4　数据产品应用与管理

根据海洋环境在线监测数据的实时审核结果，将有关超标、超量、超限和异常变化等即时预警信息产品自动发送至海洋行政管理部门，以便采取现场巡视、在线核查等措施。

在海洋环保执法过程中，提供污染源、海洋开发活动、海洋保护区等执法对象的空间位置信息、周围地理环境、敏感目标等基础背景信息，同时叠加在线监测信息及评价结果，以提高环保执法效率。

将海洋环境实时动态监控信息产品同步发送至海洋主管部门的各种信息化终端，实现海洋主管部门对主要监控目标实时在线信息的及时掌握、对海洋生态环境风险的快速响应。

实现重点海域生态环境形势的综合分析和成因诊断，为区域海洋生态环境保护的综合决策提供依据。

9.2.3　软件质量需求

9.2.3.1　正确性

要求发布的系统软件达到用户的预期目标，运行无错误。

9.2.3.2　效率

对于浏览、查询、增加、删除、更新和密码设置等一般操作，要求响应及时，在 2 s内。

9.2.3.3　并发性

支持最大 200 个用户并发操作。

9.2.3.4 完整性

要求能在发生意外（断电）的情况下，保证不丢失数据。

9.2.3.5 易使用性

要求能尽量为用户使用提供方便，软件的界面符合目前流行的界面规范。

9.2.3.6 可维护性

要求本软件在运行中发现错误时，能够快速、准确地对其进行定位、诊断和修改。提供强大的数据备份和数据恢复方面的功能，可以防止操作人员误操作，甚至在出现火灾等特殊的情况下，仍可恢复系统，避免数据丢失的危险。

9.2.3.7 复用性

设计时应采取模块化的方法进行设计，对系统内各模块接口尽可能达到高内聚、低耦合的程度，以提高各模块的复用性。

9.2.3.8 安全保密性

保密性方面，则采用数据加密技术，对于一些如管理员名称、口令进行加密，以提高系统的安全性，防止非法用户的访问或合法用户的越权访问。

9.2.3.9 可理解性

系统软件提供的各种菜单命令，各种提示，应易于理解。

9.2.3.10 互联性

要求提供数据的导入和导出接口，以易于本系统同其他系统的连接。

9.2.3.11 灵活性

系统软件采用 B/S 结构设计，采用浏览器作为客户端，客户端的操作不需要手动安装额外的软件。

系统软件采用结构化软件开发方法进行开发，划分成许多功能模块，当用户的一些需求如操作方式发生变化，将较容易对本系统软件进行适当的修改，以满足用户的需求。

9.3 系统总体设计

9.3.1 建设原则

9.3.1.1 安全性原则

保障网络在线设备的正常运行和传输信息的保密性、完整性。在线监测数据涉及保密信息，在系统建设中通过建立统一的用户权限管理，确保系统安全、合理运行；在建设与软件开发中采用安全保密技术措施，实施访问控制和数据安全管理，确保系统的可控性，定期开展安全状况评估，建立应急预案。

9.3.1.2 规范性原则

选择符合开放性和标准性的产品设备和技术进行系统总体结构建设，系统软件开发严格遵循国家和行业规范要求，符合在线监测业务工作的实际情况。本系统所使用的设计方案及产品的性能技术指标均符合国家对电子政务系统的相关要求。

9.3.1.3 拓展性原则

系统建设采用模块化技术，程序和数据规范化，保持系统内部结构合理，便于扩展和应用。在新增业务要求或部门发生变化时，能在不影响系统稳定性的前提下方便调整，预留足够空间和扩展接口以适应管理需求的不断变化，使系统能与其他外部应用系统无缝连接，具有良好的拓展性。

9.3.1.4 实用性原则

系统建设中充分考虑现有资源与海洋局现行和在建系统，最大限度地与现有网络和数据库兼容，系统软件能在各单位原有机器、设备上运行。系统建设界面友好、结构清晰、流程合理，功能一目了然，充分满足用户的使用习惯，注重解决实际问题，遵循“使用方便、投资较低、风险可控”的原则。

9.3.1.5 先进性原则

系统按照高标准、全覆盖、较先进的要求，融合地理信息、三维可视化表达、组件式开发、视频监控、远程控制等技术，结合监视、监测的新技术手段，实现各种监测数据动态采集、实时传输、高效加工、及时发布，实现各种监测设备实时监控、远程操作。

9.3.2 总体功能设计

在线监测数据规范化传输管理：实现在线监测数据、设备运行参数数据的自动采集、入库，数据有效性分析评价，质量控制、日常维护、数据管理、信息发布等功能，建立健全在线监测数据质量保障体系。在国家海洋局北海海洋环境监测中心建设在线监控数据中心，实现在线监控数据的统一接入和集中管理。

在线监测系统可视化实时监控：以地理信息平台结合数据可视化理念综合管理浮标、无人机、雷达、视频、岸基站及其他在线监测设备，开展数据实时展示、查询、统计、分析、评价及报告生成、终端设备异常示警等。

在线监测设备远程反控：可通过系统远程控制在线监测设备，实现远程切换系统运行模式、清洗、切换采样泵、远程留样等控制。

实时在线监控系统主要功能模块如图 9-1 所示。

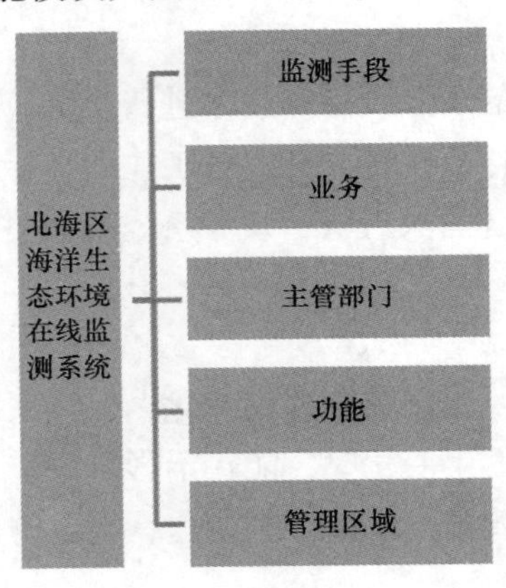

图 9-1　功能模块框架图

9.3.3 总体技术路线

系统总体架构（五层：感知层、网络层、数据层、用户层、应用层）中各层结构的技术如下。

（1）用户层主要为内网平台用户，为外网平台用户提供一定功能限制的接口。主要采用 HTML5 \ CSS 等技术实现。

（2）应用层主要包括在主管部门、业务、监测手段、功能、地图五种路线。

（3）网络层与感知层主要实现应用层中的数据交换，主要采用 IBM Websphere Message Broker 实现。

（4）数据层（支撑层）负责数据信息的存储、维护和优化，主要由数据资源目录、部门间业务信息资源和共享信息资源。主要采 Oracle 实现。

（5）网络层借助海域动态管理网络。

系统建设总体技术路线如图 9-2 所示。

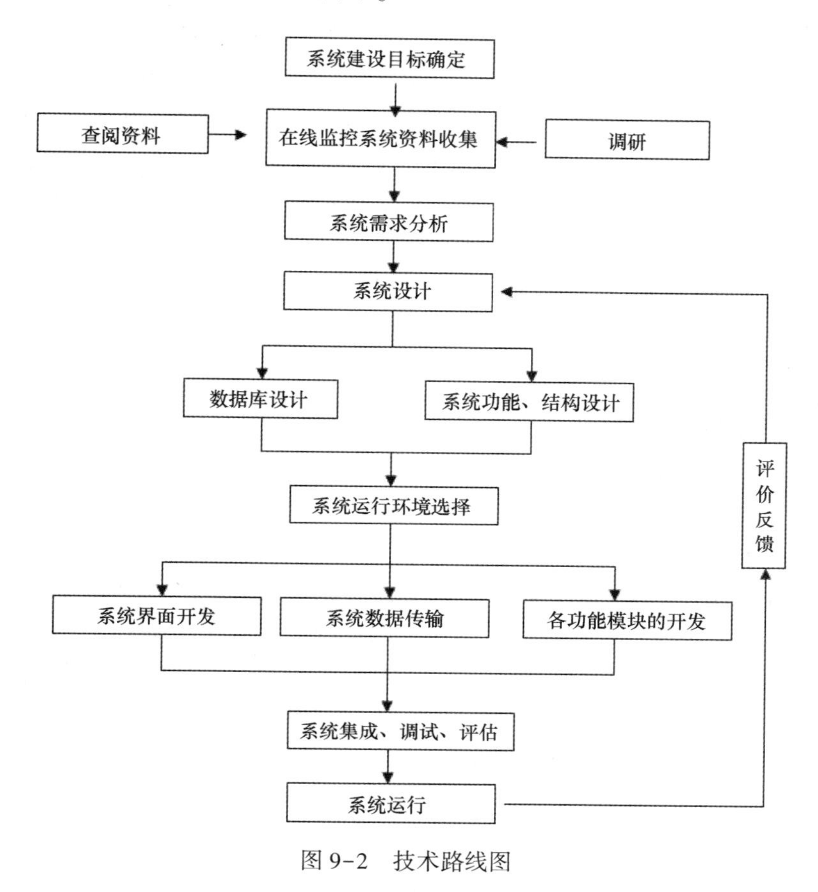

图 9-2　技术路线图

（6）接口设计。

①软件接口。与各在线监测设备现场控制软件对接，接口要求自动、实时、安全。

②数据集成接口。

——各在线监测站（岸基、浮标）监测数据导入；

——视频监控接入。

③硬件接口。

——局域网要求 100 M 以上的带宽；采用 100 M 或以上以太网接口，符合 IEEE-802.3u（100Base-T）及相应标准；

——现场设备除雷达传输支持外，要求采用基于 VPDN 的 4 G 网络提供数据传输的网络支持。

9.4 传输网络和建设

系统主要依托海域动管专网，充分利用海洋局现有网络资源，采用地面专线与无线通信相结合方式，在现有网络覆盖范围的基础上延伸网络节点，预期建成覆盖国家海洋局、国家相关业务中心、海区分局及海区中心、中心站、海洋站，以及沿海省市海洋行政管理部门、各级海洋环境监测中心及监测站、国家自然保护区及其管理机构、海洋环保执法部门的在线监控数据传输网络。技术路线如图 9-2 所示。

9.5 数据库建设

9.5.1 数据库设计

9.5.1.1 数据库结构体系设计

根据实时在线监控系统的功能需求，以海洋生态环境保护信息分类与代码为基础，设计和建设在线监测数据库、遥感监测数据库及用户管理数据库等，为实时在线监控系统运行提供数据支撑，研制开发数据集成系统，通过标准数据交换格式和质量控制手段，实现实时监测数据的存储与管理。结构设计见图 9-3 所示。

数据库结构设计应产生以下设计成果。

1）逻辑模型

（1）数据种类（实体）；

（2）数据项定义（属性及类型、长度、精度）；

（3）每类数据之间的关系（实体关系）。

2）物理模型（推荐使用 Power Designer 15 及以上版本）

（1）将逻辑模型转化为数据库结构：实体→表，属性→字段，实体关系→约束；

（2）完整性设计：非空约束/唯一性约束/主键约束/外键约束/检查约束/自定义。

3）数据库设计报告

（1）表清单：类别、名称、代码、注释；

（2）表定义：名称、代码、数据类型、强制性、主键/外键和注释；

（3）表关系图：按领域组织，A4 幅面，包括表名、外键关系和基数。

9.5.1.2 数据库构建方式设计

实时在线监控系统数据库构建在关系型 DBMS（数据库管理系统）中，根据实际情况选用 Oracle Database、IBM DB2、Microsoft SQL Server 等支持大数据量的企业级关系型数据

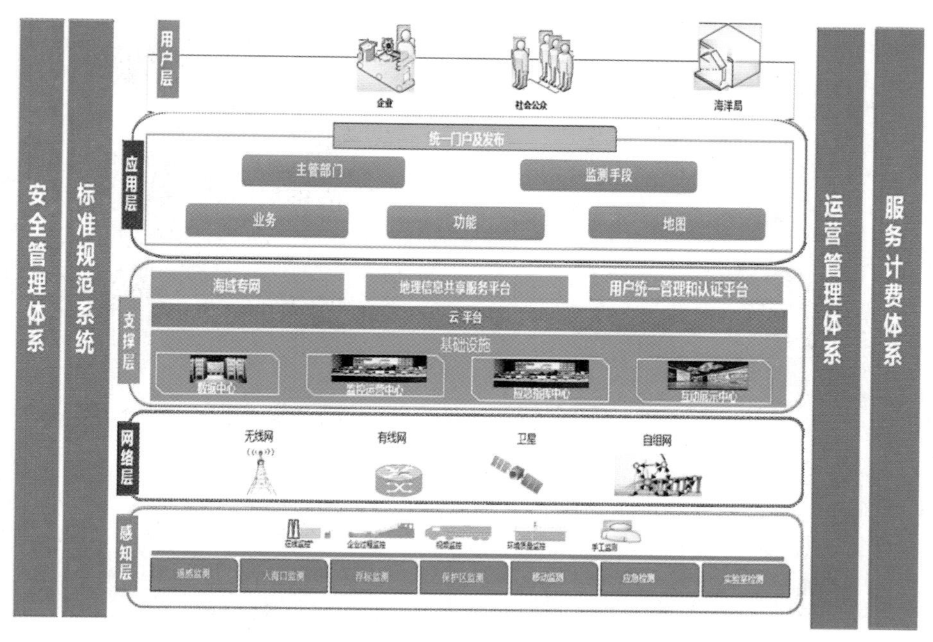

图 9-3　系统总架构图

库管理系统。通过空间数据引擎在关系型数据库管理系统的基础上实现空间数据支持。

利用 E-R 模型、UML 等标准化建模技术建立数据库模型，根据设计模型，在具体的 DBMS 基础上构建数据库实体。数据库包含不同平台、不同类型的所有在线监测数据、统计分析及评价产品、用户数据、地理信息数据及其他数据；将信息资源划分为空间数据库、非空间数据和图片数据三个逻辑组成部分。

9.5.1.3　数据库集成设计

根据实时在线监控系统数据交换的特点，选择 SOAP 和 HTTP 作为传输协议，并基于 JSON 设计在线监测数据标准交换格式，用于异构环境下的数据交换和共享。

采用非法码检验、时空范围检验、合理性检验等方法对在线监测数据的交换进行质量控制，并开发可重用的模块化软件，供数据质控使用。

研制开发数据集成系统软件，利用传输网络系统，进行自动化的数据传输与处理，实现对数据库内容的动态更新。数据集成软件由数据交换子系统和数据处理子系统构成，通过约定的 API 接口进行交互，构成完整的系统。

各级数据库将依托监测数据管理子系统进行数据的接收、审核、入库。各级机构通过系统加载的数据，一般都存储在本级数据库中，利用数据库后台技术，同时并发至上级数据库，确保一次录入、分级同步获取，既提高了数据的同步性，又避免了重复劳动，提高了工作效率。系统网络架构见图 9-4。

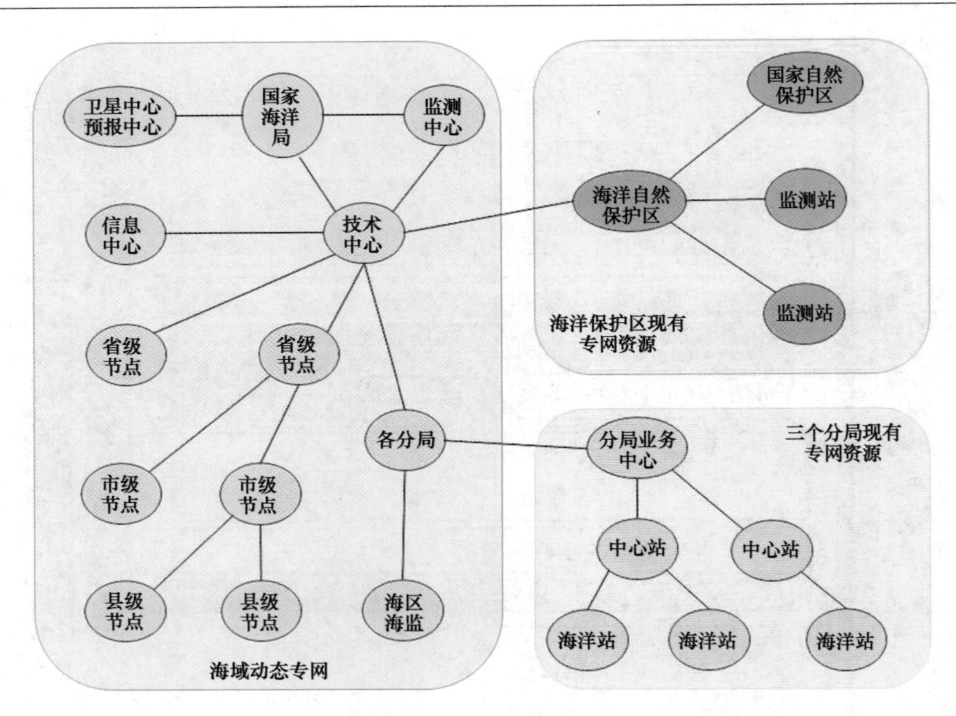

图 9-4　系统网络架构

9.5.2　数据库内容

实时在线监控系统数据库主要包括在线监测子库、遥感监测子库、用户管理子库，见图 9-5 所示。各子数据库具体包含以下内容。

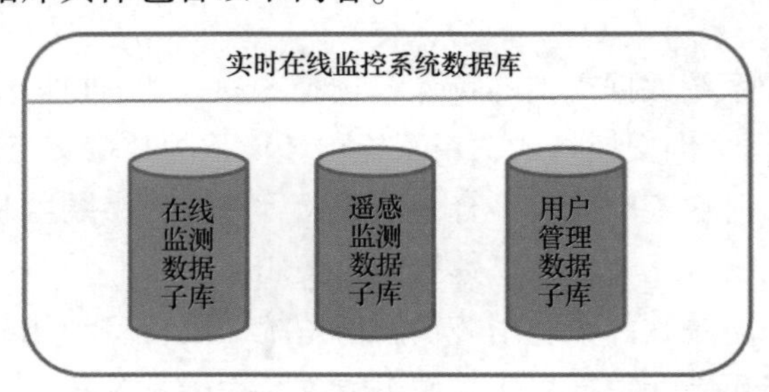

图 9-5　数据库结构设计

9.5.2.1　在线监测数据库

在线监测数据库主要是对在线监测设备上传的监测数据进行存储管理。包括岸基在线监控站监测产生的实时数据与历史数据，浮标在线监控站监测产生的实时数据与历史数据。

9.5.2.2 遥感监测数据库

遥感监测数据库主要是对无人机、地面雷达与航空遥感拍摄的遥感影像以及基础地理信息数据进行存储管理。

9.5.2.3 用户管理数据库

用户管理库主要是对用户信息和系统权限的管理，实现系统的安全信息化管理。

9.5.3 数据库运行方式

9.5.3.1 数据库运行平台

各级机构根据实际需求和现实状况自行选择数据库管理系统，但应该满足统一上报数据格式的要求。可供选择的数据库包括（但不限于）：Oracle Database、IBM DB2、Microsoft SQL Server 等。

为了实现系统建设目标，选择数据库必须符合如下原则。

标准：支持 ANSI/ISO SQL—92 标准；

高可用性：支持灵活的数据备份和恢复；

高拓展性：在保证原数据库不受影响的条件下，支持各级机构业务拓展的需求；

可伸缩性：支持或者可通过升级提供支持集群及负载均衡；

安全性：支持数据加密、权限管理、安全审计等；

开发平台：提供 ODBC、JDBC、OLEDB、NET Data 支持；

国际化：支持 UNICODE 通用编码格式，支持多语种；

可管理性：除支持常规管理功能外，还具备自动管理特性；

数据仓库：支持或者可通过升级提供支持；

网络连接：支持 TCP/IP 网络协议；

高性能：能够处理海量数据和高负载访问；

集成：支持数据复制，支持本地及分布式事务；

空间数据：能够被常用的空间数据引擎支持，以实现空间数据的存储和管理。

9.5.3.2 数据存储方式

1）表格数据存储方式

采用关系型数据库二维表的方式存储表格类型的数据。

2）矢量空间数据存储方式

由于空间数据具有空间位置、非结构化、空间关系、分类编码、海量数据等特征，空间数据库采用“关系型数据库+空间数据引擎”的方式加以存储，并以 WFS、WCS、WPS 等符合 OGC 标准的方式对数据获取和数据操作进行支持。

3）栅格空间数据存储方式

栅格空间数据以 GTIF 等支持空间信息的影像数据为格式进行存储，或以地图服务缓存文件的方式进行存储，并通过 WMS 服务、Rest 服务等标准方式进行数据获取支持。

4）影像、图片、文档数据存储方式

影像、图片和文档数据以文件服务的方式储存，全部文件均可以通过文件服务器提供的 HTTP 服务方式进行支持，也可以通过 FTP 的方式提供数据获取接口。同时影像文件的存储还必须支持流媒体服务方式、图片文件支持图像压缩浏览方式、文档数据支持全文检索方式进行数据获取和加工。

9.5.3.3 数据交换格式

根据实时在线监控系统数据的特点，分别采用两种数据交换格式：监测数据以 JSON 格式进行交换，其他格式，如视频、照片、报告、附件等，以原始文件的格式进行交换。

9.5.3.4 数据库管理与维护

1）数据字典管理

管理系统需要对元数据标准、系统初始用户、部门名称、操作权限类型、各类数据库标准、数据密级、各级行政代码、在线监测设备编号、在线监测区域编码及其他相关专题分类目录等需要统一规范的对象，通过数据字典进行统一管理。管理员利用数据字典管理系统提供对数据字典的添加、保存、输出、修改功能。维护管理一个数据字典内的字典项，增加、删除、修改字典项内容。

2）系统设置

可针对不同用户或数据类型分配不同的物理存储空间，配置物理数据库的位置，配置数据库连接参数，数据库配置参数、网络连接参数、设置外部组件注册目录等。

3）系统其他管理与维护

主要包括创建数据库索引表、编辑索引、删除索引等。

4）数据迁移和归档管理

需要根据数据使用状况和数据量，制定数据的迁移和归档管理策略，建立高效数据管理机制，提高系统整体运行效率。

5）日志管理

日志管理详细记录系统运行状态。对于重要的操作，如数据的入库操作、数据的输出操作、数据的编辑处理等，均需要记录在日志中，具体功能包括日志的查询、归档、清除、恢复归档文件等。

可以根据用户名、操作类型、操作时间进行日志信息查询。

可以对用户访问情况、数据访问情况、数据交换情况、数据更新情况、数据编辑处理情况等进行日志检索和统计汇总；支持对日志的删除和归档等管理维护。

9.5.4 数据库安全

数据库安全应符合《信息安全技术　数据库管理系统安全技术要求》（GB/T 20273—2006）第三级安全标记保护级要求。

9.5.4.1 用户与权限管理

采用严格的用户身份管理和权限分级管理机制。实时在线监控系统用户限于相关管理部门和有管理部门授权的业务部门使用。系统需要通过用户、角色和密码管理进行身份管理，将用户身份、数据操作内容和操作功能进行绑定控制，确保数据安全。系统用户表由系统管理员在系统初始化时设定，并采用实名制、只允许在人员变动时由系统管理员进行用户表的调整。

对数据和数据库的操作权限如读、写、下载等进行严格划分，并且管理员针对特定用户角色和数据内容进行派发。系统管理权限采用分级管理机制，一般用户权限由上级用户确定。

9.5.4.2 数据备份

应制定完备的数据库和数据备份策略，可以实现数据库的自动备份与恢复。备份需要考虑不同数据类型的数据量、不同的数据更新特征、不同数据的存储要求选择不同的备份方式和备份频率。数据备份方式应该包括整体备份、增量备份和异地备份等。数据备份频率应该为年度、不定期等。如基础地理数据在一定时期内基本不存在更新问题，因此在系统数据备份策略中可以不考虑基础地理数据的更新。对文档数据等不采用数据库进行管理的数据，因此需要进行定期的拷贝备份。用户也可以选择数据对象和备份方式进行数据的手动备份和恢复。

9.5.4.3 系统监控

数据库管理系统需有独立的系统监控模块，支持对实时在线监控系统和数据库状态的监控，可以根据系统和数据库状态进行系统资源调配、数据库优化等操作；对用户的连接与状态、用户对数据访问和数据操作等进行监控，能够设置和调整系统报警规则和相应处理响应，发现恶意操作或非正常操作等问题时可采取中止连接、中止操作等措施；监控用户登录、数据下载等情况。

9.6 数据集成系统建设

9.6.1 总体设计

9.6.1.1 总体架构（图 9-6）

针对现有排污口岸边在线监测站、各类浮标接收软件数量多，管理不便等问题，提出建设标准化的海洋监测数据集成系统（简称数据集成系统）。数据集成系统制定统一的数据传输格式，通过 3G/4G 无线、VPN/VPDN 专线网络通信和北斗卫星通信集成各类岸基在线监控站、浮标在线监控站及其他在线监测设备的监测数据，记录各监测来源的原始数据文件，并将各类海洋监测参数数值统一写入标准的显控数据库中，以供显控系统使用。

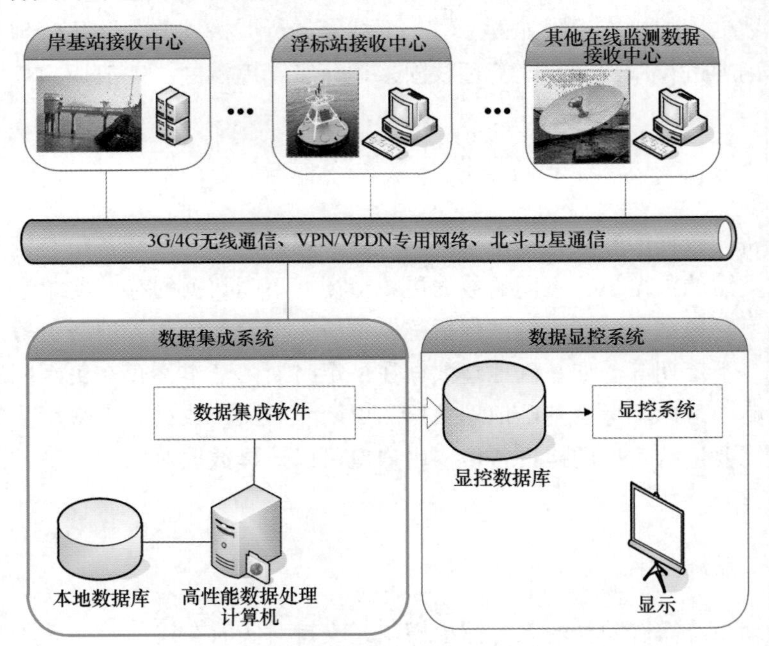

图 9-6 在线监测数据集成架构

9.6.1.2 软件环境

操作系统：Windows Server 2008，Windows 7；数据库平台：Oracle 11g；开发工具：Visual C++ 2008。

9.6.2　功能设计

本系统的设计分成了数据通信侦听、数据报文解析、数据库设计、数据信息管理四大功能模块进行开发。（硬件）通过北斗通信设备或专用网络设备收发通信报文，（软件）通过串口或网络端口侦听进行数据收发；按通信类别按步骤分类解压数据包，并通过Oracle数据库进行数据存储、管理。其功能模块示意图见图9-7所示。

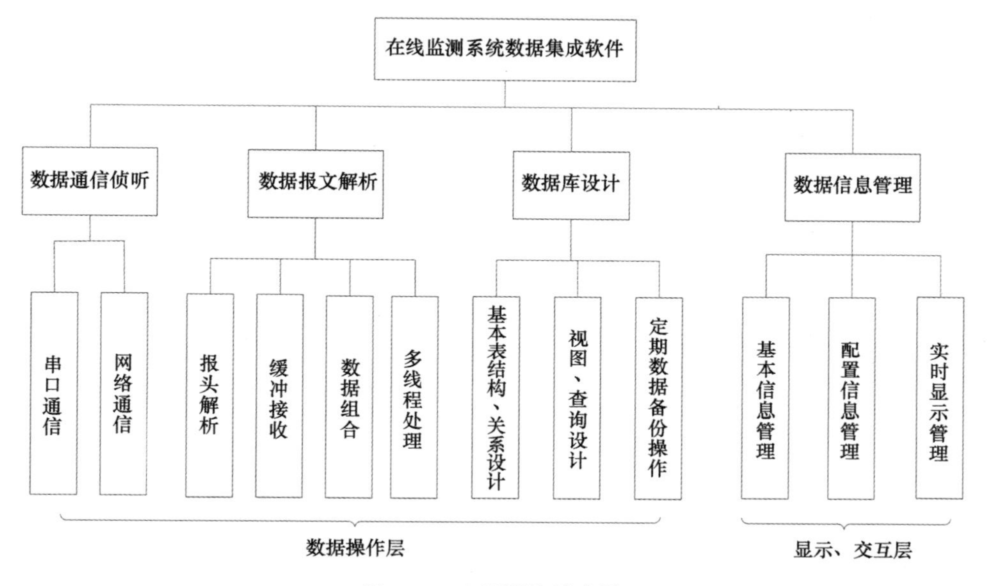

图9-7　功能模块示意图

9.6.2.1　数据通信侦听

分串口通信和网络通信两大类。

1）串口通信

北斗卫星通信。接收各北斗卡数据，通过串口通信接收各北斗卡通信信息，并判断识别需要解包处理的有效数据。

2）网络通信

专用网络通信。接收各3G/4G通信终端的数据，通过网络端口通信接收各海上设备通信信息，并判断识别需要解包处理的有效数据。

内网通信。与显控系统通过内部局域网络实现通信，接收来自显控系统的各类命令，并及时发送回执响应。

9.6.2.2 数据报文解析

1）数据包的报头解析（卫星）

一般型北斗民用通信终端一次最多只能传输628个二进制位，即78个字节，而海洋浮标数据包含多层海流速度、海流方向、波浪高度、波浪周期、波浪方向、风速、风向、气压、气温、大气湿度、海洋水温、盐度及水质等，对长的数据包需要通过数据分包来解决数据传送问题。现有的浮标根据浮标类型的不同和所搭载传感器数量的多少，其数据量可分为1个子包、2个子包和3个子包（最多3个子包，图9-8）。因为数据传输会有丢失发生，如果没收到接收方的回复确认，则发送端重新发送丢失的数据包，为防止过多的通信冗余，最多重复发送3遍。

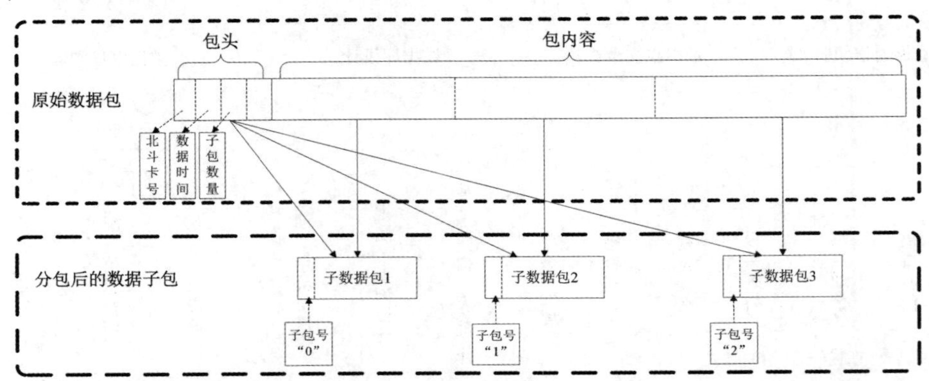

图9-8 数据分包机制

2）数据包的缓冲接收

在线监控与管理中心要管理几十个乃至上百个浮标、岸基站等设备，不同站点的数据传送频率各不相同，从10 min一次到1 h一次不等，为解决某一时间点上（尤其是整点时刻）大量在线监测点同时传送数据的数据接收拥塞问题，通过建立数据缓冲池（buffer pool）进行数据缓冲接收。

在内存中创建一个定长（1 000个单元）的缓冲池，同时建立一个空单元链表（EmptyLink）和一个满单元链表（FullLink）。初始时缓冲池所有单元均为空，空单元链表为所有单元，满单元链表为空。在缓冲池使用过程中，如图9-9（a）所示状态时，针对以下两种情况的处理流程如下：

（1）收到新数据存入缓冲池。从EmptyLink中表头取出一个空单元的索引，将索引值存入FullLink表头，将数据存入buffer pool中索引值所对应的内存单元。结果状态如图9-9（b）所示。

（2）从缓冲池取数据进行拼接处理。从FullLink中表尾取出一个满单元的索引，将索引值存入EmptyLink表头，根据索引值从buffer pool所对应的内存单元取出数据，并清空该单元。结果状态如图9-9（c）所示。

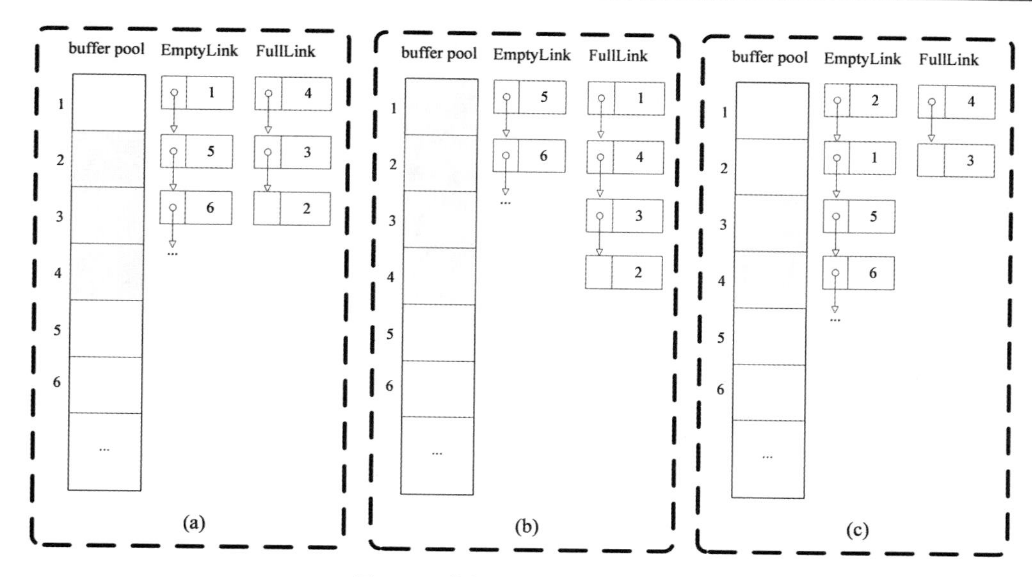

图 9-9　数据缓冲池的工作流程

3）数据包的数据组合（卫星）

浮标通信数据接收完并从缓冲池取出后需要进行数据包拼接处理。由于每个浮标采集频率是固定的，并且每次所传送的数据量（即包数）也是固定的，因此通过包头中的“北斗卡号”和“数据时间”能唯一确定每个子数据包所属的原始数据包。考虑到同一原始数据包的各子数据包在通过北斗通信“传输—接收”过程中的顺序可能会错乱，在接收时根据如图 9-10 所示的数据包拼接算法对“北斗卡号”和“数据时间”相同（确定属于同一原始数据包）的子数据包按接收到的顺序进行自动拼接获得原始数据包，其中，算法基本描述语言为 C 语言。

4）多线程处理

用多线程以异步的方式接收、解析、存储数据。采用多线程，以异步的方式接收数据并将数据写入数据库。如图 9-11 所示，线程 1 负责接收数据，线程 2 负责数据入库。具体如下：

线程 A 先将随时传递过来的数据写入事先开辟的一块内存池中，而不是写入数据库。后续，当新数据到来时继续将其写入该内存池中，只要有数据过来，就将其写入内存池，而不是等待数据被写入的数据库之后再接收新的数据。引入内存池来缓存数据。

线程 B 以一定时间间隔去读取内存池，读取数据后将其从内存池中删除，并将读到的原始报文进行拼包、解析、入库、显示、共享等操作。同时，将内存池中的实时数据显示到界面上。

常规流程就是“接收数据—入库”，增加了内存池后就是“接收数据—内存池—入库”，以这种方式保证随时接收数据，内存池数据处理线程、接收线程和入库过程互不干扰，不影响整个数据流程的速度。

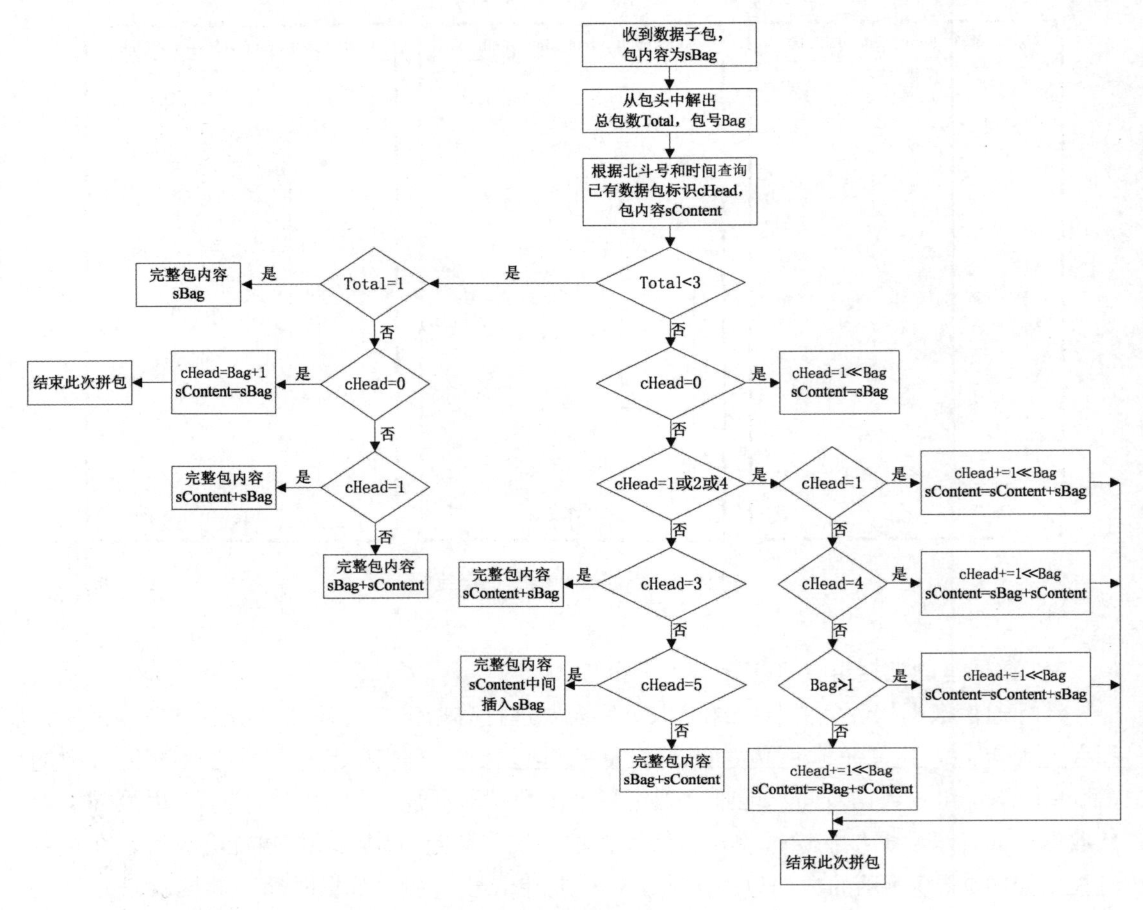

图 9-10　数据组合过程

9.6.2.3　数据信息管理

1）基本信息管理

设备基本信息管理：添加、更改、删除浮标、岸基站、当前状态（是否在线运行）及其基本信息。

浮标与北斗卡管理（备选功能）：维护北斗卡基本信息，包含浮标与北斗卡的所属对应关系。

浮标与网络终端管理（备选功能）：维护网络终端基本信息，包含浮标、岸基站与网络终端的所属对应关系。

2）配置信息管理

提供用户交互界面。配置、修改、删除设备（浮标、岸基站等）基本信息。配置设备与通信终端对应关系信息。

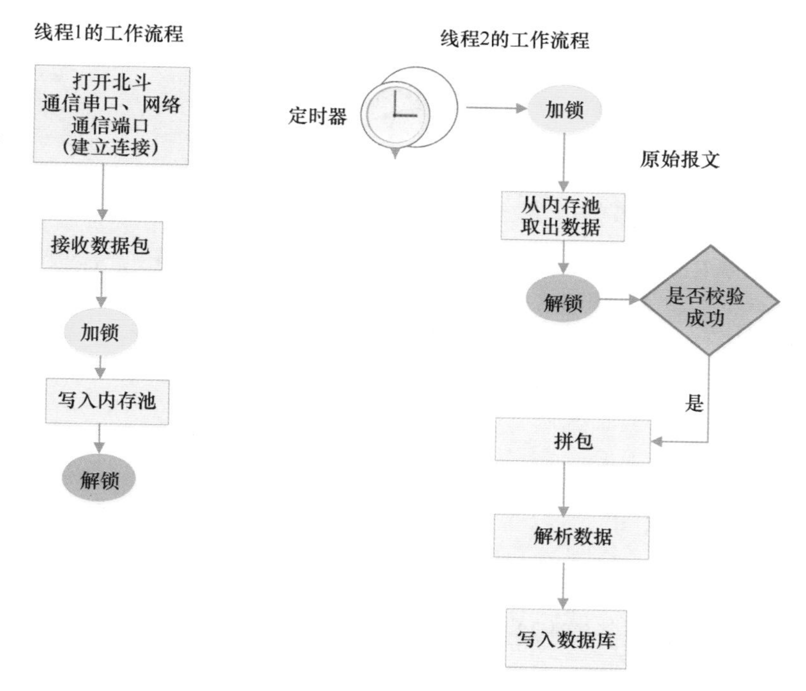

图 9-11　多线程设计

3）实时显示管理

实时显示北斗通信信号状态。实时显示网络通信中在线设备数量。

9.6.3　接口设计

系统接口设计方面，本系统通过串口通信连接北斗通信设备，通过 Oracle 数据库接口读写数据库数据，通过文件读写配置程序基本信息和备份存储原始通信报文，如图 9-12。

1）北斗通信机

根据串口通信协议，主程序软件通过串口读取北斗通信机的状态、侦听北斗通信接收数据、发送北斗通信信息。

2）专用网络通信

包括 CDMA、GPRS、VPDN 等 3G/4G 无线通信，主程序软件通过网络端口查看在线设备状态、侦听网络通信数据、发送通信信息。

3）数据库

采用 Oracle11g 数据库环境，主程序将接收数据信息、解析数据数值、配置信息等存入数据库中，并能进行基本的查询和管理。

4）配置文件

存储主程序的配置信息，包括北斗通信机配置信息（串口号和波特率等），数据库连接配置信息、网络端口配置信息等。

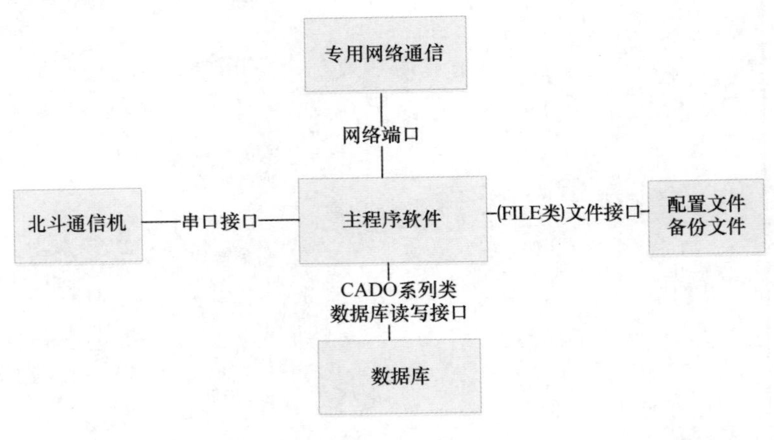

图 9-12 接口设计

9.6.4 在线监测设备管理技术规范

1）设备编码

设备编码为 6 位字符，所有设备的编码不能重复，1×××××表示浮标的编码，2×××××表示岸基站的编码。

2）通信 ID 号

北斗通信设备为不少于 6 位的北斗卡号。

网络通信设备分配 5 位的通信 ID 号（通常取设备编码的后 5 位），所有网络通信 ID 号不能重复，其中首位为不小于 1 的数字，网络通信要同时将 ID 号封装至报文中。

3）数据通信范围

卫星和网络通信协议规定了常规数据（含状态、信息）的封装格式，图片、视频等大的数据类型不包含在本协议规定之中，需要单独另行制定通信协议。

9.7 在线监测系统建设

在线监测系统主要包括 5 种功能实现路线，这 5 种路线在功能实现上有所交叉，在业务逻辑上又相互独立。系统采用 5 种技术路线的组织方式，是为了符合用户操作习惯，最大限度地提高系统的易操作性。这 5 种实现路线分别是主管部门、业务、监测手段、功能和管理区域。其结构图如图 9-13 所示。

在线监测系统整体框架如图 9-14 所示。

从系统功能角度来看，不管以何种工作路线进行操作，最终都将汇集到监测手段上来。监测手段具体包括岸基在线工作站、浮标在线监控站、遥感监测、视频监控四大类。

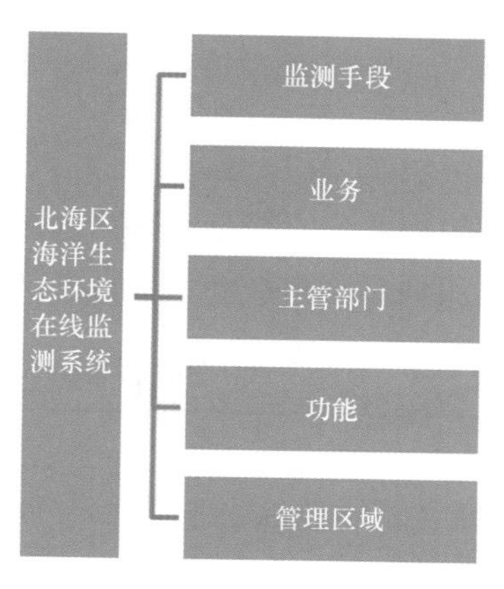

图 9-13　系统功能路线图

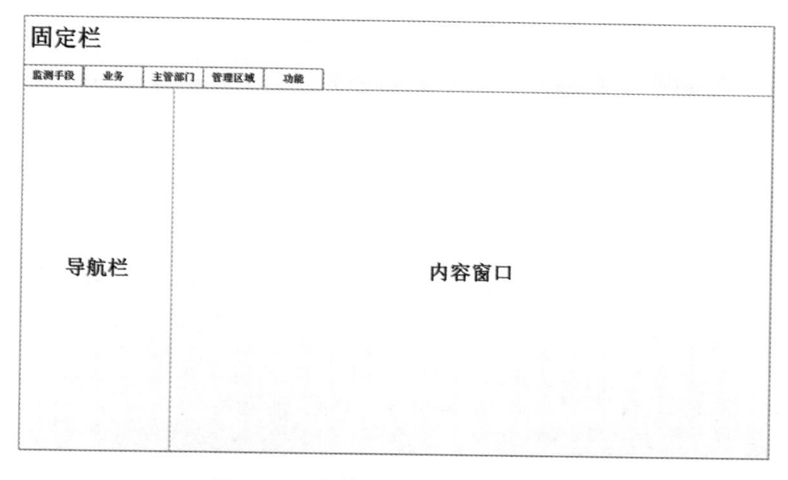

图 9-14　在线监测系统整体框架图

所有监测手段获取的监测数据都可以实时地在系统中进行展示。所有在线监测设备都可以通过系统进行实时监控与远程操作。其中：岸基在线工作站主要功能包括统计分析、三维展示、数据监控、岸房视频监控等；浮标在线监控站主要功能包括统计分析、数据监控、浮标视频监控等；遥感监测手段主要监测方式包括无人机监测与遥感影像监测。

实时在线监控系统主界面主要包括 3 部分内容：固定栏（头部）、导航栏与内容窗口。固定栏包含五种实现路线相对应的主菜单，另外还有系统标志、系统当前时间、用户登录信息等系统相关内容；导航栏会根据用户选择的实现路线展示不同的功能菜单；内容窗口以选项卡的形式展示内容信息。

9.7.1 监测手段子系统

监测手段子系统是整个在线监控系统的核心与基础，系统主要功能都需要通过监测手段子系统提供的数据与方法予以实现。监测手段子系统主要功能如表 9-1 所示。

表 9-1 监测手段子系统功能列表

序号	监测手段	功能
1	岸基在线监控站	环境质量评价统计分析
2	岸基在线监控站	设备运行情况统计分析
3	岸基在线监控站	三维展示
4	岸基在线监控站	实时数据展示
5	岸基在线监控站	历史数据展示
6	岸基在线监控站	质控数据展示
7	岸基在线监控站	岸房视频监控
8	岸基在线监控站	作业流程监控
10	浮标在线监控站	环境质量评价统计分析
11	浮标在线监控站	设备运行情况统计分析
12	浮标在线监控站	实时数据展示
13	浮标在线监控站	历史数据展示
14	浮标在线监控站	质控数据展示
15	浮标在线监控站	视频监控
16	遥感监测	无人机监测数据展示
17	遥感监测	遥感影像展示
18	视频监测	实时视频查看

监测手段功能结构见图 9-15 和图 9-16 所示，用户可以通过监测手段子系统，查询分析岸基在线监控站与浮标在线监控站实时获取的监测数据以及历史数据和质控数据。通过对观测数据的统计分析可以对监测海域进行环境质量评级；通过对监测设备运行参数的统计分析，可以了解监控设备的运行情况。为了更加直观地监视设备运行的过程与状态，系统提供了作业流程图模块，视频监控模块则对监测设备所处环境、人员操作等外界条件进行了有效监控。

遥感监测是相对较为独立的监测手段，获取数据的格式和周期与其他监测手段都大为不同。主要采取的是无人机与遥感影像两种手段，获取的都是栅格影像数据。

9.7.1.1 岸基在线监控站

岸基在线监控站包括统计分析、三维展示、数据监控、岸房视频监控、作业流程监控

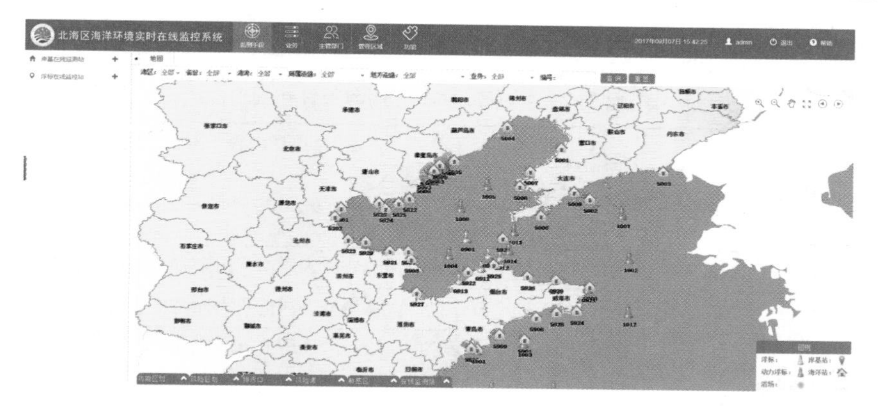

图 9-15　监测手段子系统功能框架/布局设计图

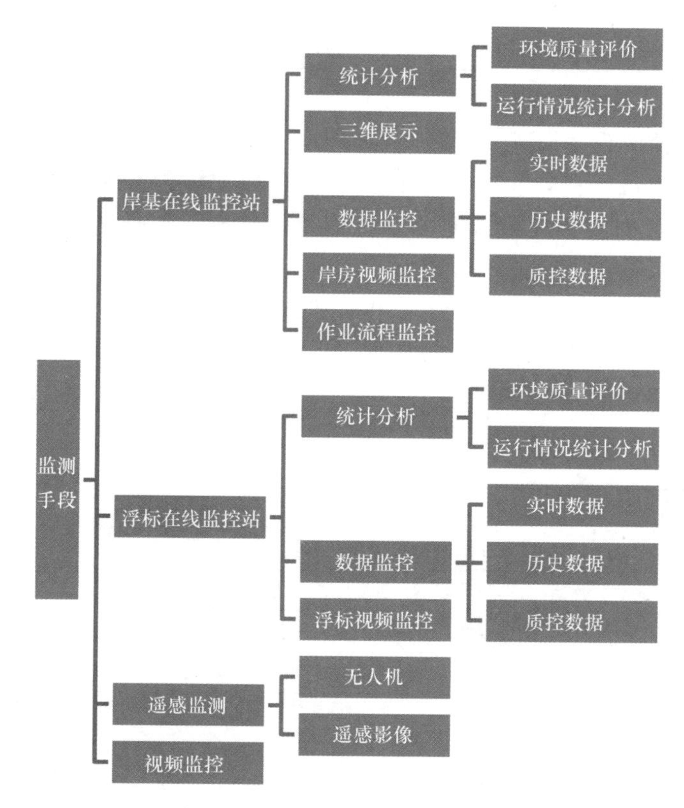

图 9-16　监测手段路线结构图

等功能。

1）统计分析

统计分析又分为环境质量评价和运行情况统计分析两大类。

（1）环境质量评价（表9-2）。

表9-2　环境质量评价查询条件一览

查询条件	输入形式	选择内容
编号	输入	岸基在线监控站的唯一编号
海区	选择	全部（默认）、渤海、黄海
省份	选择	全部（默认）、辽宁省、河北省、天津市、山东省、大连市、青岛市
海湾	选择	全部（默认）、辽东湾、渤海湾、莱州湾、大连湾、胶州湾
局属设施	选择	全部（默认）、北海监测中心、大连中心站、秦皇岛中心站、天津中心站、烟台中心站、青岛中心站
地方设施	选择	全部（默认）、辽宁省海洋与渔业厅、河北省海洋局、天津市海洋局、山东省海洋与渔业厅、大连市海洋与渔业局、青岛市海洋与渔业局
业务	选择	全部（默认）、入海排污口、入海江河、海洋工程、环境风险、重点海湾、海洋保护区、海洋生态红线

可以通过多个监测设备对某一区域内的海洋环境质量、排污口临近海域、入海河流排污情况进行评价，也可选择单个在线监测设备进行独立评价。通过选择不同的监测要素（单个、多个）、监测时间（单个、多个）进行统计分析，包括达标率、趋势变化、同比分析等。

（2）运行情况统计分析。

在线监测设备的数据上传情况，包括数据上传率、数据有效率、传输有效率等信息，如表9-3所示。

表9-3　运行情况统计分析查询条件一览

查询条件	输入形式	选择内容
编号	输入	岸基在线监控站的唯一编号
海区	选择	全部（默认）、渤海、黄海
省份	选择	全部（默认）、辽宁省、河北省、天津市、山东省、大连市、青岛市
海湾	选择	全部（默认）、辽东湾、渤海湾、莱州湾、大连湾、胶州湾
局属设施	选择	全部（默认）、北海监测中心、大连中心站、秦皇岛中心站、天津中心站、烟台中心站、青岛中心站
地方设施	选择	全部（默认）、辽宁省海洋与渔业厅、河北省海洋局、天津市海洋局、山东省海洋与渔业厅、大连市海洋与渔业局、青岛市海洋与渔业局
业务	选择	全部（默认）、入海排污口、入海江河、海洋工程、环境风险、重点海湾、海洋保护区、海洋生态红线

2）三维展示

每一个岸房都设有三维街景，通过系统默认的工作路线和输入的语句作为查询条件，可分页列出所有符合条件的全部岸基站岸房。对每一个岸房对象可显示其三维状态，也可在三维界面点击摄像头调取实时监控画面如表 9-4 所示。

表 9-4　三维展示查询条件一览

查询条件	输入形式	选择内容
编号	输入	岸基在线监控站的唯一编号
海区	选择	全部（默认）、渤海、黄海
省份	选择	全部（默认）、辽宁省、河北省、天津市、山东省、大连市、青岛市
海湾	选择	全部（默认）、辽东湾、渤海湾、莱州湾、大连湾、胶州湾
局属设施	选择	全部（默认）、北海监测中心、大连中心站、秦皇岛中心站、天津中心站、烟台中心站、青岛中心站
地方设施	选择	全部（默认）、辽宁省海洋与渔业厅、河北省海洋局、天津市海洋局、山东省海洋与渔业厅、大连市海洋与渔业局、青岛市海洋与渔业局
业务	选择	全部（默认）、入海排污口、入海江河、海洋工程、环境风险、重点海湾、海洋保护区、海洋生态红线

3）数据监控

数据监控对象包括：实时数据、历史数据和质控数据。

（1）实时数据。

系统根据工作路线和筛选条件（表 9-5）查询出所有符合条件的结果并分页展示，查询的结果展示根据甲方要求展示出部分监测要素的实时数据，双击指定某一行可弹出模态页面展出关于岸基在线监控站的所有监测数据（见图 9-17 和图 9-18）。

表 9-5　实时数据查询条件一览

查询条件	输入形式	选择内容
编号	输入	岸基在线监控站的唯一编号
海区	选择	全部（默认）、渤海、黄海
省份	选择	全部（默认）、辽宁省、河北省、天津市、山东省、大连市、青岛市
海湾	选择	全部（默认）、辽东湾、渤海湾、莱州湾、大连湾、胶州湾
局属设施	选择	全部（默认）、北海监测中心、大连中心站、秦皇岛中心站、天津中心站、烟台中心站、青岛中心站
地方设施	选择	全部（默认）、辽宁省海洋与渔业厅、河北省海洋局、天津市海洋局、山东省海洋与渔业厅、大连市海洋与渔业局、青岛市海洋与渔业局
业务	选择	全部（默认）、入海排污口、入海江河、海洋工程、环境风险、重点海湾、海洋保护区、海洋生态红线

进入系统默认展示出复合工作路线的所有岸基在线监控站，并且这些监测数据可以根

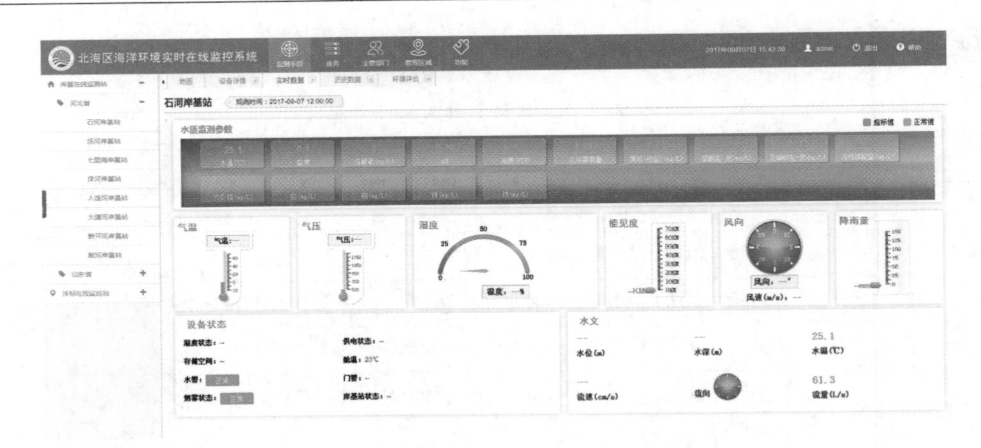

图 9–17　实时数据查询界面示意图

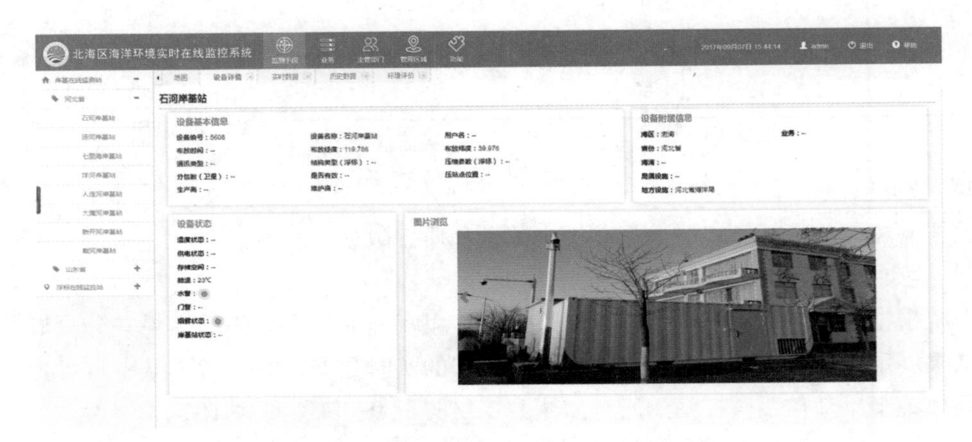

图 9–18　详细信息界面示意图

据需求导出本地 Excel。显示的实时数据会定时自动刷新，无须手动刷新页面。并且监测要素的数值会根据预设值的阈值进行比较，不在阈值范围之内的监测要素值会以不同的背景颜色进行显示。

（2）历史数据。

进入历史界面默认显示符合工作路线的最新岸基在线监控站数据。可以根据需求输入查询条件（表 9–6）进行查询，查询结果以列表的形式进行分页展示，亦可将查询结果导出 Excel。

表 9–6　历史数据查询条件一览

查询条件	输入形式	选择内容
编号	输入	岸基在线监控站的唯一编号
海区	选择	全部、渤海、黄海

续表

查询条件	输入形式	选择内容
省份	选择	全部、辽宁省、河北省、天津市、山东省、大连市、青岛市
海湾	选择	全部、辽东湾、渤海湾、莱州湾、大连湾、胶州湾
局属设施	选择	全部、北海监测中心、大连中心站、秦皇岛中心站、天津中心站、烟台中心站、青岛中心站
地方设施	选择	全部、辽宁省海洋与渔业厅、河北省海洋局、天津市海洋局、山东省海洋与渔业厅、大连市海洋与渔业局、青岛市海洋与渔业局
业务	选择	全部、入海排污口、入海江河、海洋工程、环境风险、重点海湾、海洋保护区、海洋生态红线

（3）质控数据。

进入历史界面默认显示符合工作路线的最新岸基在线监控站质控数据。可以根据需求输入查询条件（表 9-7）进行查询，查询结果以列表的形式进行分页展示，亦可将查询结果导出 Excel。

表 9-7　质控数据查询条件一览

查询条件	输入形式	选择内容
编号	输入	岸基在线监控站的唯一编号
海区	选择	全部、渤海、黄海
省份	选择	全部、辽宁省、河北省、天津市、山东省、大连市、青岛市
海湾	选择	全部、辽东湾、渤海湾、莱州湾、大连湾、胶州湾
局属设施	选择	全部、北海监测中心、大连中心站、秦皇岛中心站、天津中心站、烟台中心站、青岛中心站
地方设施	选择	全部、辽宁省海洋与渔业厅、河北省海洋局、天津市海洋局、山东省海洋与渔业厅、大连市海洋与渔业局、青岛市海洋与渔业局
业务	选择	全部、入海排污口、入海江河、海洋工程、环境风险、重点海湾、海洋保护区、海洋生态红线

4）岸房视频监控

每种岸基在线监控站都设有两个摄像头，实现对监视监测仪器的工作状态、人员的进出情况的监控功能。摄像头位置及要求如下。

位置一：仪表间内部，监控仪表间内部设备情况；

设备要求：可水平 360°旋转，竖直 90°旋转，设备科远程控制。

位置二：仪表间门口，监控站房进出人员情况；

设备要求：定点监控、抓拍、设备科远程控制。

选择岸基在线监控站点及摄像头位置，调用摄像头接口可实现实时视频查看。

查询条件见表9-8。

表9-8 岸房视频监控查询条件一览

查询条件	输入形式	选择内容
编号	输入	岸基在线监控站的唯一编号
海区	选择	全部、渤海、黄海
省份	选择	全部、辽宁省、河北省、天津市、山东省、大连市、青岛市
海湾	选择	全部、辽东湾、渤海湾、莱州湾、大连湾、胶州湾
局属设施	选择	全部、北海监测中心、大连中心站、秦皇岛中心站、天津中心站、烟台中心站、青岛中心站
地方设施	选择	全部、辽宁省海洋与渔业厅、河北省海洋局、天津市海洋局、山东省海洋与渔业厅、大连市海洋与渔业局、青岛市海洋与渔业局
业务	选择	全部、入海排污口、入海江河、海洋工程、环境风险、重点海湾、海洋保护区、海洋生态红线

5）作业流程监控

每一个岸基在线监控站都设有作业流程图，当岸基监测站流程状态发生改变时自动向数据库更新最新作业流程状态，系统会自动识别流程节点，将作业流程主要节点展示在系统界面上。

作业流程界面依照筛选条件以列表的形式进行展示岸基在线监控站的信息，对于任何选定岸基在线监控站对象，可显示作业流程图，并且流程图保持着实时刷新见表9-9。

表9-9 作业流程筛选条件一览

筛选条件	输入形式	选择内容
编号	输入	岸基在线监控站的唯一编号
海区	选择	全部、渤海、黄海
省份	选择	全部、辽宁省、河北省、天津市、山东省、大连市、青岛市
海湾	选择	全部、辽东湾、渤海湾、莱州湾、大连湾、胶州湾
局属设施	选择	全部、北海监测中心、大连中心站、秦皇岛中心站、天津中心站、烟台中心站、青岛中心站
地方设施	选择	全部、辽宁省海洋与渔业厅、河北省海洋局、天津市海洋局、山东省海洋与渔业厅、大连市海洋与渔业局、青岛市海洋与渔业局
业务	选择	全部、入海排污口、入海江河、海洋工程、环境风险、重点海湾、海洋保护区、海洋生态红线

9.7.1.2　浮标在线监控站

1）统计分析

统计分析分为环境质量评价和运行情况统计分析两大类。

（1）环境质量评价。

可以通过多个监测设备对某一区域内的海洋环境质量、排污口临近海域、入海河流排污情况进行评价，也可选择单个在线监测设备进行独立评价。通过选择不同的监测要素（单个、多个）、监测时间（单个、多个）进行统计分析，包括达标率、趋势变化、同比分析等。环境质量评价查询见表 9-10。

表 9-10　环境质量评价查询条件一览

查询条件	输入形式	选择内容
编号	输入	浮标在线监控站的唯一编号
海区	选择	全部（默认）、渤海、黄海
省份	选择	全部（默认）、辽宁省、河北省、天津市、山东省、大连市、青岛市
海湾	选择	全部（默认）、辽东湾、渤海湾、莱州湾、大连湾、胶州湾
局属设施	选择	全部（默认）、北海监测中心、大连中心站、秦皇岛中心站、天津中心站、烟台中心站、青岛中心站
地方设施	选择	全部（默认）、辽宁省海洋与渔业厅、河北省海洋局、天津市海洋局、山东省海洋与渔业厅、大连市海洋与渔业局、青岛市海洋与渔业局
业务	选择	全部（默认）、入海排污口、入海江河、海洋工程、环境风险、重点海湾、海洋保护区、海洋生态红线

（2）运行情况统计分析。

在线监测设备的数据上传情况，包括数据上传率、数据有效率、传输有效率等信息见表 9-11。

表 9-11　运行情况统计分析查询条件一览

查询条件	输入形式	选择内容
编号	输入	浮标在线监控站的唯一编号
海区	选择	全部（默认）、渤海、黄海
省份	选择	全部（默认）、辽宁省、河北省、天津市、山东省、大连市、青岛市
海湾	选择	全部（默认）、辽东湾、渤海湾、莱州湾、大连湾、胶州湾
局属设施	选择	全部（默认）、北海监测中心、大连中心站、秦皇岛中心站、天津中心站、烟台中心站、青岛中心站
地方设施	选择	全部（默认）、辽宁省海洋与渔业厅、河北省海洋局、天津市海洋局、山东省海洋与渔业厅、大连市海洋与渔业局、青岛市海洋与渔业局
业务	选择	全部（默认）、入海排污口、入海江河、海洋工程、环境风险、重点海湾、海洋保护区、海洋生态红线

2）数据监控

数据监控对象包括：实时数据、历史数据、质控数据。

（1）实时数据。

系统根据工作路线和筛选条件（表 9-12）查询出所有符合条件的结果并分页展示，查询结果根据要求展示出部分监测要素的实时数据，每一个结果对象均可展示出相关浮标在线监控站的所有监测数据。进入系统默认展示出符合工作路线的所有浮标在线监控站，并且监测数据可以根据需求导出本地 Excel。显示的实时数据会定时自动刷新，无须手动刷新页面。并且监测要素的数值会根据预设值的阈值进行比较，不在阈值范围之内的监测要素值会以不同的背景颜色进行警示。

表 9-12　实时数据查询条件一览

查询条件	输入形式	选择内容
编号	输入	浮标在线监控站的唯一编号
海区	选择	全部（默认）、渤海、黄海
省份	选择	全部（默认）、辽宁省、河北省、天津市、山东省、大连市、青岛市
海湾	选择	全部（默认）、辽东湾、渤海湾、莱州湾、大连湾、胶州湾
局属设施	选择	全部（默认）、北海监测中心、大连中心站、秦皇岛中心站、天津中心站、烟台中心站、青岛中心站
地方设施	选择	全部（默认）、辽宁省海洋与渔业厅、河北省海洋局、天津市海洋局、山东省海洋与渔业厅、大连市海洋与渔业局、青岛市海洋与渔业局
业务	选择	全部（默认）、入海排污口、入海江河、海洋工程、环境风险、重点海湾、海洋保护区、海洋生态红线

（2）历史数据。

进入历史界面默认显示符合工作路线的最新浮标在线监控站数据。可以根据需求输入查询条件（表 9-13）进行查询，查询结果以列表的形式进行分页展示，亦可将查询结果导出 Excel。

表 9-13　历史数据查询条件一览

查询条件	输入形式	选择内容
编号	输入	浮标在线监控站的唯一编号
海区	选择	全部、渤海、黄海
省份	选择	全部、辽宁省、河北省、天津市、山东省、大连市、青岛市
海湾	选择	全部、辽东湾、渤海湾、莱州湾、大连湾、胶州湾

续表

查询条件	输入形式	选择内容
局属设施	选择	全部、北海监测中心、大连中心站、秦皇岛中心站、天津中心站、烟台中心站、青岛中心站
地方设施	选择	全部、辽宁省海洋与渔业厅、河北省海洋局、天津市海洋局、山东省海洋与渔业厅、大连市海洋与渔业局、青岛市海洋与渔业局
业务	选择	全部、入海排污口、入海江河、海洋工程、环境风险、重点海湾、海洋保护区、海洋生态红线

（3）质控数据。

进入历史界面默认显示符合工作路线的最新浮标在线监控站质控数据。可以根据需求输入查询条件（表9-14）进行查询，查询结果以列表的形式进行分页展示，亦可将查询结果导出Excel。

表9-14　质控数据查询条件一览

查询条件	输入形式	选择内容
编号	输入	浮标在线监控站的唯一编号
海区	选择	全部、渤海、黄海
省份	选择	全部、辽宁省、河北省、天津市、山东省、大连市、青岛市
海湾	选择	全部、辽东湾、渤海湾、莱州湾、大连湾、胶州湾
局属设施	选择	全部、北海监测中心、大连中心站、秦皇岛中心站、天津中心站、烟台中心站、青岛中心站
地方设施	选择	全部、辽宁省海洋与渔业厅、河北省海洋局、天津市海洋局、山东省海洋与渔业厅、大连市海洋与渔业局、青岛市海洋与渔业局
业务	选择	全部、入海排污口、入海江河、海洋工程、环境风险、重点海湾、海洋保护区、海洋生态红线

3）浮标视频监控

每一个浮标都会带有一个或多个视频监控点，依照对浮标监控站的筛选条件（表9-15），以列表的形式对摄像头进行展示，每一行表示一个视频监控点，可查看实时视频。

表9-15　浮标视频监控查询条件一览

查询条件	输入形式	选择内容
编号	输入	浮标在线监控站的唯一编号
海区	选择	全部、渤海、黄海
省份	选择	全部、辽宁省、河北省、天津市、山东省、大连市、青岛市
海湾	选择	全部、辽东湾、渤海湾、莱州湾、大连湾、胶州湾

续表

查询条件	输入形式	选择内容
局属设施	选择	全部、北海监测中心、大连中心站、秦皇岛中心站、天津中心站、烟台中心站、青岛中心站
地方设施	选择	全部、辽宁省海洋与渔业厅、河北省海洋局、天津市海洋局、山东省海洋与渔业厅、大连市海洋与渔业局、青岛市海洋与渔业局
业务	选择	全部、入海排污口、入海江河、海洋工程、环境风险、重点海湾、海洋保护区、海洋生态红线

9.7.1.3 遥感监测

遥感监测包括无人机监测和遥感监测，监测结果都会以遥感影像的形式进行展示。不管是无人机监测还是遥感监测，在系统中都是依照筛选条件根据遥感影像生成的时间以列表的形式进行展示。每条遥感影像均可查看其对应的详细信息（表 9-16 和表 9-17）。

表 9-16 无人机筛选条件一览

查询条件	输入形式	选择内容
开始时间	选择	具体到日期的时间选择器
结束时间	选择	具体到日期的时间选择器

表 9-17 遥感影像筛选条件一览

查询条件	输入形式	选择内容
开始时间	选择	具体到日期的时间选择器
结束时间	选择	具体到日期的时间选择器
海区	选择	全部、渤海、黄海
省份	选择	全部、辽宁省、河北省、天津市、山东省、大连市、青岛市
海湾	选择	全部、辽东湾、渤海湾、莱州湾、大连湾、胶州湾
局属设施	选择	全部、北海监测中心、大连中心站、秦皇岛中心站、天津中心站、烟台中心站、青岛中心站
地方设施	选择	全部、辽宁省海洋与渔业厅、河北省海洋局、天津市海洋局、山东省海洋与渔业厅、大连市海洋与渔业局、青岛市海洋与渔业局
业务	选择	全部、入海排污口、入海江河、海洋工程、环境风险、重点海湾、海洋保护区、海洋生态红线

9.7.1.4 视频监控

视频监控作为监控手段的一种，它既不属于岸基在线监控站，也不属于浮标在线监控站，而是独立的视频监控点。通过调用通用接口我们可以调用实时视频。视频监控点在系统中通过筛选条件以数据列表的形式进行展示，并且可以查看实时视频信息见表 9-18。

表 9-18　视频监控查询条件一览

查询条件	输入形式	选择内容
海区	选择	全部、渤海、黄海
省份	选择	全部、辽宁省、河北省、天津市、山东省、大连市、青岛市
海湾	选择	全部、辽东湾、渤海湾、莱州湾、大连湾、胶州湾
局属设施	选择	全部、北海监测中心、大连中心站、秦皇岛中心站、天津中心站、烟台中心站、青岛中心站
地方设施	选择	全部、辽宁省海洋与渔业厅、河北省海洋局、天津市海洋局、山东省海洋与渔业厅、大连市海洋与渔业局、青岛市海洋与渔业局
业务	选择	全部、入海排污口、入海江河、海洋工程、环境风险、重点海湾、海洋保护区、海洋生态红线

9.7.2　业务子系统

业务子系统是按照海洋局业务方向对系统功能的重新规划，所有业务功能的实现都依托于监测手段子系统（图 9-19）。具体的功能如表 9-1 所示。

图 9-19　业务子系统功能框架/布局设计图

北海监测中心主要业务分为入海污染源、海洋环境、海洋生态红线三大业务方向（见图 9-20）。其中入海污染源的业务方向又细分为入海排污口、入海江河、海洋工程；海洋环境业务方向又包括环境风险、重点海湾、海洋保护区三大业务分支。

底层业务方向入海排污口、入海江河、海洋工程、环境风险重点海湾、海洋保护区、海洋生态红线管理对应的监测手段除去筛选参数不一样，其余的请参考 9.7.1 监测手段子系统章节，各业务方向对应的查询条件如下所示。

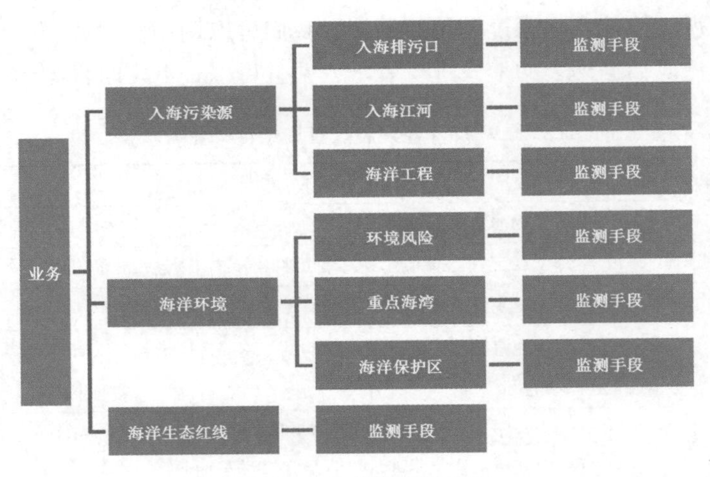

图 9-20　业务路线结构图

（1）入海排污口、入海江河、海洋工程、环境风险、重点海湾、海洋保护区、海洋生态红线管理等对应的岸基在线监控站、浮标在线监控站、视频监控等监测手段筛选条件如表 9-19 所示。

表 9-19　监测手段筛选条件一览

查询条件	输入形式	选择内容
编号	输入	浮标在线监控站的唯一编号
海区	选择	全部、渤海、黄海
省份	选择	全部、辽宁省、河北省、天津市、山东省、大连市、青岛市
海湾	选择	全部、辽东湾、渤海湾、莱州湾、大连湾、胶州湾
局属设施	选择	全部、北海监测中心、大连中心站、秦皇岛中心站、天津中心站、烟台中心站、青岛中心站
地方设施	选择	全部、辽宁省海洋与渔业厅、河北省海洋局、天津市海洋局、山东省海洋与渔业厅、大连市海洋与渔业局、青岛市海洋与渔业局

（2）入海排污口、入海江河、海洋工程、环境风险、重点海湾、海洋保护区、海洋生态红线管理等对应的无人机监测手段筛选条件如表 9-20 所示。

表 9-20　无人机监测手段筛选条件一览

查询条件	输入形式	选择内容
开始时间	选择	具体到日期的时间选择器
结束时间	选择	具体到日期的时间选择器

（3）入海排污口、入海江河、海洋工程、环境风险、重点海湾、海洋保护区、海洋生

态红线管理等对应的遥感影像监测手段筛选条件如表 9-21 所示。

表 9-21　遥感影像监测手段筛选条件一览

查询条件	输入形式	选择内容
开始时间	选择	具体到日期的时间选择器
结束时间	选择	具体到日期的时间选择器
海区	选择	全部、渤海、黄海
省份	选择	全部、辽宁省、河北省、天津市、山东省、大连市、青岛市
海湾	选择	全部、辽东湾、渤海湾、莱州湾、大连湾、胶州湾
局属设施	选择	全部、北海监测中心、大连中心站、秦皇岛中心站、天津中心站、烟台中心站、青岛中心站
地方设施	选择	全部、辽宁省海洋与渔业厅、河北省海洋局、天津市海洋局、山东省海洋与渔业厅、大连市海洋与渔业局、青岛市海洋与渔业局

9.7.3　主管部门子系统

主管部门子系统与业务子系统类似，并没有独立的功能，只是对系统原有功能按照主管部门进行的重新规划，为的是方便不同部门的用户迅速找到所属部门的监测设备与数据查看入口。所有功能的实现都依托于监测手段子系统（图 9-21）。具体功能列表如表9-1所示。

图 9-21　主管部门子系统功能框架/布局设计图

在线监控系统的主要管理部门包括国家海洋局所属（简称局属）管理单位和地方海洋行政管理单位。其中局属管理单位包含北海监测中心、大连中心站、秦皇岛中心站、天津中心站、烟台中心站和青岛中心站；地方海洋行政管理单位包括辽宁省海洋与渔业厅、天津市海洋局、河北省海洋局、山东省海洋与渔业厅、大连市海洋与渔业局、青岛市海洋与渔业局（见图 9-22）。各主管部门对应的监测手段除去筛选参数不一样，其余的请参考 9.7.1 监测手段子系统章节。

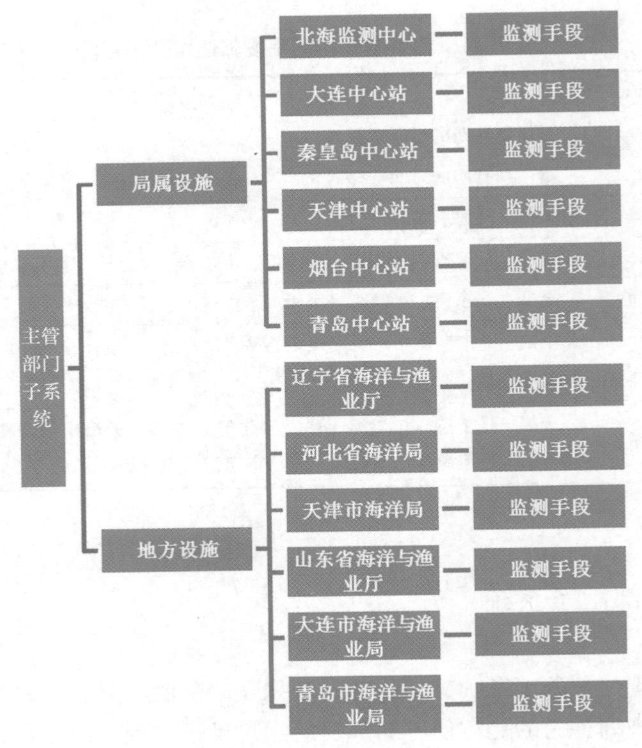

图 9-22　主管部门路线结构图

9.7.3.1　局属设施

北海监测中心、大连中心站、秦皇岛中心站、天津中心站、烟台中心站和青岛中心站等对应的岸基在线监控站、浮标在线监控站、视频监控等监测手段筛选条件如表 9-22 所示。

表 9-22　监测手段筛选条件一览（局属设施）

查询条件	输入形式	选择内容
编号	输入	岸基在线监控站的唯一编号
海区	选择	全部（默认）、渤海、黄海
省份	选择	全部（默认）、辽宁省、河北省、天津市、山东省、大连市、青岛市
海湾	选择	全部（默认）、辽东湾、渤海湾、莱州湾、大连湾、胶州湾
地方设施	选择	全部（默认）、辽宁省海洋与渔业厅、河北省海洋局、天津市海洋局、山东省海洋与渔业厅、大连市海洋与渔业局、青岛市海洋与渔业局
业务	选择	全部（默认）、入海排污口、入海江河、海洋工程、环境风险、重点海湾、海洋保护区、海洋生态红线

北海监测中心、大连中心站、秦皇岛中心站、天津中心站、烟台中心站、青岛中心站等对应的岸基在线监控站、浮标在线监控站、视频监控等对应的无人机监测手段筛选条件如表 9–23 所示。

表 9–23　无人机监测手段筛选条件一览（局属设施）

查询条件	输入形式	选择内容
开始时间	选择	具体到日期的时间选择器
结束时间	选择	具体到日期的时间选择器

北海监测中心、大连中心站、秦皇岛中心站、天津中心站、烟台中心站和青岛中心站等对应的遥感影像监测手段筛选条件如表 9–24 所示。

表 9–24　遥感影像监测手段筛选条件一览（局属设施）

查询条件	输入形式	选择内容
开始时间	选择	具体到日期的时间选择器
结束时间	选择	具体到日期的时间选择器
海区	选择	全部（默认）、渤海、黄海
省份	选择	全部（默认）、辽宁省、河北省、天津市、山东省、大连市、青岛市
海湾	选择	全部（默认）、辽东湾、渤海湾、莱州湾、大连湾、胶州湾
地方设施	选择	全部（默认）、辽宁省海洋与渔业厅、河北省海洋局、天津市海洋局、山东省海洋与渔业厅、大连市海洋与渔业局、青岛市海洋与渔业局
业务	选择	全部（默认）、入海排污口、入海江河、海洋工程、环境风险、重点海湾、海洋保护区、海洋生态红线

9.7.3.2　地方设施

辽宁省海洋与渔业厅、河北省海洋局、山东省海洋与渔业厅、天津市海洋局、大连市海洋与渔业局、青岛市海洋与渔业局等对应的岸基在线监控站、浮标在线监控站、视频监控等监测手段筛选条件如表 9–25 所示。

表 9–25　监测手段筛选条件一览（地方设施）

查询条件	输入形式	选择内容
编号	输入	岸基在线监控站的唯一编号
海区	选择	全部（默认）、渤海、黄海
省份	选择	全部（默认）、辽宁省、河北省、天津市、山东省、大连市、青岛市
海湾	选择	全部（默认）、辽东湾、渤海湾、莱州湾、大连湾、胶州湾
局属设施	选择	全部（默认）、北海监测中心、大连中心站、秦皇岛中心站、天津中心站、烟台中心站、青岛中心站
业务	选择	全部（默认）、入海排污口、入海江河、海洋工程、环境风险、重点海湾、海洋保护区、海洋生态红线

辽宁省海洋与渔业厅、河北省海洋局、山东省海洋与渔业厅、天津市海洋局、大连市海洋与渔业局、青岛市海洋与渔业局等对应的岸基在线监控站、浮标在线监控站、视频监控等对应的无人机监测手段筛选条件如表 9-26 所示。

表 9-26　无人机监测手段筛选条件一览（地方设施）

查询条件	输入形式	选择内容
开始时间	选择	具体到日期的时间选择器
结束时间	选择	具体到日期的时间选择器

辽宁省海洋与渔业厅、河北省海洋局、山东省海洋与渔业厅、天津市海洋局、大连市海洋与渔业局、青岛市海洋与渔业局等对应的遥感影像监测手段筛选条件如表 9-27 所示。

表 9-27　遥感影像监测手段筛选条件一览表（地方设施）

查询条件	输入形式	选择内容
开始时间	选择	具体到日期的时间选择器
结束时间	选择	具体到日期的时间选择器
海区	选择	全部（默认）、渤海、黄海
省份	选择	全部（默认）、辽宁省、河北省、天津市、山东省、大连市、青岛市
海湾	选择	全部（默认）、辽东湾、渤海湾、莱州湾、大连湾、胶州湾
局属设施	选择	全部（默认）、北海监测中心、大连中心站、秦皇岛中心站、天津中心站、烟台中心站、青岛中心站
业务	选择	全部（默认）、入海排污口、入海江河、海洋工程、环境风险、重点海湾、海洋保护区、海洋生态红线

9.7.4　功能子系统

功能子系统囊括了包括监测手段子系统功能在内的所有系统功能，为用户快速查找所需功能提供了便利。系统具体功能如表 9-28 所示。

表 9-28　功能子系统功能列表

序号	监测手段	功能
1	岸基在线监控站	环境质量评价统计分析
2	岸基在线监控站	设备运行情况统计分析
3	岸基在线监控站	三维展示
4	岸基在线监控站	实时数据展示
5	岸基在线监控站	历史数据展示
6	岸基在线监控站	质控数据展示

续表

序号	监测手段	功能
7	岸基在线监控站	岸房视频监控
8	岸基在线监控站	作业流程监控
9	岸基在线监控站	设备质控
10	岸基在线监控站	运行模式质控
11	岸基在线监控站	远程样品质控
12	岸基在线监控站	日报告管理
13	岸基在线监控站	周报告管理
14	岸基在线监控站	月报告管理
15	岸基在线监控站	季度报告管理
16	岸基在线监控站	年度报告管理
17	岸基在线监控站	监测数据市级审核
18	岸基在线监控站	监测数据省级审核
19	岸基在线监控站	监测数据北海分局审核
20	浮标在线监控站	环境质量评价统计分析
21	浮标在线监控站	设备运行情况统计分析
22	浮标在线监控站	实时数据展示
23	浮标在线监控站	历史数据展示
24	浮标在线监控站	质控数据展示
25	浮标在线监控站	视频监控
26	浮标在线监控站	日报告管理
27	浮标在线监控站	周报告管理
28	浮标在线监控站	月报告管理
29	浮标在线监控站	季度报告管理
30	浮标在线监控站	年度报告管理
31	遥感监测	无人机监测数据展示
32	遥感监测	遥感影像展示
33	遥感监测	月报告管理
34	遥感监测	季度报告管理
35	遥感监测	年度报告管理
36	视频监测	实时视频查看
37	系统管理	用户机构管理（增、删、改、查）
38	系统管理	用户信息管理（增、删、改、查）
39	系统管理	用户角色管理（增、删、改、查）

功能子系统具体可以分为远程控制、报告管理、数据审核、操作日志、系统管理及监测手段六大模块（图 9-23）。每个模块的功能都是为监测手段正常、正确运作而开发。

图 9-23　功能子系统功能框架/布局设计图

远程质控主要是针对岸基在线监控站进行，通过设备质控、运行模式质控、远程样品质控三种方式实现。报告管理模块主要为所有监测手段生成阶段性报告而服务，包括日报告、周报告、月报告、季度报告及年度报告。数据审核模块主要功能是审核监测数据的正确性与有效性。通过市级审核、省级审核与分局审核层层把关，确保入库观测数据有效、准确。

操作日志模块与系统管理模块主要功能是维护系统安全、稳定。操作日志模块会为系统与用户进行的所有重要操作记录操作日记，保证所有操作的可追溯性。系统管理模块主要是管理系统用户的机构、角色与权限，保证用户访问的合法性与安全性。功能子系统的路线结构见图 9-24 所示。

9.7.4.1　远程质控

1）设备质控

远程监控在线设备状态，并以图形化的界面显示其运行状态。动态显示工艺流程。通过传感器实时监测每个流程的工作状态并及时反馈到工控系统画面上，在工控系统画面上以动态的显示效果准确地反映出当前各辅助变量的数值。

根据现场设置的报警上下限，具备数据超标自动报警功能。

2）运行模式质控

系统控制支持自动模式、手动模式和远程控制。自动模式下系统按照预设的程序自动运行，无须人工干预，自动运行时系统的测试频次、反冲洗频次等都可以在现场或者远程进行设置。现场维护时启动手动模式，此时系统只有在现场维护人员手动启动下才进行相关的操作。远程模式下可在远程控制系统，启动测试、参数设置、反冲洗、远程采样等操作。

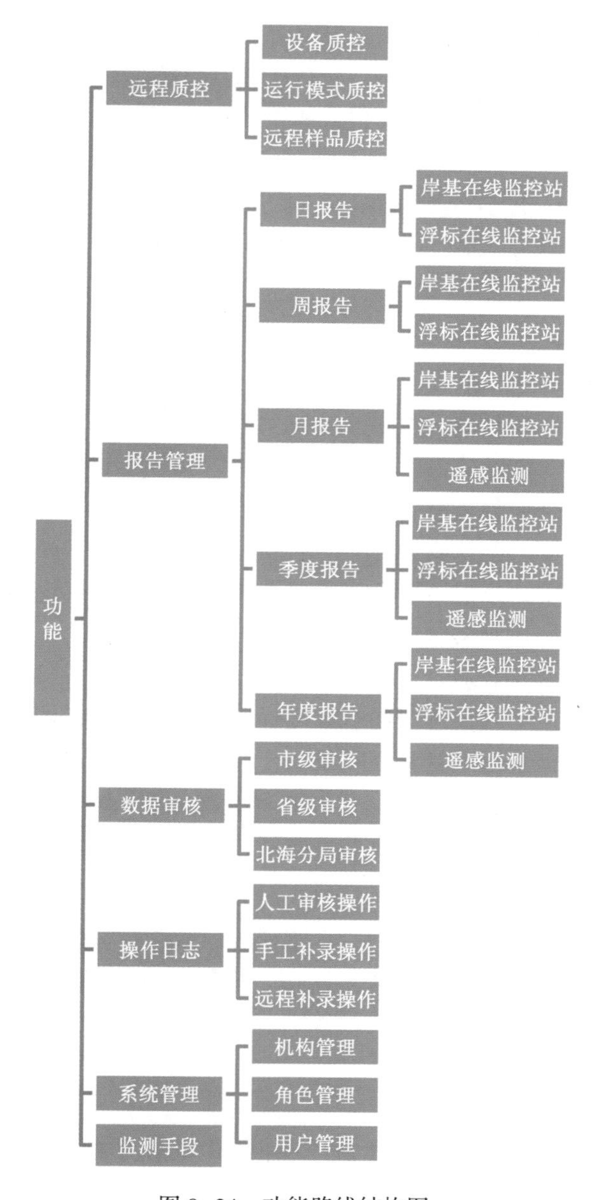

图9-24　功能路线结构图

用户可以根据需要，自行设置采样时间、清洗频次等参数。

对自动站控制系统和分析仪器的工作状态及分析流程进行参数设置，并记录。

3）远程样品质控

（1）空白样在线核查。

提供空白样品分析启动与配置界面，定时（按一定时间间隔）定量（按一定样品数量）进行空白样品分析测量。提供样品测量配置页面，配置空白样品参数，如加入样品量、进行测量的时间间隔、测量次数等。完成空白样品分析测量后，获取仪器返回的样品分析结果与误差评价结果，存入数据库，并在系统分析结果界面中展示。将样品分析结果与评价结果，按照指定模板保存成质控报告或报表。

（2）平行样品在线核查。

提供平行样品分析启动与配置界面，定时（按一定时间间隔）定量（按一定样品数量）进行平行样品分析测量。提供样品测量配置页面，配置平行样品参数，如进行测量的时间间隔、测量次数等。完成平行样品分析测量后，获取仪器返回的样品分析结果与误差评价结果，存入数据库，并在系统分析结果界面中展示。将样品分析结果与评价结果，按照指定模板保存成质控报告或报表。

（3）动态标准样品在线核查。

提供动态标准样品分析启动与配置界面，定时（按一定时间间隔）定量（按一定样品数量）进行动态标准样品分析测量。提供样品测量配置页面，配置动态标准样品参数，如随机浓度、加入样品量、进行测量的时间间隔、测量次数等。完成动态标准样品分析测量后，获取仪器返回的质控分析结果，存入数据库，根据客户提供的相对误差要求与判断规则确定仪器运行状态，并在系统界面中展示。

（4）实际水样在线加标核查。

对监测设备一个或多个参数进行动态浓度标准样品在线加标测试核查时，通过网络远程操作设定质控监管单元自动配置某个随机浓度标准样品，质控监管单元自动计算、分别控制一个或多个柱塞泵精确计算抽取测量杯水样、高浓度标样和超纯水、在质控杯配制、搅拌混合均匀的动态浓度标液控制供仪器进行质控分析，将质控分析结果与仪器测试水源结果比较，并判断回收率是否合格。

（5）超标样品核查。

提供阈值配置界面，针对各监测要素阈值，用户可在界面配置仪器设备，点击保存，将阈值通过仪器提供的接口配置到在线设备中。

9.7.4.2 报告管理

根据时间（年、季度、月、日）生成质控报告。提供质控数据查询页面，根据输入的时间，查询质控结果，根据客户提供的模板与质控结果生成质控报告。

根据校准记录（仪器自校或手动校准）生成年度校准报告。每次校准系统提供表单供用户记录操作时间与操作内容，由系统保存到数据库，每年在系统指定时间，根据校准报告模板与校准操作记录生成年度校准报告。

每季度对仪器至少进行一次期间核查（根据仪器检定或自校周期），并生成核查报告。提供核查报告模板，以表单形式填写，生成核查报告并存入数据库。

年度质量控制措施统计报告。提供质控措施查询界面，指定年度后从数据库中搜索本年度所有质控操作，每种一类质控操作存储于一个数据库表格中，统计每种质控操作的记录数，最后根据报告模板生成统计报告。

系统提供报表模板，使用不同模板满足所需不同格式的表格和报表。所有报表均可导出为 Word、PDF 或 Excel 等多种格式文档。

9.7.4.3　数据审核

数据审核分为日常模式/自动审核，基于数据状态标识和预先设置的审核规则对监测站上传的原始数据进行自动判断；如果数据正常则存入数据库，如果发现数据异常，则通过短信通知相关人员，记录异常信息并存入数据库（见图 9-25）。提供异常数据查询，并记录审核日志信息。

1）完整性审核

对数据进行完整性审核，对于监测计划要求监测的数据有没有监测和监测是否完整，如果未通过完整性审核，将数据发送相关人员人工审核（可以修改或者不修改），并计入工作日志。

2）有效性审核

对数据的有效性进行审核，主要是上报的断面名称，监测站名称是否有效，每个站点的数据是否低于最低检出限，对于无效数据，将发送相关人员人工审核（可以修改或者不修改）。并计入工作日志。

3）合理性验证

对数据的合理性进行验证，主要包括以下几种方式：

（1）氨氮、硝酸盐氮、亚硝酸盐氮三种物质之和不可大于总氮；氨氮、硝酸盐氮、亚硝酸盐氮任意一种物质浓度不可大于总氮。

（2）高锰酸盐指数不可大于化学需氧量。

（3）生化需氧量不可大于化学需氧量。

（4）pH 不可大于 14 或小于 0。

（5）六价铬浓度不可大于总铬。

（6）溶解氧浓度不可大于该温度下其水中饱和溶解氧值。

4）数据审核报告

通过各种审验证后，可以导出错误报告。在错误报告中会显示各种数据错误的信息，可以在以后的数据导入中进行参考（见图 9-26）。

9.7.4.4　操作日志

操作日志主要分为人工审核操作日志、手工补录数据操作日志、远程补录数据操作日志；操作日志还包括记录操作人信息、操作时间、操作数据类型、操作数据等，方便数据溯源查找。操作日志还记录一些必要的操作，比如用户登录，数据项的增、删、改、查等信息。

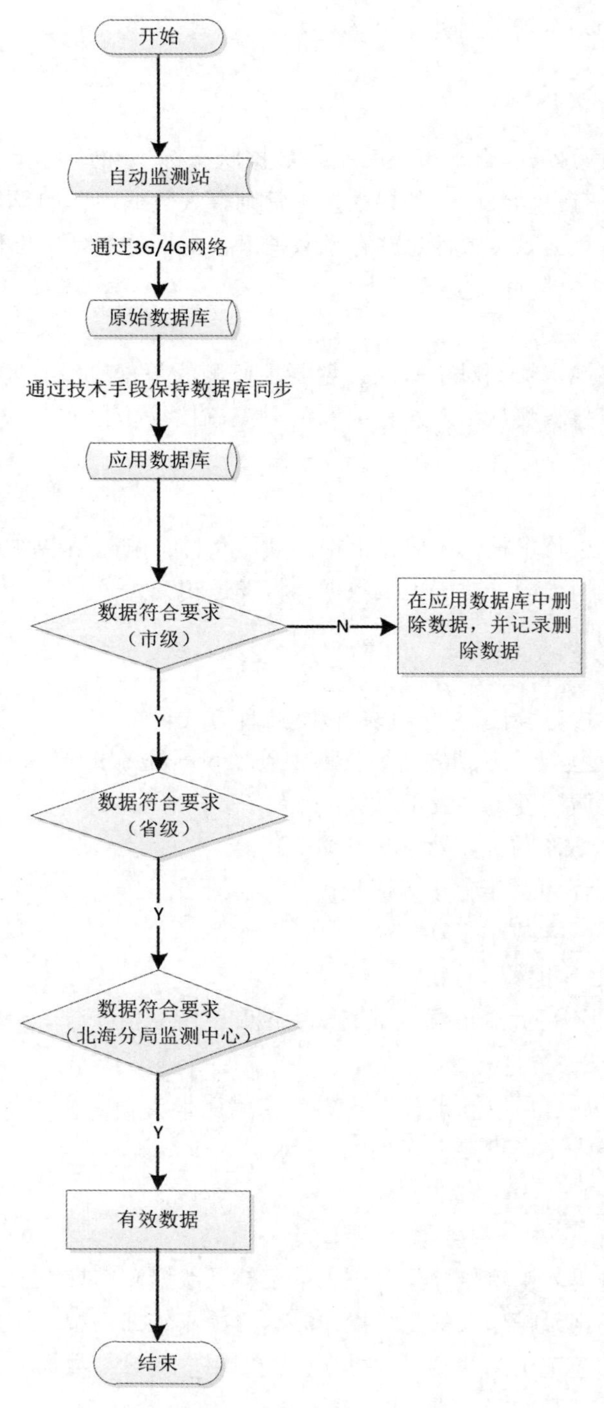

图 9-25　数据审核流程图

	A	B	C	D	E
1	标识	监测单位	监测点名称	监测时间	具体错误
2	5179	XX监测站	XX监测点	2017年5月6日	检测项溶解氧不可大于7℃以下其水中包和溶解氧值
3					
4					
5					
6					
7					
8					
9					
10					
11					
12					
13					
14					
15					
16					

图 9-26　数据审核报告示意图

9.7.4.5　系统管理

1）机构管理

管理水环境系统的各个部门及用户。可以显示组织机构列表页面，并进行用户的添加及修改。

2）角色管理

该模块的主要功能是添加、修改、删除角色以及管理不同角色的权限。不同的权限所能看到以及使用的模块是不同的。

3）用户管理

该模块的主要功能是添加、修改、删除用户。并将用户和组织结构、角色关联在一起，以方便用户操作系统。

9.7.4.6　监测手段

请参考 9.7.1 监测手段子系统章节。

9.7.5　管理区域子系统

与主管部门子系统和业务子系统类似，主管部门子系统是从新的角度对系统监测手段子系统功能的结构化展示，因此其具体功能与主管部门子系统、业务子系统、监测手段子系统相同（见表 9-1）。

在线监测系统按照管理区域分为海区、省份和海湾 3 种类型。其中海区又分为渤海和黄海；省份分为辽宁省、河北省、天津市、山东省和大连市、青岛市；海湾分为辽东湾、渤海湾、莱州湾、大连湾和胶州湾5个海湾（图9-27）。

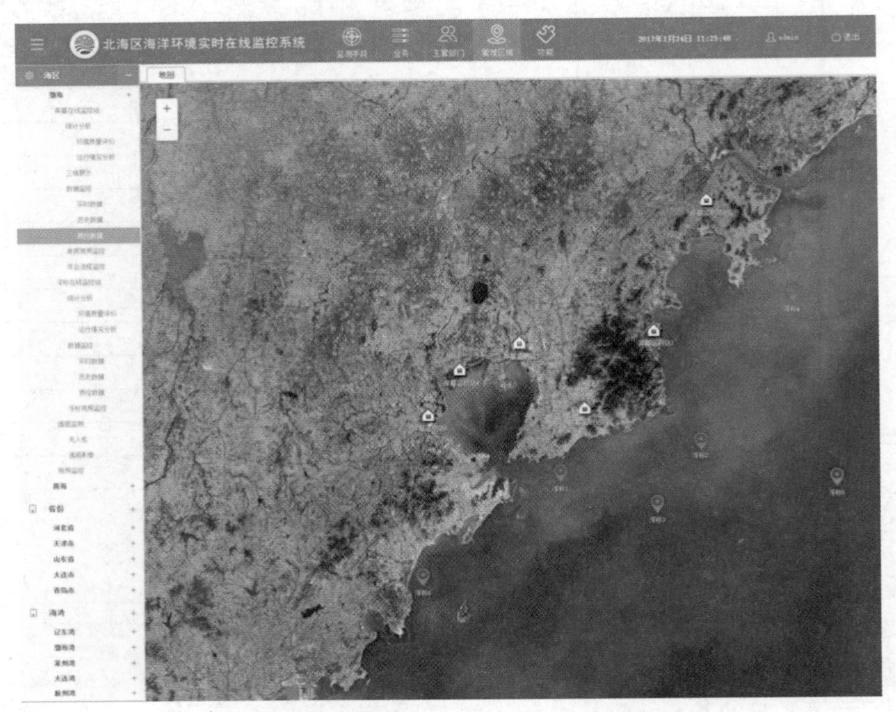

图9-27　管理区域子系统功能框架/布局设计图

系统按照管理区域分类具体包括渤海、黄海、辽宁省、河北省、天津市、山东省、大连市、青岛市、辽东湾、渤海湾、莱州湾、大连湾和胶州湾，其对应的监测手段除去筛选参数不一样，其余的请参考6.1监测手段章节，各业务方向对应的查询条件见图9-28所示。

9.7.5.1　海区

渤海、黄海区域等对应的岸基在线监控站、浮标在线监控站、视频监控等监测手段筛选条件如表9-29所示。

渤海、黄海区域等对应的无人机监测手段筛选条件如表9-30所示。

渤海、黄海区域等对应的遥感影像监测手段筛选条件见表9-31所示。

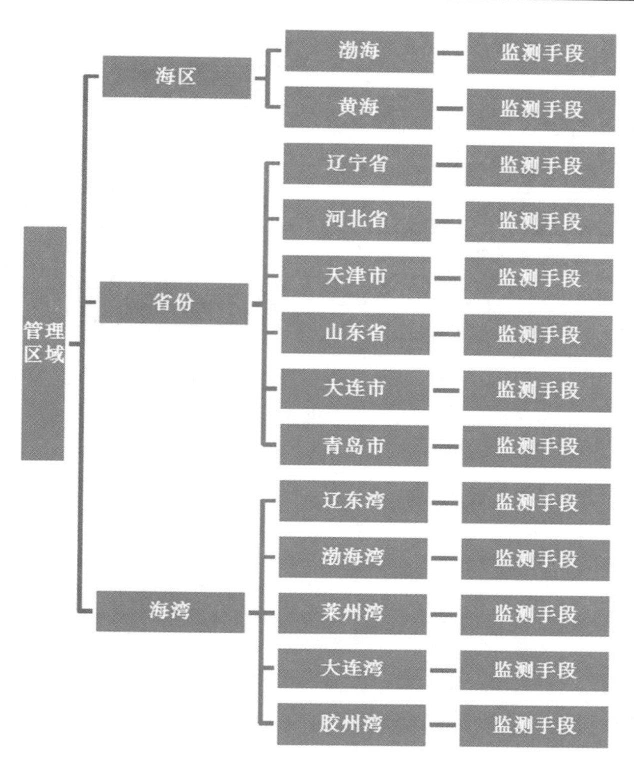

图 9-28　管理区域路线结构图

表 9-29　监测手段筛选条件一览表

查询条件	输入形式	选择内容
编号	输入	岸基在线监控站的唯一编号
省份	选择	全部（默认）、辽宁省、河北省、天津市、山东省、大连市、青岛市
海湾	选择	全部（默认）、辽东湾、渤海湾、莱州湾、大连湾、胶州湾
局属设施	选择	全部（默认）、北海监测中心、大连中心站、秦皇岛中心站、天津中心站、烟台中心站、青岛中心站
地方设施	选择	全部（默认）、辽宁省海洋与渔业厅、河北省海洋局、天津市海洋局、山东省海洋与渔业厅、大连市海洋与渔业局、青岛市海洋与渔业局
业务	选择	全部（默认）、入海排污口、入海江河、海洋工程、环境风险、重点海湾、海洋保护区、海洋生态红线

表 9-30　无人机监测手段筛选条件一览

查询条件	输入形式	选择内容
开始时间	选择	具体到日期的时间选择器
结束时间	选择	具体到日期的时间选择器

表 9-31　遥感影像监测手段筛选条件一览

查询条件	输入形式	选择内容
开始时间	选择	具体到日期的时间选择器
结束时间	选择	具体到日期的时间选择器
省份	选择	全部（默认）、辽宁省、河北省、天津市、山东省、大连市、青岛市
海湾	选择	全部（默认）、辽东湾、渤海湾、莱州湾、大连湾、胶州湾
局属设施	选择	全部（默认）、北海监测中心、大连中心站、秦皇岛中心站、天津中心站、烟台中心站、青岛中心站
地方设施	选择	全部（默认）、辽宁省海洋与渔业厅、河北省海洋局、天津市海洋局、山东省海洋与渔业厅、大连市海洋与渔业局、青岛市海洋与渔业局
业务	选择	全部（默认）、入海排污口、入海江河、海洋工程、环境风险、重点海湾、海洋保护区、海洋生态红线

9.7.5.2　省份

辽宁省、河北省、天津市、山东省、大连市和青岛市对应的岸基在线监控站、浮标在线监控站、视频监控等监测手段筛选条件如表 9-32 所示。

表 9-32　监测手段筛选条件一览

查询条件	输入形式	选择内容
编号	输入	岸基在线监控站的唯一编号
海区	选择	全部（默认）、渤海、黄海
海湾	选择	全部（默认）、辽东湾、渤海湾、莱州湾、大连湾、胶州湾
局属设施	选择	全部（默认）、北海监测中心、大连中心站、秦皇岛中心站、天津中心站、烟台中心站、青岛中心站
地方设施	选择	全部（默认）、辽宁省海洋与渔业厅、河北省海洋局、天津市海洋局、山东省海洋与渔业厅、大连市海洋与渔业局、青岛市海洋与渔业局
业务	选择	全部（默认）、入海排污口、入海江河、海洋工程、环境风险、重点海湾、海洋保护区、海洋生态红线

辽宁省、河北省、天津市、山东省、大连市、青岛市等对应的无人机监测手段筛选条件如表 9-33 所示。

表 9-33　无人机监测手段筛选条件一览

查询条件	输入形式	选择内容
开始时间	选择	具体到日期的时间选择器
结束时间	选择	具体到日期的时间选择器

辽宁省、河北省、天津市、山东省、大连市、青岛市等对应的遥感影像监测手段筛选条件如表 9-34 所示。

表 9-34 遥感影像监测手段筛选条件一览

查询条件	输入形式	选择内容
开始时间	选择	具体到日期的时间选择器
结束时间	选择	具体到日期的时间选择器
海区	选择	全部（默认）、渤海、黄海
海湾	选择	全部（默认）、辽东湾、渤海湾、莱州湾、大连湾、胶州湾
局属设施	选择	全部（默认）、北海监测中心、大连中心站、秦皇岛中心站、天津中心站、烟台中心站、青岛中心站
地方设施	选择	全部（默认）、辽宁省海洋与渔业厅、河北省海洋局、天津市海洋局、山东省海洋与渔业厅、大连市海洋与渔业局、青岛市海洋与渔业局
业务	选择	全部（默认）、入海排污口、入海江河、海洋工程、环境风险、重点海湾、海洋保护区、海洋生态红线

9.7.5.3 重点海湾

辽东湾、渤海湾、莱州湾、大连湾和胶州湾五大重点海湾对应的岸基在线监控站、浮标在线监控站、视频监控等监测手段筛选条件如表 9-35 所示。

表 9-35 监测手段筛选条件一览

查询条件	输入形式	选择内容
编号	输入	岸基在线监控站的唯一编号
海区	选择	全部（默认）、渤海、黄海
省份	选择	全部（默认）、辽宁省、河北省、天津市、山东省、大连市、青岛市
局属设施	选择	全部（默认）、北海监测中心、大连中心站、秦皇岛中心站、天津中心站、烟台中心站、青岛中心站
地方设施	选择	全部（默认）、辽宁省海洋与渔业厅、河北省海洋局、天津市海洋局、山东省海洋与渔业厅、大连市海洋与渔业局、青岛市海洋与渔业局
业务	选择	全部（默认）、入海排污口、入海江河、海洋工程、环境风险、重点海湾、海洋保护区、海洋生态红线

辽东湾、渤海湾、莱州湾、大连湾和胶州湾五大重点海湾对应的无人机监测手段筛选条件见表 9-36 所示。

表 9-36　无人机监测手段筛选条件一览

查询条件	输入形式	选择内容
开始时间	选择	具体到日期的时间选择器
结束时间	选择	具体到日期的时间选择器

辽东湾、渤海湾、莱州湾、大连湾和胶州湾五大重点海湾对应的遥感影像监测手段筛选条件如表 9-37 所示。

表 9-37　遥感影像监测手段筛选条件一览

查询条件	输入形式	选择内容
开始时间	选择	具体到日期的时间选择器
结束时间	选择	具体到日期的时间选择器
海区	选择	全部（默认）、渤海、黄海
省份	选择	全部（默认）、辽宁省、河北省、天津市、山东省、大连市、青岛市
局属设施	选择	全部（默认）、北海监测中心、大连中心站、秦皇岛中心站、天津中心站、烟台中心站、青岛中心站
地方设施	选择	全部（默认）、辽宁省海洋与渔业厅、河北省海洋局、天津市海洋局、山东省海洋与渔业厅、大连市海洋与渔业局、青岛市海洋与渔业局
业务	选择	全部（默认）、入海排污口、入海江河、海洋工程、环境风险、重点海湾、海洋保护区、海洋生态红线

9.7.6　GIS 子系统

GIS 子系统与前面五大子系统相辅相成，其主要作用是通过地图的直观方式展现所有接入系统的在线监测设备，并且可以将监测手段的查询筛选结果及部分相关信息在地图上直观展示（包括二维展示与三维展示，见图 9-29）。另外，GIS 子系统还提供了电子地图浏览的基本功能（表 9-38）。

9.7.6.1　GIS 基本功能

支持 GIS 基本操作包括但不限于地图索引、放大、缩小、还原显示、漫游移图、鹰眼、前后视图、当前图层切换、距离测量、地图定位、标注等。部分功能说明如下。

（1）放大：浏览地图基本工具，通过在地图上点击或拉框，实现对地图的放大。

（2）缩小：浏览地图基本工具，通过在地图上点击或拉框，实现对地图的缩小。

图 9-29　地图展示示意图

表 9-38　GIS 子系统功能列表

序号	操作对象	功能
1	地图	基本功能（放大、缩小、还原显示、漫游、鹰眼、前视图、后视图、当前图层切换、距离测量、地图定位、标注等）
2	地图	缓冲区查询
3	地图	框选查询
4	地图	点选查询

（3）漫游：用户可以任意拖动地图快速漫游到感兴趣的区域，对地图进行漫游浏览，在地图窗口内拖动鼠标，窗口内的地图跟随移动，使地图上当前窗口范围外的内容进入屏幕视野范围。

（4）全图显示：显示整个地图，执行命令后地图无论是在放大还是缩小的状态，都立即显示全图，即按地图的外包矩形填满窗口。

（5）鹰眼图：用户可以通过缩微的全区域地图知道当前区域在全区域中的位置，也可通过鹰眼图直接漫游到感兴趣的区域。

（6）导航：将地图中的主要地物设立书签，用户点击即可直接显示这些地物的周边地理位置，方便用户操作。

（7）分层浏览：为了方便查看浮标在线监控站、岸基在线监控站、视频监控点，系统进行了分层控制管理，通过 GIS 窗口，用户可以选择自己需要的图层信息进行浏览和查看，同时也可以显示并查看基础地理信息。

（8）测距：在地图上任选两点，可以测量出两点之间的距离；对于需要连续测量的，可以将前次测量的结果进行累加，并且可以动态显示当前鼠标所在位置与最后选择的一个点的距离；此外可以进行多边形面积的量算。

（9）书签：书签功能是对当前页面进行标记，当页面发生变化时，只要选择当时所添加的书签即可返回该标记页面。

（10）制图输出：系统支持输出多种格式的地图和打印，包括 JPG、GIF 和 PNG 等格式，并能加上相应的版权说明。用户通过打印机可以把地图打印到纸张上，可以选取打印区域，也可以选取纸张大小。

9.7.6.2　GIS 数据查询

采用 GIS 技术，开发在线监测设备的查询分析系统，是面向决策的一项重要工作。地理信息系统具有可视化强、空间感好的特点，特别适用于环境监测数据的展示。

1）缓冲区查询

缓冲区查询有多种方式，主要有点选、框选、不规则选择等。缓冲距离可以手动进行改动。假设缓冲距离为 3 000 m，如选择绘制圆功能，缓冲距离代表圆的半径为 3 000 m。若选择绘制线或绘制手绘线，缓冲距离为距离该线 3 000 m 的所有范围，根据需求可以查看该选择区域的所有岸基在线监控站、浮标在线监控站和视频监控站。

2）框选查询

框选查询的是在电子地图上画圆形、矩形、不规则图形等图案，根据需求将需要查询的岸基在线监控站、浮标在线监控站、视频监控点以列表的形式展示出来，点击行信息可以查看该选择站点的详细信息。

3）点选查询

在地图窗口根据需要点击岸基在线监控站、浮标在线监控站或视频监控点，弹出被选站点的基本信息，如所属省份、海区、海湾、主管部门和业务。在基本信息窗口含有多个连接，连接中可查看三维模型、实时视频、详细监测数据、作业流程图和工作状态信息等。

第10章　运行维护专业化

秉承“三分建设、四分管理、三分信息化”的理念，为自动监测站承担运营维护的企业应建立健全监测站运维管理制度；建立健全检测测量质量保障体系；为在线监测站运行配备充足的人力、物力资源和技术力量；通过测量数据监控、设备运行状态监控、设备和传感器校正、取水及管路清洗、设备定期维护，设备故障自动报警等技术手段，提供7×24 h全天候技术服务，保障监测站长期、稳定、准确、正常运行。

10.1　管理制度建设和资源配置

按照在线监测站环境要求，有针对性地建立健全运行维护管理和后勤保障制度，加强水质监测站运维人员的素质教育和技术培训，做到管理责任落实到人；确保运行维护管理所需备品备件、药品试剂、检修器材、维护装备落实到位，保障各项应急装备和器材准备齐备。从管理制度和教育培训方面，为水质监测站的长期运行做好各项技术和物资准备。

①必须保持清洁、整齐、安静，与检测分析无关的人和物品不得进入监测子站。监测站内不得吸烟、喧哗和进食。

②无关人员未经批准不得随意进入监测站，外来人员进入监测站须经有关负责人许可，并有相关人员陪同。

③监测站各种仪器、设备和工具应分类放置，妥善保管。

④监测过程中产生的“三废”，必须按规定进行处理，不得随意排放、丢弃。

⑤管理人员必须每天打扫卫生，使用完毕后的仪器设备清理、清洁并恢复到原位。

⑥监测房发生意外事故时，应迅速切断电源、水源等。立即采取有效措施，及时处理，并报告单位领导，24 h内报环境监控中心。

⑦使用各种仪器及电、水、火等设施，应按使用规则进行操作，保证安全。

⑧离开监测站前，必须认真检查电源、水源、门窗，确保监测子站的安全。

10.2　人员和技术保障

加强在线监测站管理人员运行维护管理技术培训，加强设备检修技术人员技术培训，使之熟悉每一台监测（观测）仪器设备、各类传感器、采水和水样分配系统以及数据采集和发送单元，深入了解整个系统，为维护检修打好基础，创造条件。

通过检测数据质控培训，使专职技术人员深入了解各类监测（观测）数据，采用常用数据分析软件进行数据质量控制，使之具备发现问题、提出解决、完成设备维修和日常维护工作的能力，保障自动水质监测站各台设备的正常运行。

（1）专人负责在线监测站日常具体事务的管理工作。

（2）专人负责在线监测站相关仪器设备的使用管理、维护保养，确保仪器设备运行良好。

（3）专人负责编制在线监测站的各类仪器设备操作、维修等管理办法。

（4）专人负责建立与维护在线监测站的仪器设备档案，包括仪器设备的验收报告、使用说明书及操作指南、使用登记本、维修保养登记本等。

（5）专人负责在线监测站日常巡视、公共区域的卫生、水电网的维护管理工作。

10.3 备品备件储备管理

做好备品备件储备工作，建立常用备品备件信息库，认真落实各类备品备件采购信息。根据以往经验，参照水质监测站的实际运行情况，进行各类备品备件的及时采购，保障备品备件储备充足，满足技术服务协议的各项要求。

定期检查和统计备品备件消耗和储备情况，定期进行补充，动态调整备品备件储备，确保各监测设备长期稳定运行所需的备品备件满足实际需求。

10.4 安全管理

重视监测站运行的安全管理，首先是运维管理人员的安全消防培训和安全教育，从思想上提高安全生产意识。通过培训使每一位运维管理人员具有满足要求的消防技能，可以应对一般性火灾处置。

在监测站建设和设备安装期间，努力提高预防措施消除安全隐患；建立健全监测站安全生产管理制度，责任落实到人；为监测站安全运行配备充足的消防和安全器材；坚持定期进行安全检查，经常进行安全教育，防患于未然，确保监测站安全正常的运行。

10.5 应急处置计划

主要应急情况包括：断电，断网；恶劣天气；仪器设备故障；水样分配系统故障。应急情况处置方法如下。

（1）采用太阳能加备用畜电池方案，在出现断电情况时，保障可进行主要检测要素检测和数据发送。

（2）在出现断网情况时，采集发送系统可存储不少于3 d的检测数据。一方面在网络恢复后发送至接收端；另一方面可由运维管理人员人工发送数据。

（3）通过天气预报及时掌握天气情况，在恶劣天气时采用有人值守方式应对恶劣天气情况，降低在恶劣天气时可能出现的故障。

（4）在出现仪器设备故障时，由人工采集保留检测时次水样，并及时修复故障的仪器设备，在仪器设备修复后进行水样分析，并作为补充资料发送。

（5）在水样采集系统出现故障时，采用人工值守方式采集水样，并将分析数据作为补充资料发送。

10.6　技术支撑

各任务承担单位应充分利用龙口黄水河浮标试验场和海洋生态效应实验室开展在线监测技术保障工作，在线监测设备主要传感器（氨氮、COD）安装调试前，应由仪器公司在生态效应实验室开展第三方检验工作。

10.7　技术指标

（1）按系统及各设备操作规范进行自动监控设施运维、操作、维护等。

（2）保证实现考核目标：按照海洋部门要求。

（3）远程监控诊断服务（1 次/日），检查数据传输系统是否正常，发现数据有持续异常情况，立即前往站点进行检查。

（4）定期巡检服务（2 次/月），巡检内容：

检查设备及辅助设备运行状态、主要技术参数判断是否正常；

检查自来水供应、取样系统、内部管路是否清洁通畅；

检查站房电路、通信系统是否正常；

对于用电极法测量的设备，检查标液和电极填充液，进行电极清洗；

对于使用气体钢瓶的设备，检查气密性、气压是否达到要求；

检查设备标准液、试剂有效期和余量，及时更换和添加；

检查数据传输系统，看设备和数采仪、上位机是否一致；

对于没有自动调零、校正功能的设备进行手动调零、校正；

收集设备运行产生的废液，进行妥善处理；

站房环境清洁，各类辅助设备检查，保证设备所需的温度、湿度等正常运行环境。

（5）定期维护服务（1 次/月），维护内容：

清洗取样系统管路、内部管路、各类探头；

清洗设备计量单元、反应单元、加热单元、检测单元；

检查各类设备转换系统、曲线是否适用，必要时进行修正；

对数据存储、控制系统运行状态进行检查；

在现场进行一次实际样品和质控样检验，检验结果应符合验收规范指标；

检查设备接地情况、站房防雷措施。

(6) 定期维护服务 (1 次/季)，维护内容：

检查各类电磁阀、泵、电极、探头工作状态，必要时进行更换；

检查各类活塞、密封圈、内部导管、连接头是否在工作状态，必要时进行更换；

检查设备其他常用易耗品工作状态，进行定期更换；

进行一次设备重复性、零点漂移、量程漂移实验，实验结果符合验收规范指标；

设备校正，在现场进行实际样品和质控样检验，检验结果符合验收规范指标；

检查数据存储、通信系统工作状态，做好数据备份，保证数据不丢失。

(7) 整体维护 (1 次/a)，维护内容：

①整体系统进行全面检查、维护，如需停用检查的，需事先报海洋部门批准；

②配合海洋部门，接受有资质的检测机构进行抽检及校验。

(8) 设备故障维护服务：

①设备发生故障或接到故障通知，2 h 内响应，24 h 内赶到现场进行处理；

②对于不易诊断和维护的设备故障，如 72 h 内无法排除，应及时上报海洋部门备案；

③设备进行维护后，使用和运行前按国家有关技术规定进行校准检查，如设备进行了更换，在使用和运行前对设备进行校验和比对实验，其结果符合验收规范指标。

(9) 提交相关技术档案：

①按海洋部门要求，按时提交所需数据、周报、月报等报告文件；

②设备校准、零点和量程漂移、重复性、实际样品比对、质控样试验的例行记录；

③设备运行报告、定期巡检、维护保养记录；

④设备维护、易耗品的定期更换记录；

⑤检测机构的检定或检验记录。

(10) 其他服务：

①持续提供零星备件供应；

②持续提供设备扩容服务。

10.8 考核办法

运营维护单位每周按在线监测仪器操作手册对水站仪器进行校准。

运营维护单位每两周对水站仪器自行进行 1 次质控样核查，并将结果报给业主方。质控样核查准确度相对误差应满足：误差≤±10%。质控样核查合格率应≥95%。

运营维护单位每季度一次接受业务管理部门的标准样品考核，准确度相对误差应满足：误差≤±10%。质控样考核合格率应≥90%。

运营维护单位每季度按《国家地表水自动监测站运行管理办法》要求进行实际水样比

对，并将结果报给业主方。实际水样比对误差应满足：水样实验室检测值≤10%仪器量程上限值时，误差≤±3%仪器量程上限值。水样实验室检测值>10%仪器量程上限值时，误差≤±20%；实际水样比对合格率应≥80%。

运营维护单位保证有效数据获取率≥90%，数据上传率≥95%，按季度统计。

附录1　入海河流岸基在线监测站现场踏勘报告大纲

（资料性附录）

一、站点概况

1. 入海河流排污状况

入海河流的位置和自然特征。
上游断面水质情况。
历年监测和管理情况。

2. 在线监测站位选址

站址具体经纬度及技术可行性（含遥感图像等，遥感图像 Google Earth 地图即可）。

建站环境条件描述（包括距入海河流的距离、潮周期内流速流向、盐度及特征污染物浓度、现场照片等）。

3. 建设必要性

（1）该河流对入海污染贡献，说明污染物入海量情况。
（2）该河流媒体关注度高，或周边海域敏感情况。

二、建设方案

1. 在线监测站房建设

站房模式。
站房设计方案。
现场工况。

2. 站点采水系统建设

采水模式。
采水系统方案设计。
现场工况。

3. 传感器选型

监测项目及频率设置。
传感器选型要求。
该处参照原方案，列明监测项目和频率，并列表表述传感器的主要技术指标。

4. 通电通水方案

提出可行的解决方式。有施工工程的体现工程量。

5. 视频监控方案

6. 通信方案

提出可行的解决方式。

在线监测站采用哪种传输方式传输，分别传输至中心站和海区中心两个终端。中心站终端能够实现对数据的实时采集、监测站房仪器设备的基本控制等，海区中心能够实现对数据的实时采集、质控分发、应急控制等指令。

7. 安全保障

8. 运行维护要求

三、进度安排

前期踏勘调研。
组织开展在线监控系统招标工作。
在线监控系统安装调试及入网。
在线监控系统试运行。
业务化运行。

附录 2　入海排污口岸基在线监测站现场踏勘报告大纲

（资料性附录）

一、站点概况

1. 入海排污口排污状况

入海排污口的位置和自然特征。
排污主体基本情况。
污染物排放状况。
历年监测和管理情况。

2. 在线监测站位选址

站址具体经纬度及技术可行性（含遥感图像等，遥感图像 Google Earth 地图即可）。

建站环境条件描述（包括距入海排污口的距离、潮周期内流速流向、盐度及特征污染物浓度、现场照片等）。

3. 建设必要性

（1）该排污口对近岸海域污染贡献或当地贡献较大，说明污水和污染物入海量情况。
（2）该排污口媒体关注度高，或周边海域敏感。
（3）该排污口为当地重点关注的排污口。

二、建设方案

1. 在线监测站房建设

站房模式。
站房设计方案。
现场工况。

2. 站点采水系统建设

采水模式。
采水系统方案设计。
现场工况。

3. 传感器选型

监测项目及频率设置。
传感器选型要求。
该处参照原方案，列明监测项目和频率，并列表表述传感器的主要技术指标。

4. 通电通水方案

提出可行的解决方式。有施工工程的体现工程量。

5. 视频监控方案

6. 通信方案

提出可行的解决方式。

在线监测站采用哪种传输方式传输，分别传输至中心站和海区中心两个终端。中心站终端能够实现对数据的实时采集、监测站房仪器设备的基本控制等，海区中心能够实现对数据的实时采集、质控分发、应急控制等指令。

7. 安全保障

8. 运行维护要求

三、进度安排

前期踏勘调研。
组织开展在线监控系统招标工作。
在线监控系统安装调试及入网。
在线监控系统试运行。
业务化运行。

附录3　200万像素高清数字智能球型摄像机参数要求（参考）

Smart 功能	· Smart 侦测：10 项行为分析，4 项异常侦测，2 项识别检测，1 项统计功能 · Smart 录像：支持断网续传功能保证录像不丢失，配合 Smart NVR/SD 卡实现事件录像的智能后检索、分析和浓缩播放 · Smart 编码：支持低码率、低延时、ROI 感兴趣区域增强编码、SVC 自适应编码技术 · Smart 控制：AF 镜头（-Z 选配）
图像相关	· 支持 HD1080p@ 60fps 高帧率，效果更流畅 · 电动镜头支持图像畸变校正（-Z） · 支持走廊模式，增加纵向狭长环境下监控区域 · 支持区域裁剪，小带宽看清大细节 · 码流平滑设置，适应不同场景下对图像质量、流畅性的不同要求 · 支持 H. 264/MJPEG/MPEG4 视频压缩算法，支持多级别视频质量配置、H. 264 编码复杂度 Baseline/Main/High Profile · 支持 120 dB 超宽动态，适合逆光环境 · 支持 GBK 字库，支持更多汉字及生僻字叠加，支持 OSD 颜色自选 · 支持透雾、电子防抖
红外功能	· 采用高效红外阵列灯，低功耗，照射距离达 10~30 m · Smart IR 功能，根据镜头焦距大小智能改变红外灯亮度，使红外补光均匀，近处物体不过爆，远处物体不遗漏 系统功能 · 支持 ONVIF（profile S/profile G）、CGI、PSIA、ISAPI、GB/T28181 和 EHOME 协议接入 · 支持三码流技术，双路高清，支持同时 20 路取流 · 第三代电动镜头，支持 AF 自动快速跟随聚焦，变焦过程不虚焦（-Z） · 支持防雷、防浪涌、防静电 · 支持宽压输入 · 支持防暴等级 IK10 · 支持三轴调节，方便安装

续表

接口功能	· 支持标准的 128 G Micro SD/SDHC/SDXC 卡存储 · 支持 10 M/100 M 自适应网口 · 支持 1 对音频输入/输出，支持双声道立体声音频 · 支持 1 对报警输入/输出 · 支持 BNC 模拟输出
安全服务	· 支持三级用户权限管理，支持授权的用户和密码，支持 IP 地址过滤，支持匿名访问 · 支持 HTTPS、SSH 等安全认证，支持创建证书 · 支持用户登录锁定机制

附录 4　800 万像素高清数字智能球型摄像机参数要求（参考）

Smart 功能	· Smart 侦测：10 项行为分析，4 项异常侦测，2 项识别检测，1 项统计功能 · Smart 录像：支持断网续传功能保证录像不丢失，配合 Smart NVR/SD 卡实现事件录像的智能后检索、分析和浓缩播放 · Smart 编码：支持低码率、低延时、ROI 感兴趣区域增强编码、SVC 自适应编码技术
图像相关	· 最高分辨率可达 600 万像素（3 072×2 048），并在此分辨率下可输出 25 fps 实时图像 · 支持区域裁剪，小带宽看清大细节 · 码流平滑设置，适应不同场景下对图像质量、流畅性的不同要求 · 支持 H. 264/MJPEG 视频压缩算法，支持多级别视频质量配置、H. 264 编码复杂度 Baseline/Main/High Profile · 支持 GBK 字库，支持更多汉字及生僻字叠加，支持 OSD 颜色自选 · 支持透雾、强光抑制
红外功能	· 采用高效红外阵列灯，低功耗，照射距离达 10~30 m · Smart IR 功能，根据镜头焦距大小智能改变红外灯亮度，使红外补光均匀，近处物体不过爆，远处物体不遗漏
系统功能	· 支持 ONVIF（profile S/profile G）、CGI、PSIA、ISAPI、GB/T28181 和 EHOME 协议接入 · 支持三码流技术，双路高清，支持同时 20 路取流 · 支持防雷、防浪涌、防静电 · 支持宽压输入 · 支持防暴等级 IK10 · 支持三轴调节，方便安装
接口功能	· 支持标准的 128 G Micro SD/SDHC/SDXC 卡存储 · 支持 10 M/100 M/1 000 M 自适应网口 · 支持 1 对音频输入/输出，支持双声道立体声音频 · 支持 1 对报警输入/输出 · 支持 BNC 模拟输出
安全服务	· 支持三级用户权限管理，支持授权的用户和密码，支持 IP 地址过滤，支持匿名访问 · 支持 HTTPS、SSH 等安全认证，支持创建证书 · 支持用户登录锁定机制

附录 5　常用部分污水相关参数编码表

编号	监测参数	参数单位（单位也可编码，不同单位之间可以变换）	保留小数位数	备注
YS2402	流速	m/s	4	
YS2408	水温	℃	2	
YS2409	盐度		2	
YS24011	pH		2	
YS24012	溶解氧	mg/L	4	
YS2413	悬浮物质	mg/L	4	
YS2414	化学需氧量	mg/L	4	
YS2415	生化需氧量	mg/L	4	
YS2416	大肠菌群	mg/L	0	
YS2417	粪大肠菌群	mg/L	0	
YS2418	挥发酚	mg/L	4	
YS2419	氨-氮	mg/L	4	
YS2420	硝酸盐-氮	mg/L	4	
YS2421	亚硝酸盐-氮	mg/L	4	
YS2422	无机氮	mg/L	4	
YS2423	活性磷酸盐	mg/L	4	
YS2424	石油类	mg/L	4	
YS2425	硅酸盐	mg/L	4	
YS2426	总氮	mg/L	4	
YS2427	总磷	mg/L	4	
YS2428	总有机碳	mg/L	4	
YS2429	氰化物	mg/L	4	
YS2430	六六六	μg/L	6	
YS2431	滴滴涕	μg/L	6	
YS2432	多氯联苯	μg/L	6	
YS2433	汞	μg/L	6	
YS2434	砷	μg/L	6	
YS2435	铜	μg/L	6	

续表

编号	监测参数	参数单位（单位也可编码，不同单位之间可以变换）	保留小数位数	备注
YS2436	铅	μg/L	6	
YS2437	镉	μg/L	6	
YS2438	锌	μg/L	6	
YS2439	铬	μg/L	6	
YS2440	六价铬	μg/L	6	
YS2444	氯度	mg/L	4	
YS2445	酞酸酯类	mg/L	4	
YS2446	有机磷农药	mg/L	4	
YS2447	酚类化合物	mg/L	4	
YS2448	多环芳烃	mg/L	4	
YS2449	有机氯农药	mg/L	4	
YS2450	硫化物	mg/L	4	

附录 6　数据类型定义

类型	说　明
C	字符型字符串
Cn	表示最多 n 位的字符型字符串，不足 n 位按实际位数
N	数字型字符串
Nn	表示最多 n 位的数字型字符串，不足 n 位按实际位数
YYYY	年
MM	月
DD	日
HH	小时
MM	分钟
SS	秒
ZZZ	毫秒

附录 7 字段总表

字段总表的元素是将编码的首字母按 A-Z 升序方式排列。

编号	中文名称	英文名称	编码	类型
29	监测精度	Accuracy	AY	C
7	承建单位	Builder	BR	C
6	建设单位	Constructor	CR	C
9	设备编码集合	Device Codes	DECS	C
11	配电方式	Distribution Mode	DNME	N，0：380 V，1：220 V，2：DC
18	设备名称	Device Name	DENE	18
19	设备编码	Device Code	DECE	19
43	设备清洗	Device Cleaning	DC	N
49	日期范围	Date-range	DERE	YYYYMMDD
16	监测仪状态	Instrument Status	ITSS	C
20	生产商	Instrument Poducer	ITPR	C
21	接口类型	Interface Type	IETE	C
35	监测仪名称	Instrument Name	ITNE	35
36	监测仪编码	Instrument Code	ITCE	36
42	仪器校准	Instrument Calibration	IC	N
26	下限	Lower Limit	LRLT	N
8	维护单位	Management	MT	C
22	测量方法类型	Method Type	MDTE	C
23	监测参数集合	Monitory Parameters	MYPS	C
24	维护周期	Maintenance Period	MEPD	C
30	测量方法类型	Method Type	MDTE	C
34	系统测量周期	Measurement Period	MTPD	C
47	最近数据数量	Most-Recent	MR	N，返回最近的数据
15	网络状态	Network Status	NKSS	C
14	供电状态	Powersupply Status	PYSS	C
27	监测参数	Parameter	PR	C
44	协议版本	Protocal Version	PLVN	C
37	查询的参数	Query Parameters	QYPR	C

续表

编号	中文名称	英文名称	编码	类型
38	查询类型	Query Type	QYTE	C
39	查询条件范围	Query Scope	QYSE	C
46	查询模式	Query Pattern	QYPN	C
10	正式运行时间	Running Time	RGTE	C
12	运行状态	Running Status	RGSS	N
28	监测范围	Range	RE	C
1	站点名称	Station Name	SNNE	C
2	站点编码	Station Code	SNCE	C
3	站点位置	Station Position	SNPN	C
4	站点简介	Station Introduce	SNIE	C
5	站点类型	Station Type	SNTE	N
17	数据存储状态	Storage Status	SESS	C
31	系统状态	System Status	SMSS	C
32	采样系统运行状态	Sample Status	SESS	C
33	系统关机	Shutdown	STDN	C
40	系统	System	SM	C
45	数据序号	Serial Number	SLNR	C
48	时间范围	Since-time	SETE	YYYYMMDDHHMMSS，根据时间戳范围查询
41	授时	Time Service	TS	C
25	上限	Upper Limit	URLT	N

附录8　各条指令通信过程示例

1　监测站点接口

1.1　站点信息查询

HTTP 接口：

类别	指令名称	示　例
请求指令	HTTP 接口	http：//192.168.1.1：8086/？cmd = MGSN.IN.QY&PR = SNNE，SNIE，DECS&p1 =20161001121310
应答指令	HTTP 接口	{" head"：{" PLVN"：" 1.0"，" SNCE"：" 001"，" SSCE"：" 000" }，" body"：{" fields"：[{" name"：" SNNE"，" type"：" C" }，{" name"：" SNIE"，" type"：" C" }，{" name"：" DECS"，" type"：" C" }]，" vals"：[" 监测系统"，" 入海污染源在线监测系统"，" 0001，0002，003"] } }
字段说明	MGSN	监测站点
	IN	监测站点信息
	QY	查询命令
	PR	查询的字段
	p1	指令执行时间，若为空，表示立即执行

1.2　站点状态查询

HTTP 接口：

类别	指令名称	示　例
请求指令	HTTP 接口	http：//192.168.1.1：8086/？cmd = MGSN.SS.QY&SNNR = 0001&PR = RGSS，PYSS&p1 =20161001121310
应答指令	HTTP 接口	{" head"：{" PLVN"：" 1.0"，" SNCE"：" 001"，" SSCE"：" 000" }，" body"：{" fields"：[{" name"：" RGSS "，" type"：" N1" }，{" name"：" PYSS "，" type"：" N1" }]，" vals"：[" 1"，" 1"] } }

续表

类别	指令名称	示　　例
字段说明	MGSN	监测站点
	SS	监测站点状态
	QY	查询命令
	PR	查询的字段
	SNNR	站点编号
	p1	指令执行时间，若为空，表示立即执行

1.3　站点运行状态控制

HTTP 接口：

类别	指令名称	示　　例
请求指令	HTTP 接口	http：//192.168.1.1：8086/？cmd = MGSN.SS.RGSS.ST&SNNR = 0001&RGSS = 1&p1 = 20161001121510&p2 = 3600
应答指令	HTTP 接口	{" head"：{" PLVN"：" 1.0"，" SNCE"：" 001"，" SSCE"：" 000" }，" body"：{} }
字段说明	MGSN	监测站点
	SS	状态
	RGSS	运行状态
	ST	设置命令
	SNNR	站点编号
	p1	指令执行时间，若为空，表示立即执行
	p2	指令执行持续的时间

2　设备接口

2.1　设备信息查询

HTTP 接口：

类别	指令名称	示　　例
请求指令	HTTP 接口	http：//192.168.1.1：8086/？cmd = DE.IN.QY&DENR = 1000& PR = DENE，DEIE &p1 = 20161001121310
应答指令	HTTP 接口	{" head"：{" PLVN"：" 1.0"，" SNCE"：" 001"，" SSCE"：" 000" }，" body"：{" fields"：[{" name"：" DENE"，" type"：" C" }，{" name"：" DEIE "，" type"：" C" }]，" vals"：[" EXO2"，" 多参数传感器"] } }

续表

类别	指令名称	示　例
字段说明	DE	设备
	IN	信息
	QY	查询命令
	DENR	设备编号
	PR	查询的字段
	p1	指令执行时间，若为空，表示立即执行

2.2 设备运行状态设置

HTTP 接口：

类别	指令名称	示　例
请求指令	HTTP 接口	http：//192.168.1.1：8086/？cmd=DE.SS.RGSS.ST&RGSS=1&p1=20161001121310&p2=3600
应答指令	HTTP 接口	{"head"：{"PLVN"："1.0"，"SNCE"："001"，"SSCE"："000"}，"body"：{}}
字段说明	DE	设备
	SS	状态
	ST	设置命令
	RGSS	运行状态
	p1	指令执行时间，若为空，表示立即执行
	p2	指令持续时间

3 监测仪接口

3.1 监测仪信息查询

HTTP 接口：

类别	指令名称	示　例
请求指令	HTTP 接口	http：//192.168.1.1：8086/？cmd=IT.IN.QY& PR=ITNE，ITIE &p1=20161001121310
应答指令	HTTP 接口	{"head"：{"PLVN"："1.0"，"SNCE"："001"，"SSCE"："000"}，"body"：{"fields"：[{"name"："ITNE"，"type"："C"}，{"name"："ITIE "，"type"："C"}]，"vals"：["EXO2"，"多参数传感器"]}}

续表

类别	指令名称	示　例
字段说明	IT	监测仪
	IN	信息
	QY	查询命令
	PR	查询的字段
	p1	指令执行时间，若为空，表示立即执行

3.2　监测仪参数查询

HTTP 接口：

类别	指令名称	示　例
请求指令	HTTP 接口	http：//192.168.1.1：8086/? cmd = IT.AT.QY&DENR = 1000&PR = ITNE，AY&p1 =20161001121310
应答指令	HTTP 接口	{" head"：{" PLVN"：" 1.0"，" SNCE"：" 001"，" SSCE"：" 000" }，" body"：{" fields"：[{" name"：" ITNE"，" type"：" C" }，{" name"：" AY"，" type"：" C" }]，" vals"：[" w003"，" 0.01"] } }
字段说明	IT	监测仪
	AT	监测参数
	QY	查询命令
	DENR	设备编号
	PR	查询的字段
	p1	指令执行时间，若为空，表示立即执行

3.3　监测仪检测结果查询

HTTP 接口：

类别	指令名称	示　例
请求指令	HTTP 接口	http：//192.168.1.1：8086/? cmd = IT.RT.QY&QYPN = DERE&DENR = 1000&p1 = 20161001121310&p2=20161001121310&p3=20161001131310
应答指令	HTTP 接口	{" head"：{" PLVN"：" 1.0"，" SNCE"：" 001"，" SSCE"：" 000" }，" body"：{" fields"：[{" name"：" w003"，" type"：" N" }，{" name"：" w004 "，" type"：" C" }]，" vals"：[" 6.0"，" 30"] } }

续表

类别	指令名称	示　　例
字段说明	IT	监测仪
	RT	监测结果
	QY	查询命令
	DENR	设备编号
	PR	查询的字段
	P1	指令执行时间，若为空，表示立即执行
	QYPN	查询模式
	DERE	时间范围模式
	p2	查询开始时间
	p3	查询结束时间

3.4 监测仪检测结果数量查询

HTTP 接口：

类别	指令名称	示　　例
请求指令	HTTP 接口	http：//192.168.1.1：8086/? cmd = IT.RT.TLQY.QY&DENR = 1000& p1 = 20161001121310&p2=20161001131310
应答指令	HTTP 接口	{"head"：{"PLVN"："1.0"，"SNCE"："001"，"SSCE"："000"}，"body"：{"fields"：[{"name"："TLQY"，"type"："N"}]，"vals"：["10"]}}
字段说明	IT	监测仪
	RT	监测结果
	TLQY	总数量查询
	QY	查询命令
	DENR	设备编号
	PR	查询的字段
	P1	指令执行时间，若为空，表示立即执行
	p1	查询开始时间
	p2	查询结束时间

3.5 监测仪参数报警上限设置

HTTP 接口：

类别	指令名称	示例
请求指令	HTTP 接口	http：//192.168.1.1：8086/? cmd = IT.PR.URLT.ST&DENR = 1000&w003 = 13&p1 = 20161001121310&p2 = 20161001121410
应答指令	HTTP 接口	{" head"：{" PLVN"：" 1.0"，" SNCE"：" 001"，" SSCE"：" 000" }，" body"：{} }
字段说明	IT	监测仪
	PR	参数
	URLT	上限值设置
	ST	设置命令
	DENR	设备编号
	w003	pH
	p1	指令执行时间，若为空，表示立即执行

3.6 监测仪参数报警下限设置

HTTP 接口：

类别	指令名称	示例
请求指令	HTTP 接口	http：//192.168.1.1：8086/? cmd = IT.PR.LRLT.ST&DENR = 1000&w003 = 1&p1 = 20161001121310&p2 = 20161001121410
应答指令	HTTP 接口	{" head"：{" PLVN"：" 1.0"，" SNCE"：" 001"，" SSCE"：" 000" }，" body"：{} }
字段说明	IT	监测仪
	PR	参数
	URLT	上限值设置
	ST	设置命令
	DENR	设备编号
	w003	pH
	p1	指令执行时间，若为空，表示立即执行

3.7 监测仪运行状态设置

HTTP 接口：

类别	指令名称	示　例
请求指令	HTTP 接口	http：//192.168.1.1：8086/？cmd = IT.SS.RGSS.ST&DENR = 18&RGSS = 1&p1 = 20161001121410&p2=3600
应答指令	HTTP 接口	{"head"：{"PLVN"："1.0"，"SNCE"："001"，"SSCE"："000"}，"body"：{}}
字段说明	IT	监测仪
	SS	状态
	ST	设置命令
	RGSS	运行状态
	DENR	设备编号
	p1	指令执行时间，若为空，表示立即执行
	p2	指令持续时间

4 系统接口

4.1 系统授时

HTTP 接口：

类别	指令名称	示　例
请求指令	HTTP 接口	http：//192.168.1.1：8086/？cmd=SM.TS.ST&TS=20161001121510
应答指令	HTTP 接口	{"head"：{"PLVN"："1.0"，"SNCE"："001"，"SSCE"："000"}，"body"：{}}
字段说明	SM	系统
	DECE	设备编号
	TS	授时

4.2　仪器校准

HTTP 接口：

类别	指令名称	示　例
请求指令	HTTP 接口	http：//192.168.1.1：8086/？cmd=SM.IC.ST&DENR=1000&IC=1
应答指令	HTTP 接口	{"head"：{"PLVN"："1.0"，"SNCE"："001"，"SSCE"："000"}，"body"：{}}
字段说明	SM	系统
	DENR	设备编号
	IC	仪器校准

4.3　设备清洗

HTTP 接口：

类别	指令名称	示　例
请求指令	HTTP 接口	http：//192.168.1.1：8086/？cmd=SM.DC.ST&DENR=1000&DC=1
应答指令	HTTP 接口	{"head"：{"PLVN"："1.0"，"SNCE"："001"，"SSCE"："000"}，"body"：{}}
字段说明	SM	系统
	DENR	设备编号
	DC	设备清洗